高职高专电子信息类专业系列教材

U0660801

电路与电子技术简明教程

主　编　安　会　王贺珍

副主编　张冰玉　马红静　王　拓　王玉江

西安电子科技大学出版社

内 容 简 介

本书共分为 12 章,包括电路和电子技术两部分内容。电路部分主要介绍电路的基本概念和基本定律、电路的分析方法、正弦交流电路、三相交流电路等内容。电子技术部分主要介绍常用半导体器件、基本放大电路、集成运算放大器、数字电路基础、逻辑门电路、组合逻辑电路、触发器、时序逻辑电路等内容。书中在每章开头都安排有知识重点、知识难点、素质提升等内容,末尾则有任务实施、心得体会、本章小结和思考题与习题。此外,读者可以通过手机扫描二维码观看本书部分章节的相关知识点视频讲解。

本书可作为高职高专院校电子信息类、物联网、通信类、计算机类和电气类等相关专业的教学用书,也可作为成人职业教育、职业技能培训和相关工程技术人员的参考书。

图书在版编目(CIP)数据

电路与电子技术简明教程 / 安会,王贺珍主编. --西安:西安电子科技大学出版社,
2023.11
ISBN 978 - 7 - 5606 - 7047 - 8

Ⅰ.①电… Ⅱ.①安… ②王… Ⅲ.①电路理论—高等职业教育—教材②电子技术—高等职业教育—教材 Ⅳ.①TM13②TN01

中国国家版本馆 CIP 数据核字(2023)第 185123 号

策　　划　秦志峰
责任编辑　秦志峰
出版发行　西安电子科技大学出版社(西安市太白南路 2 号)
电　　话　(029)88202421　88201467　　邮　　编　710071
网　　址　www.xduph.com　　　　　电子邮箱　xdupfxb001@163.com
经　　销　新华书店
印刷单位　陕西天意印务有限责任公司
版　　次　2023 年 11 月第 1 版　2023 年 11 月第 1 次印刷
开　　本　787 毫米×1092 毫米　1/16　印张　15.5
字　　数　365 千字
定　　价　44.00 元
ISBN 978 - 7 - 5606 - 7047 - 8 / TM
XDUP 7349001 - 1

前　言

本书是编者在多年从事电路与电子技术教学的基础上，根据高职高专人才培养的特点和需求，以及高等职业教育教学的特点，结合现代电路与电子技术的发展趋势编写而成的。

本书在内容安排上，既兼顾了知识的系统性与完整性，又保持了各章节的相对独立性，为开放教学和弹性教学留有了选择和拓展的空间。在内容取舍上以电路和电子技术的基础知识与基础应用为主线，在保持知识的科学性和系统性的前提下，删繁就简；重点讲清公式和结论，简化推导过程，降低理论分析的难度；注重知识的实用性和内容的趣味性，从而达到提高教学效果的目的。

本书在知识结构上以"基本概念—基本原理—基本分析方法—典型应用电路"为思路，注重引导学生掌握电路与电子技术课程的学习方法，培养其自主学习的能力，为以后更好地适应现代电子社会作好准备。本书在编写过程中，汲取了各高职院校教学改革、教材建设等方面的经验，充分考虑了高职高专学生的特点、知识结构、教学规律和培养目标等要求。本书是校企合作编写的双元教材，部分章节后的任务实施由河北唐讯信息技术股份有限公司的工程师参与编写。

本书由安会、王贺珍担任主编，张冰玉、马红静、王拓、王玉江（企业）担任副主编，王贺珍编写第1、2章，马红静编写第3～6章，安会编写第7～11章，张冰玉编写12章，王拓和王玉江编写任务实施部分。全书由安会统稿。本书在编写过程中参考了众多文献资料，在此向参考文献的作者致以诚挚的谢意。此外，本书还得到了石家庄邮电职业技术学院智能工程系领导的大力支持，以及郭根芳老师、赵月恩老师的帮助，在此也向他们表示衷心的感谢。

读者可以登录智慧职教网站，在"MOOC学院"板块搜索"石家庄邮电职业技术学院"，再查找"电子技术基础"课程进行注册学习。

由于编者水平有限，书中难免存在不足之处，恳请广大读者批评指正。

编　者
2023 年 4 月

目　录

第一部分　电　路

1

第二部分 电子技术

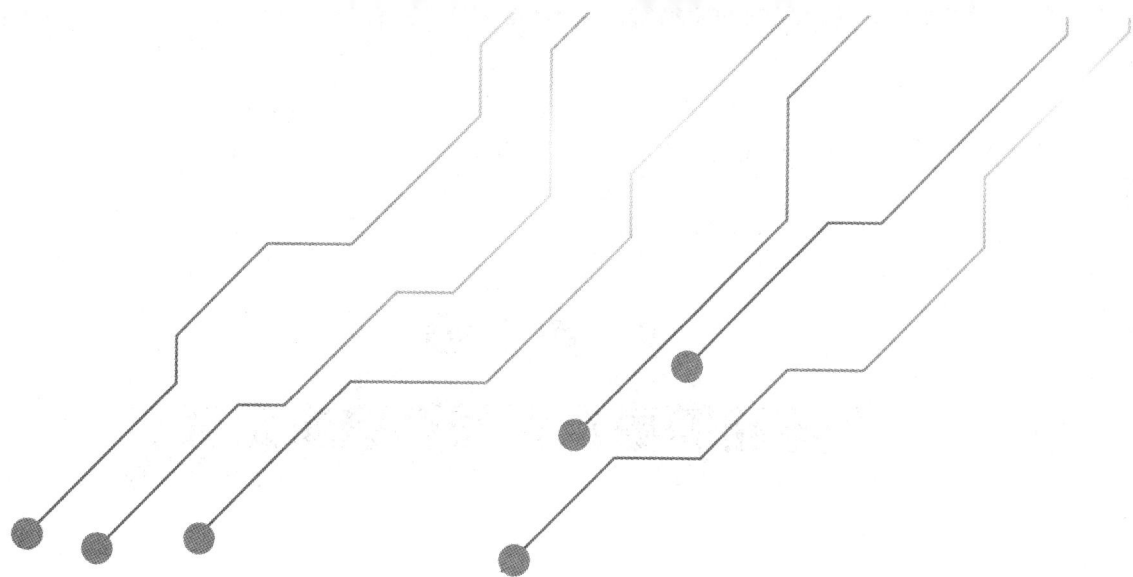

第一部分 电路

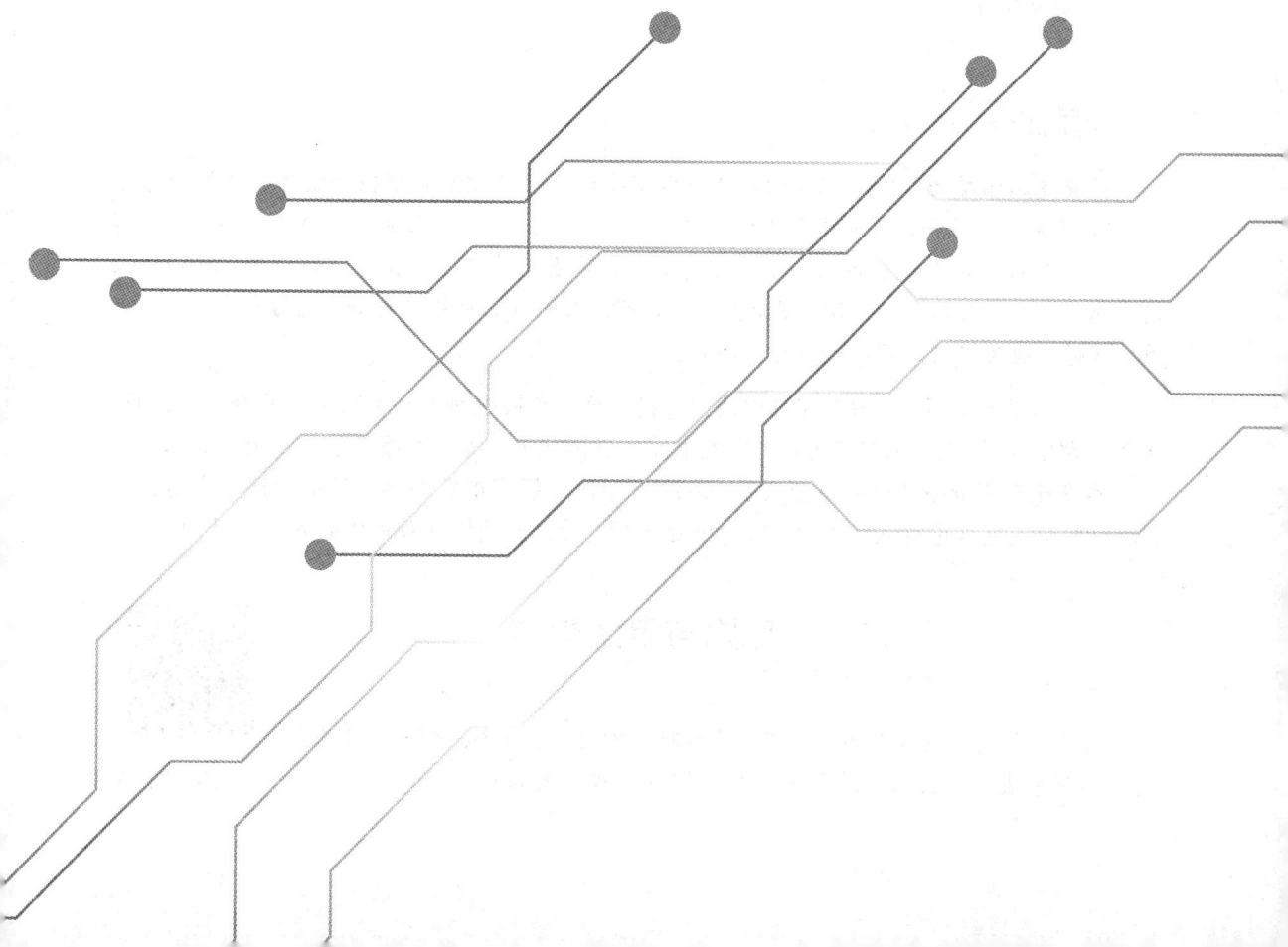

第 1 章

电路的基本概念和基本定律

知识重点

- 电路的基本物理量。
- 电路的基本元件及伏安关系。
- 电压源和电流源。
- 基尔霍夫定律。

知识难点

- 电流、电压的实际方向与参考方向的关系。
- 功率的计算。
- 基尔霍夫定律。

素质提升

　　被麦克斯韦誉为"电学中的牛顿"的科学家安培，12 岁就自学了微分运算和各种数学书籍，14 岁就钻研了当时狄德罗和达兰贝尔编的《百科全书》，因此他以高超的数学造诣，成了将数学分析应用于分子物理学方面的先驱。不管是在学习还是在工作过程中，我们都要有不断学习、刻苦钻研的冲劲，遇到问题多思考、多钻研，把基础打好、能力夯实、功夫下真，这样才能为我们国家的建设增砖添瓦。

　　通过本章的学习，了解电路和电路模型的概念；掌握电路的基本物理量的概念与计算；理解电路中电压、电流的参考方向；熟悉电路元件的伏安关系；掌握基尔霍夫定律。

　　本章从直流电路和电路模型入手，由浅入深地分析了电路模型、基本物理量和电路元件，这些是电路理论的入门内容，可为电路分析、计算及后续课程提供必要的基础知识。

1.1 // 电路与电路模型

　　虽然电路实现的功能各不相同，其电路结构也多种多样，但它们都有共同的基本规律。人们正是在这些共同的基本规律的基础上，对电路进

电路与电路模型

行分析、研究、总结，形成了"电路理论"这门学科。

1.1.1 电路

电路是由各种元器件按照一定方式连接而成的，是电流的流通通路。

实际电路可以由电源、负载和中间环节3部分组成。其中，电源向整个电路提供电能；负载将电能转化成其他形式的能量，俗称用电设备；中间环节将电源和负载连接起来。例如，在便携式照明电路中，电池为电源，灯为负载，导线和开关作为中间环节起连接作用。

现实生活中，电随处可见。手机、计算机、家用电器、通信系统等都是用电设备，这些用电设备都是通过它们的电路来使电发挥作用的。譬如有传输、分配电能的电力电路，转换、传输信息的通信电路，控制各种家用电器和生产设备的控制电路等。

电路的作用根据其功能的不同可分为两种：一种是实现能量的转换和传输，如电力系统的发电、配电、传输等电路把电能转换成机械能；另一种是实现信号的传递和处理，如电路将文字、图像和语音等非电物理量转换成电信号进行传递和处理。

1.1.2 电路模型

实际电路由各种作用不同的电路元器件组成，而电路元器件种类繁多。为了便于对实际电路进行分析和计算，常把实际的电路元器件加以理想化，在一定条件下忽略其次要的电磁性质，用能代表其主要电磁特性的理想模型来表示，这种理想模型被称为实际电路元器件的模型。所谓电路模型，实际上是由一些理想电路元器件构成的、与实际电路相对应的电路图。例如，灯泡的主要电磁特性是电阻特性，同时还有电感特性，但电感特性微弱，可以忽略不计，于是可以用理想电阻元件来代表灯泡的电磁特性。

图1-1(a)所示为一照明电路的实际电路，它是由电源(即干电池)、负载(即小灯泡)和两根导线组成的简单电路，其电路模型如图1-1(b)所示。

电路中常见的理想化元件有理想电阻元件、理想电感元件、理想电容元件、理想电压源元件等，其电路符号如图1-2所示。

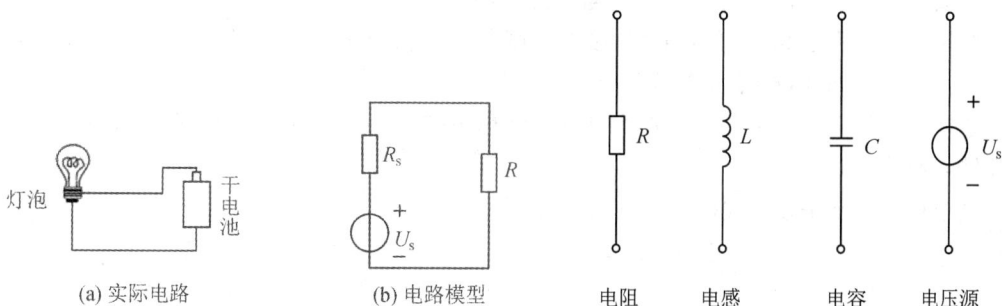

(a) 实际电路　　　(b) 电路模型　　　电阻　　电感　　电容　　电压源

图1-1 照明电路的实际电路与电路模型　　　图1-2 常见理想电路元件的符号

将实际电路中的各个元器件用其理想符号表示，由理想元器件所组成的电路图称为实际电路的电路模型图，简称电路图。

将实际元器件理想化，分析实际电路的电路模型是研究电路的常用方法。

各种实际元器件都可以用其理想模型来近似地表征它的性能，有时根据需要也可将实际元器件用一种或几种理想元器件组合来表征。对于前面提到的照明电路(见图 1-1(a)),可以用一理想电阻元件来表征灯泡的特性,用 R 表示;电池对外提供电能的同时,其内部也消耗一部分电能,所以用一个电压源 U_s 和一个电阻 R_s 串联来表征。这样实际照明电路就可用图 1-1(b)所示的电路模型来表征。

我们在分析电路时,分析的不是实际电路,而是电路图即电路模型。电路图是电路模型画在一个平面上所形成的图形,如图 1-1(b)所示。本书中不加指明的话,电路均是指由理性元器件构成的电路模型,所说的元器件也均是指理想的电路元器件。

1.2 // 电路的基本物理量

为了定量地描述电路的性能及作用,我们常会引入一些物理量作为电路变量来进行描述。最常用到的描述电路变量的物理量是电流、电压和功率,电路分析的首要任务就是求解这些物理量。为了方便分析电路,我们规定了这些物理量的方向,提出了参考方向的概念。

1.2.1 电流及其参考方向

在电场力作用下,带电粒子的定向移动形成电流。如金属导体中的电子、电解液和电离子气体中的自由离子、半导体中的电子和空穴都属于带电粒子(或称为载流子)。物体所带电荷的多少叫作电量,用符号 q 或 Q 表示。在国际单位制(SI 制)中,电量的单位是库仑(国际代号为 C)。一个电子或一个质子所带电量的数值均为 1.6×10^{-19} C。

单位时间内通过导体横截面的电量定义为电流强度,简称电流,用以衡量电流的大小,用符号 i 表示,其数学表达式为

$$i(t) = \frac{dq}{dt} \qquad (1-1)$$

习惯上规定正电荷运动的方向为电流的方向。

如果电流的大小和方向不随时间变化,则这种电流这种电流叫作恒定电流,简称直流(简写为 DC),一般用符号 I 表示。

如果电流的大小和方向都随时间变化,则称为交变电流,简称交流(简写为 AC),一般用符号 i 表示。

对于直流电流来说,式(1-1)又可以写为

$$I = \frac{Q}{t} \qquad (1-2)$$

在国际单位制中,电流的单位是安培(国际符号为 A),常用的单位还有毫安(mA)和微安(μA),它们之间具有以下关系,即

$$1 \text{ A} = 10^3 \text{ mA} = 10^6 \text{ μA}$$

在分析电路时,往往事先难以确定电流的真实方向,例如在交流电路中,就不可能用一个固定的箭头来表示电流的真实方向。为了分析方便,常常任意选定某一方向作为电流的正方向,这个选定的方向称为电流的参考方向,用箭头表示,如图 1-3 所示。电流参考

方向也可用双下标表示，例如，i_{ab} 表示电流的参考方向由 a 到 b，如果参考方向选定为由 b 到 a，则写为 i_{ba}，并且 $i_{ab} = -i_{ba}$。

注意：在分析电路时，所选定的电流的参考方向并不一定与电流的实际方向一致。当电流的实际方向与参考方向一致时，则电流为正值，如图 1-4(a)所示；当电流的实际方向与参考方向相反时，则电流为负值，如图 1-4(b)所示。在没有给定参考方向的情况下，讨论电流的正负是没有意义的。

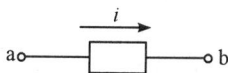

图 1-3　电流参考方向的表示　　　　图 1-4　电流参考方向与实际方向的关系

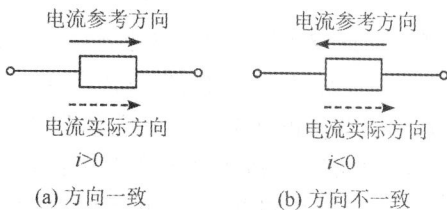

1.2.2　电压和电位

电荷在电路中流动，必然有能量的交换发生。电荷在电路的某些部分获得能量必然在另外一些部分失去能量。为便于研究这个问题，在分析电路时引入了"电压"这一物理量。

电路中某两点 a、b 间的电压在数值上等于电场力将单位正电荷由 a 点移动到 b 点时所做的功。用 U_{ab}（直流电压）或 u_{ab}（交流电压）表示 a、b 点间的电压，则

$$u_{ab} = \frac{dW}{dq} \tag{1-3}$$

式中，dq 表示由 a 点移动到 b 点的电荷量，dW 表示电场力对电荷所做的功。电压的国际单位是"伏特"，简称"伏"（V）。工程上常用的电压单位还有千伏（kV）、毫伏（mV）和微伏（μV），它们之间的关系为

$$1\ kV = 10^3\ V, \quad 1\ V = 10^3\ mV = 10^6\ \mu V$$

电压也有正负之分，如图 1-5 所示。如果正电荷由 a 点移动到 b 点时电场力做正功，这时 a 点为高电位（即 a 点为"+"极），b 点为低电位（即 b 点为"-"极），则 $u_{ab} > 0$；反之，如果正电荷由 a 点移动到 b 点时电场力做负功，这时 a 点为低电位，b 点为高电位，则 $u_{ab} < 0$。

在分析电路时同样需要为电压规定参考极性。与电流的参考方向一样，电压的参考极性也是任意给定的，一般在元件的两端用"+""-"符号来表示，如图 1-5 所示。还可以用双下标表示，如图 1-6 所示，并有 $u_{ab} = -u_{ba}$。

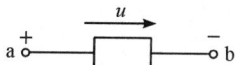

图 1-5　电压参考极性的表示　　　　图 1-6　电压参考极性的双下标表示

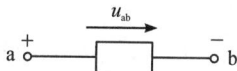

选定电压的参考极性后，当电压的参考极性与实际极性一致时，则电压为正值，如图 1-7(a)所示；当电压的参考极性与实际极性相反时，则电压为负值，如图 1-7(b)所示。

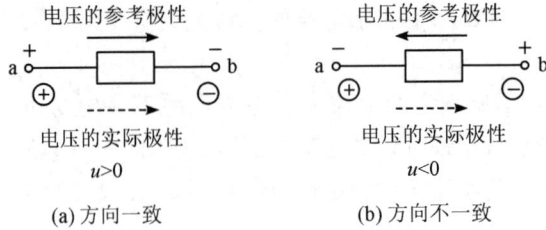

电压的参考极性　　　　　电压的参考极性

电压的实际极性　　　　　电压的实际极性
$u>0$　　　　　　　　　$u<0$
(a) 方向一致　　　　　(b) 方向不一致

图 1-7　电压参考极性与实际极性的关系

电路中某一支路或元件的电流或电压的参考方向虽然可以任意选取，但在实际电路分析中，通常选取电压降低的方向为电流的方向。如果指定电流的参考方向是从标以电压正极性的一端流向标以负极性的一端，那么把电流和电压的这种参考方向叫作关联参考方向，如图 1-8(a)所示，否则称为非关联参考方向，如图 1-8(b)所示。

分析电路时，还常用到电位(或电势)的概念。若在电路中任选一点作为参考点，则电路中某点的电位就是该点到参考点的电压，并规定参考点的电位为零。电位常用符号 V 表示，如图 1-9 所示，例如把 a 点的电位记作 V_a，显然存在

$$V_a = U_{ao} = V_a - V_o, \qquad V_b = U_{bo} = V_b - V_o$$
$$U_{ab} = V_{ao} + V_{ob} = V_{ao} - V_{bo} = V_a - V_b$$

即在选定参考点后，电路中任意两点间的电压等于这两点的电位之差。所选参考点不同，电路中各点电位将不同，但电路中任意两点间的电压将不变，与参考点的选择无关。

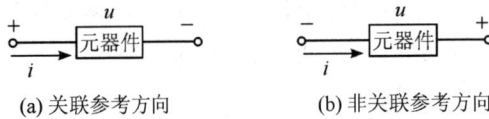

(a) 关联参考方向　　　(b) 非关联参考方向

图 1-8　关联参考方向和非关联参考方向

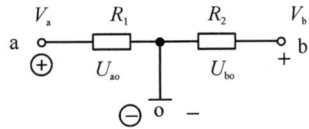

图 1-9　电位与电压

在电路中，常常把电源、信号输入和输出的公共端接在一起并与机壳相接，作为参考点，因此，机壳往往被称为"地"或"参考地"，虽然它并不真正与大地相连接。用电压表测量电路某点的电位时，常把电压表的"－"端与机壳相连，用电压表的"＋"端依次接触电路中各测量点，电压表的读数即为各测量点的电位(注意：电压表正偏时电位标"＋"；反之，标"－")。由此，电路有一种简化的画法，即电源不用图形符号表示而改为只标出其极性与电压值，如图 1-10 所示。

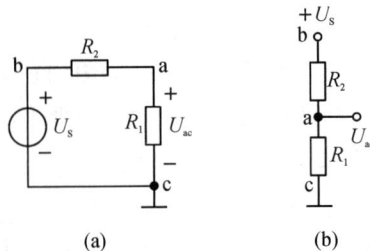

(a)　　　　　　(b)

图 1-10　电路图简化法

1.2.3　电功率和电能

在电路中常用一个方框和两个引出端表示任意一个二端元件，如图 1-11 所示。若正

电荷在电场力的作用下,从元件 A 的"+"极端(高电位)经元件 A 移到"−"极端(低电位),这时电场力(克服导体阻力)对电荷做了正功,则该元件吸收了电能,如图 1−11(a)所示;相反,若正电荷是从元件 A 的低电位移到高电位,这时外力克服电场力做功,则该元件释放了电能,如图 1−11(b)所示。

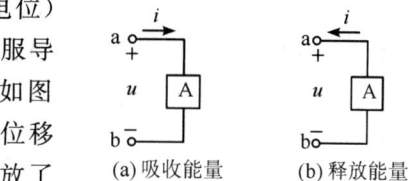

(a) 吸收能量   (b) 释放能量

图 1−11 元件吸收和发出能量

把单位时间内元件吸收或释放的电能称为电功率,简称功率,用 p 表示,即

$$p(t) = \frac{\mathrm{d}W(t)}{\mathrm{d}t} \tag{1-4}$$

国际单位制中,功率的国际单位是瓦特(W),常用的单位还有千瓦(kW)、毫瓦(mW)。

由式(1−1)、式(1−3)与式(1−4)可得

$$p(t) = \frac{\mathrm{d}W(t)}{\mathrm{d}t} = \frac{\mathrm{d}W(t)}{\mathrm{d}q} \times \frac{\mathrm{d}q}{\mathrm{d}t} = ui \tag{1-5}$$

在直流电路中,功率表达式为

$$P = UI \tag{1-6}$$

当电压和电流为关联参考方向时,如图 1−11(a)所示,式(1−5)和式(1−6)计算的功率表示的是元件 A 吸收的功率。

当电压和电流为非关联参考方向时,如图 1−11(b)所示,式(1−5)和式(1−6)计算的是元件释放的功率。为了计算和叙述方便,我们通常只计算元件吸收的功率。这样,在非关联参考方向下,元件吸收的功率表达式表示为

$$P = -UI \tag{1-7}$$

式(1−6)和式(1−7)计算的结果意义相同,即当 $P > 0$ 时,表示该元件实际吸收电能;当 $P < 0$ 时,表示该元件实际释放电能。

根据能量守恒原理,在闭合电路中,一部分元件释放的功率一定等于其他部分元件吸收的功率,或者说,整个电路的功率代数和为零。

在关联参考方向下,电路元件在 $t_0 \sim t$ 时间内消耗(吸收)的电能为

$$W = \int_{t_0}^{t} p(t)\mathrm{d}t = \int_{t_0}^{t} ui\,\mathrm{d}t \tag{1-8}$$

直流时的电能为

$$W = P(t - t_0)$$

电能的单位为焦耳,符号为 J。实际生活中还常用千瓦时(kW·h)作为电能的单位,1 千瓦时为 1 度电,即

$$1 \text{ kW·h} = 10^3 \text{ W} \times 3600 \text{ s} = 3.6 \times 10^6 \text{ J}$$

【例 1−1】 在如图 1−12 所示的直流电路中,若已知图 1−12(a)中 $U = 2$ V,$I = -2$ A,图 1−12(b)中 $U = 5$ V,$I = 2$ A,试计算 A、B 元件吸收或释放的功率。

解 (1) 在图 1−12(a)中,电压、电流为关联参考方向,则根据式(1−4)元件 A 吸收的功率为

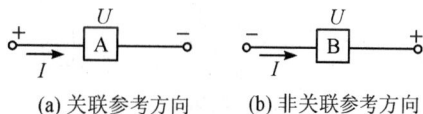

(a) 关联参考方向   (b) 非关联参考方向

图 1−12 例 1−1 图

$$P = UI = 2 \times (-2) = -4 \text{ W}$$

元件 A 吸收 -4 W 的功率，即释放 4 W 的功率。

（2）在图 $1-12$(b) 中，电压、电流为非关联参考方向，则根据式 $(1-6)$，元件 B 吸收的功率为

$$P = -UI = -5 \times 2 = -10 \text{ W}$$

元件 B 吸收 -10 W 的功率，即释放了 10 W 的功率。

1.3 // 电路负载元件

电路元件是组成电路最基本的单元，按照其外部端子的数目又可以分为二端元件和多端元件，从能量特征方面可以分为有源元件和无源元件。负载元件在电路中的作用是消耗功率，因此它们属于无源元件，本节将介绍常见的负载元件电阻、电容和电感，主要介绍它们的电磁特性及其电压、电流的约束关系。

电路负载元件

1.3.1 电阻元件

1. 电阻元件定义

实际电阻器是用具有不同导电能力的材料制成的。电阻元件是从实际电阻器抽象出来的理想模型，日常生活中常见的灯泡、扬声器等在一定条件下都可以等效为一个二端线性电阻元件。

电阻元件在电路中对电流的阻碍作用的大小用电阻量来表示，简称电阻。电阻元件在电路中要消耗电能，因此也叫作耗能元件。

在电压和电流取关联参考方向时，在任何时刻电阻元件两端的电压和电流都满足欧姆定律，即

$$U = RI \tag{1-9}$$

电阻的国际单位为欧姆（Ω），常用单位还有千欧（$k\Omega$）、兆欧（$M\Omega$），它们之间具有以下关系，即

$$1 \text{ M}\Omega = 10^3 \text{ k}\Omega, \ 1 \text{ k}\Omega = 10^3 \ \Omega$$

2. 电阻元件伏安特性

电阻的伏安特性（也称为伏安关系）可用过坐标原点的平面曲线来描述，其符号用 R 表示，如图 $1-13$(a) 所示。若某电阻的伏安特性曲线是过原点的一条直线，则称电阻为线性电阻，其伏安特性曲线如图 $1-13$(b) 所示。

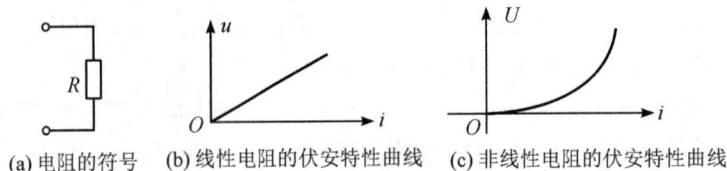

(a) 电阻的符号　(b) 线性电阻的伏安特性曲线　(c) 非线性电阻的伏安特性曲线

图 $1-13$　电阻符号及其伏安特性曲线

电阻的大小与材料的性质和几何尺寸有关，对于粗细均匀的金属导体，其电阻为

$$R = \rho \frac{L}{S} \qquad\qquad (1-10)$$

式中，ρ 为材料的电阻率，L 为材料的长度，S 为材料的横截面积。

电阻的倒数称为电导，它是表示材料导电能力的一个参数，用符号 G 表示，即

$$G = \frac{1}{R} \qquad\qquad (1-11)$$

电导的国际单位是西门子(S)，简称西。

在工程上，还有许多电阻元件，它们的伏安特性曲线是一条曲线，这样的电阻元件称为非线性电阻元件。如图 1-13(c) 所示曲线是二极管的伏安特性曲线，所以二极管是一个非线性电阻元件。

严格地说，实际电路元件的电阻都是非线性的。如灯泡的灯丝电阻，当电压不同时其电阻也不同，但当其在一定范围内工作时，可近似地把它看成线性电阻。

若未加特殊说明，本书中后面所有电阻元件均指线性电阻元件。

【例 1-2】 试求如图 1-14 所示电路中的未知量，其中 $R = 10\ \Omega$。

解 (1) 在图 1-14(a) 中，电压、电流为关联参考方向，所以

$$I = \frac{U}{R} = \frac{10}{10} = 1\ \text{A}$$

(2) 在图 1-14(b) 中，电压、电流为非关联参考方向，所以

$$U = -RI = -10 \times 5 = -50\ \text{V}$$

图 1-14 例 1-2 图

(3) 在图 1-14(c) 中，电压、电流为关联参考方向，所以

$$i = \frac{u}{R} = \frac{10\sin(2t)}{10} = \sin(2t)\ \text{A}$$

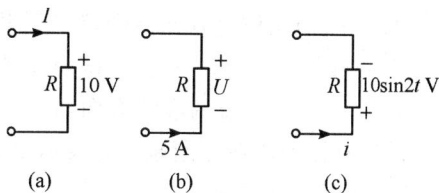

1.3.2 电容元件

1. 电容元件的定义

电容器是一种基本的电子元件，具有储存电能的作用。电容元件是各种电容器的理想化模型，其电路符号如图 1-15(a) 所示，其库伏特性曲线如图 1-15(b) 所示。

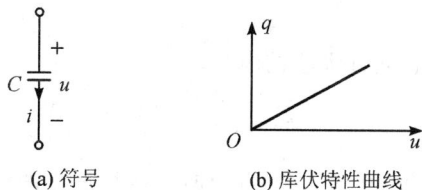

图 1-15 电容的符号及库伏特性曲线

在外电源的作用下，电容元件的两极板将分别聚集上等量的异号电荷，当没有外电源作用时，这些电荷依靠电场力的作用相互吸引而仍能长久地储存下去。因此，电容元件是

一种能存储电荷的器件。电容元件在存储电荷的同时，在两极板间建立了电场，存储了电场能量。理想的电容元件是指具有存储电能而没有任何其他作用的器件。

若电容元件所带电荷量 q 与端电压 u 呈线性关系，即满足如下关系：

$$q = Cu \tag{1-12}$$

电容元件所带电量与端电压的比值叫作电容元件的电容值，简称电容，用符号 C 表示。若某一电容元件 C 为常数，则称其为线性电容元件。

当电压和电荷的单位分别用伏特和库仑表示时，电容的国际单位为法拉存（F）。常用的电容单位还有微法（μF）和皮法（pF）。它们之间的换算关系为

$$1\text{ F} = 10^6\text{ }\mu\text{F} = 10^{12}\text{ pF}$$

2. 电容元件的伏安关系

在如图 1-15 所示的关联参考方向下，由 $q = Cu$ 和 $i = \dfrac{\mathrm{d}q}{\mathrm{d}t}$ 可得出电容元件的端电压与电流关系为

$$i = \frac{\mathrm{d}q}{\mathrm{d}t} = C\frac{\mathrm{d}u}{\mathrm{d}t} \tag{1-13}$$

式（1-13）叫作电容元件的伏安关系（或伏安特性）。

当 $u > 0$，且 $\mathrm{d}u/\mathrm{d}t > 0$ 时，电容元件极板上的电荷逐渐增多，这就是电容元件的充电过程，此时，$i > 0$，电流的实际方向与图 1-15 中的参考方向相同；当 $u > 0$，且 $\mathrm{d}u/\mathrm{d}t < 0$ 时，电容元件极板上电荷逐渐减少，表示电容元件在放电，此时，$i < 0$，电流的实际方向与图 1-15 中的参考方向相反。

当电容元件的电压、电流参考方向为非关联时，则其伏安关系为

$$i = -C\frac{\mathrm{d}u}{\mathrm{d}t} \tag{1-14}$$

由电容元件的伏安关系可知，在任一瞬间，电容元件电流的大小与该瞬间的电压变化率成正比，而与这一瞬间的电压大小无关。即使电容元件两端电压很高，但不变化，通过电容元件的电流仍为零。相反，当电容元件的电压瞬间为零时，其电流不一定为零。由于电容元件在电压变动的条件下才有电流，因此电容元件又称为动态元件。含动态元件的电路称为动态电路。

在直流电路中，电容元件电压保持不变，流经电容元件的电流为零，因此相当于电路开路。

3. 电容元件的储能

在关联参考方向下，电容元件吸收的电功率为

$$p = ui = Cu\frac{\mathrm{d}u}{\mathrm{d}t}$$

电容元件端电压从 $u(t_0) = 0$ 增大到 $u(t)$ 时，总共吸收的能量即这时电容储存的电场能量为

$$W_c = \int_{t_0}^{t} p\,\mathrm{d}t = \int_{t_0}^{t} ui\,\mathrm{d}t = \int_{0}^{u} Cu\,\mathrm{d}u = \frac{1}{2}Cu^2(t) \tag{1-15}$$

【**例 1-3**】 电路如图 1-16(a)所示，已知电容元件电压 u 的波形如图 1-16(b)所示，

试求 $i_C(t)$ 并绘出波形图。

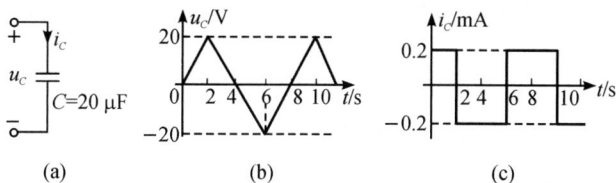

图 1-16 例 1-3 图

解 电压、电流为关联参考方向，根据电容的伏安关系得

$t=0\sim2$ s：

$$i_C=C\frac{\mathrm{d}u_C}{\mathrm{d}t}=C\frac{\Delta u_C}{\Delta t}=20\times10^{-6}\times\frac{20-0}{2}=2\times10^{-4}\,\mathrm{A}=0.2\,\mathrm{mA}$$

$t=2\sim6$ s：

$$i_C=C\frac{\mathrm{d}u_C}{\mathrm{d}t}=C\frac{\Delta u}{\Delta t}=20\times10^{-6}\times\frac{-20-20}{2}=-2\times10^{-4}\,\mathrm{A}=-0.2\,\mathrm{mA}$$

$t=6\sim10$ s：

$$i_C=0.2\,\mathrm{mA}$$

依次类推计算出其他时段的 i_C 值，从而绘出电流 i_C 的波形如图 1-16(c)所示。

1.3.3 电感元件

1. 电感元件的定义

电感元件是实际电感线圈的理想化模型。

假设电感元件是由无电阻的导线绕制而成的线圈，则当线圈中通有电流时，在线圈中就建立了磁场。这时线圈存储了磁场能，因此，电感线圈是一种能够存储磁场能的元件。理想的电感元件是只产生磁通（存储磁场能量）而无任何其他作用的元件，其电路符号如图 1-17 所示。

电流通过线圈时产生的磁通用 Φ 表示，磁通与 N 匝线圈相交链的总磁通 $N\Phi$ 叫作磁链，用 Ψ 表示，则 $\Psi=N\Phi$，如图 1-18 所示。

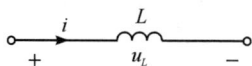

图 1-17 电感元件符号   图 1-18 电感线圈

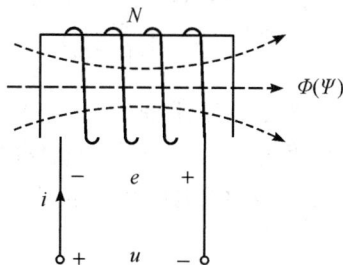

若磁通 Φ 和磁链 Ψ 是由线圈本身的电流产生的，则分别叫作自感磁通和自感磁链。规定 Φ 和 Ψ 的参考方向与产生它的电流参考方向之间满足右螺旋定则。在这种参考方向下，任何线性电感元件的自感磁链 Ψ 与电流 i 是成正比的，即

$$\varPsi = Li \qquad (1-16)$$

式中 L 称为该电感元件的自感或电感。线性电感元件的电感为一常数，即

$$L = \frac{\varPsi}{i} \qquad (1-17)$$

在 SI 单位制中，电感元件的磁通和磁链的单位相同，国际单位为韦伯（Wb），其他单位有麦克斯韦（Mx），它们之间的换算关系为

$$1 \text{ Wb} = 10^8 \text{ Mx}$$

电感元件的单位为亨（利），符号为 H，常用的单位还有毫亨（mH）和微亨（μH），它们之间的换算关系为

$$1 \text{ H} = 10^3 \text{ mH} = 10^6 \text{ } \mu\text{H}$$

2. 电感元件的伏安特性

根据法拉第电磁感应定律，电感元件产生的感应电压等于磁链的变化率。当电压的参考极性与磁链的参考方向满足右螺旋定则，电感元件的电压、电流取关联参考方向时，可得

$$u = \frac{\mathrm{d}\varPsi}{\mathrm{d}t} = L\frac{\mathrm{d}i}{\mathrm{d}t} \qquad (1-18)$$

式（1-18）称为电感元件的伏安特性（或伏安关系）。需特别注意的是，当 u、i 为非关联参考方向时，其伏安特性如下：

$$u = -L\frac{\mathrm{d}i}{\mathrm{d}t} \qquad (1-19)$$

由电感的伏安特性可知，任一瞬间，电感元件端电压的大小与电流的变化率成正比，而与这一瞬间的电流大小无关。由于在电流值变化的条件下电感元件两端才有电压，因此电感元件也称为动态元件。在直流电路中，电感电流值保持不变，其端电压为零，相当于电路短路。可见，电感对直流电路起短路作用。

3. 电感元件的磁场能

在关联参考方向下，电感元件吸收的电功率为

$$p = ui = Li\frac{\mathrm{d}i}{\mathrm{d}t} \qquad (1-20)$$

电感元件电流 $i(0)=0$ 增大到 $i(t)$ 时，总共吸收的能量，即 t 时刻电感储存的磁场能为

$$W_L = \int_0^t p\,\mathrm{d}t = \int_0^i Li\,\mathrm{d}i = \frac{1}{2}Li^2(t) \qquad (1-21)$$

在交流电路中，当电感元件的 u、i 方向一致时，$p>0$，电感元件从外电路吸收能量，以磁场形式存储于线圈中；当 u、i 方向相反时，$p<0$，电感元件向外释放能量，储存的磁能减少。可见在动态电路中，电感元件和外电路进行着磁场能和其他形式能的相互转换，其本身不消耗能量。

1.4 电压源和电流源

电源是把其他形式的能转换为电能的装置，为电路提供电能。电源模型是从实际电源

抽象出来的一种理想模型。电源模型分为独立电源和受控电源两种类型。能够独立向外提供电能的电源称为独立电源，它包括电压源和电流源；不能独立向外提供电能的电源称为非独立电源，又称为受控源。

1.4.1 电压源

电池、发电机等一类电源，当忽略电源内部电阻时，其端电压是一定值而与负载无关，可认为是理想电压源，简称电压源。

电压源具有两个基本性质：

（1）它的端电压值是一个定值 U_s 或是确定的时间函数 $u_s(t)$，与流过它的电流无关。当电流为零时，其端电压仍不变。

（2）流过电压源的电流不是由其本身决定的，而是由与之相连的外电路确定的。

电压源的电路符号如图 1-19(a) 所示，其中 u_s 为电压源的电压，"＋""－"号是其参考极性。

如果电压源的电压是定值 U_s，则称之为直流电压源(恒压源)。直流电压源的符号用图 1-19(b) 来表示。图 1-20 所示是直流电压源的端电压、电流关系曲线，也叫作外特性曲线。

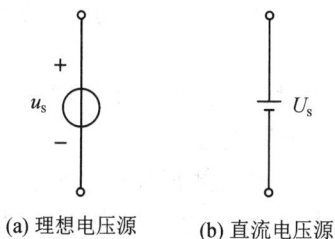

(a) 理想电压源   (b) 直流电压源

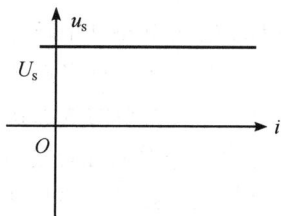

图 1-19 电压源符号   图 1-20 直流电压源的外特性曲线

实际上，理想电压源是不存在的，因为电源内部总存在一定的内阻。例如，电池电源接上负载有电流通过时，电池内部就会有能量损耗，电流越大，损耗越大，端电压就越低。因此，实际电压源可以用一个理想电压源和一个内阻 R_s 串联的电路模型来表示，如图 1-21(a) 所示。

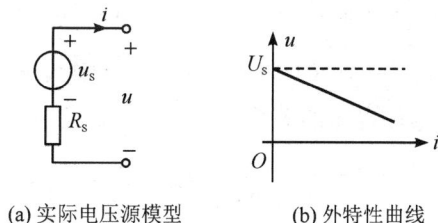

(a) 实际电压源模型   (b) 外特性曲线

图 1-21 实际电压源模型及其外特性曲线

实际电压源端电压与负载电流的伏安关系为

$$u = u_s - iR_s \qquad (1-22)$$

图 1-21(b) 所示为实际电压源的外特性曲线。可见，实际电压源的输出电流越大，端

电压越低，而实际电压源的内阻越小，其特性越接近理想电压源。

1.4.2 电流源

如果电源输出的电流是一定值 I_S 或是确定的时间函数 $i(t)$，则称其为理想电流源，简称电流源，电路符号如图 1-22(a)所示。

电流源

(a) 理想电流源符号 (b) 恒流源外特性曲线

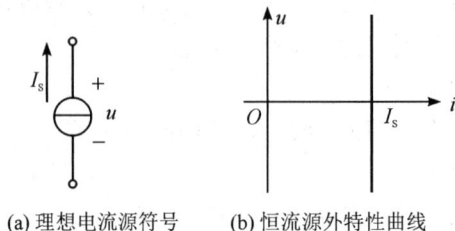

图 1-22 理想电流源符号及恒流源外特性曲线

若输出电流为一恒定值 I_S 则称为恒流源；若输出电流大小和方向随时间变化而变化，则称为交流源。

恒流源的外特性曲线如图 1-22(b)所示，是一条与 u 轴平行的直线。

理想电流源有两个基本性质。

(1) 它输出的电流是一定值 I_S 或是确定的时间函数 $i_S(t)$，而与它的端电压无关。

(2) 电流源的端电压由外电路确定。

在一定条件下，光电池在一定强度的光线照射时产生的电流是一定值，而基本不随负载变化而变化，因而这种类型的电源就可用理想电流源模型来表示。

实际上不可能存在绝对的理想电流源，实际电流源内部都有一定能量损耗，电流源产生的电流不能全部输出，会有一部分从内部分流掉。因此，实际电流源可用一理想恒流源 I_S 与一个内电导(电阻)G_S 并联的模型来表示，如图 1-23(a)所示。

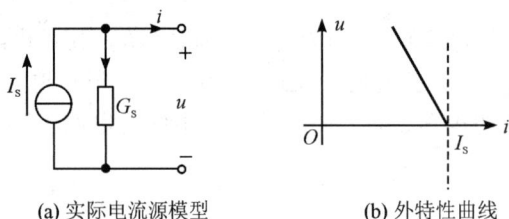

(a) 实际电流源模型 (b) 外特性曲线

图 1-23 实际电流源模型及外特性曲线

实际电流源的输出电流与端电压的关系为

$$i = I_S - \frac{u}{R_S} = I_S - G_S u \qquad (1-23)$$

实际电流源的外特性曲线如图 1-23(b)所示。很显然实际电流源向外输出的电流 i 比实际电流源的值 I_S 小，内电导越小，其特性越接近理想电流源。

【例 1-4】 求图 1-24 所示直流电路中电阻、电流源上的电压及各元件的功率。

解 (1) 由于电阻、电压源与电流源串联，因此流过电阻及电压源的电流均为 2 A，所以电阻两端的电压为

$$U_R = I_S R = 2 \times 5 = 10 \text{ V}$$

电流源两端电压为电阻与电压源两端电压之和，即

$$U_{I_S} = U_R + U_S = 10 + 8 = 18 \text{ V}$$

（2）电阻的功率为

$$P_R = U_R I = U_R I_S = 10 \times 2 = 20 \text{ W}$$

$P_R > 0$，电阻吸收功率为 20 W。

电压源的功率为

$$P_{U_S} = U_S I = U_S I_S = 8 \times 2 = 16 \text{ W}$$

$P_{U_S} > 0$，电压源吸收功率为 16 W。

电流源的功率为

$$P_{I_S} = -U_{I_S} I = -U_{I_S} I_S = -18 \times 2 = -36 \text{ W}$$

$P_{I_S} < 0$，电流源吸收功率为 -36 W，即释放了 36 W 的功率。

显然，整个电路的总功率为零。

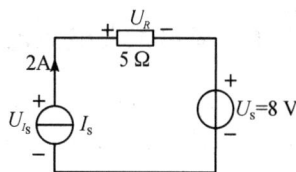

图 1-24　例 1-4 图

1.5 基尔霍夫定律

基尔霍夫定律

基尔霍夫定律和欧姆定律都是电路的基本定律。基尔霍夫定律阐明了电路中电压、电流整体所遵从的约束关系，它是分析和计算电路的理论基础，该定律包括基尔霍夫电流定律和基尔霍夫电压定律。

为了便于讨论，先介绍与电路网络结构相关的几个名词。

（1）支路：电路中具有两个端钮且通过同一电流的每个分支称为支路。图 1-25 所示电路中共有 6 条支路，即 ab、bc、bd、ac、aed 和 cfd。其中 aed、cfd 两条支路含有电源，称为含源支路；其他支路不含电源，称为无源支路。

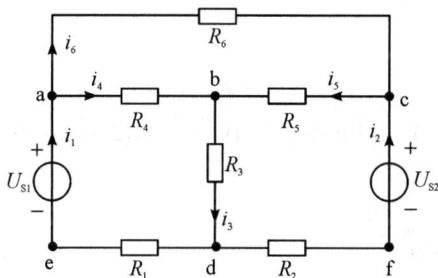

图 1-25　电路中支路、节点、回路图

（2）节点：3 条或 3 条以上支路的连接点称为节点。图 1-25 所示电路中共有 4 个节点。分别是 a、b、c、d。

（3）回路：电路中由支路构成的闭合路径称为回路。图 1-25 所示电路中 acba、aedba、bcfdb、abcfdea 等都是回路。

（4）网孔：回路内不再含有支路的回路称为网孔。

（5）网络：网络就是电路，一般把复杂的电路称为网络。

1.5.1 基尔霍夫电流定律

基尔霍夫电流定律英文缩写为 KCL(Kirchhoff's Current Law)，具体内容为：在同一时间内，电流通过导体时，任意时刻连接于电路中任一节点的所有支路电流的代数和恒等于零，即

$$\sum I = 0 \text{ 或 } \sum i = 0 \tag{1-24}$$

对于图 1-25 所示电路中的节点 a，根据图中所表示的电流参考方向，流入该节点的电流等于从该节点流出的电流，即在节点 a 处有

$$i_1 = i_4 + i_6 \tag{1-25}$$

若规定流出节点的电流为正，流入节点的电流为负(也可规定流进为正，流出为负)，那么上式可改写为

$$-i_1 + i_4 + i_6 = 0 \tag{1-26}$$

式(1-26)还可以写成 $\sum I = 0$。此式表明，任何时刻流进任一节点的支路电流等于流出该节点的支路电流。

KCL 是电荷守恒定理在电路中的体现。显然，对于电路中的任一理想节点而言，它既不能产生电荷，也不能储存电荷，因此，任一时刻流入该节点的电荷应恒等于流出该节点的电荷。

KCL 不仅适用于节点，还可以把它推广到包围几个节点的闭合面上。例如图 1-26 所示电路中，对闭合面 S 包围的节点分别列出以下 KCL 方程，即

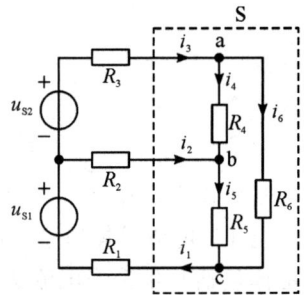

图 1-26　KCL 的推广应用

a 点：　　　$i_4 + i_6 - i_3 = 0$

b 点：　　　$i_5 - i_2 - i_4 = 0$

c 点：　　　$i_1 - i_5 - i_6 = 0$

联立这 3 个方程可得

$$i_2 + i_3 - i_1 = 0 \text{ 或 } i_1 = i_2 + i_3$$

可见，通过电路中一个闭合面的电流的代数和也总等于零，即流进闭合面的电流总等于流出该闭合面的电流。

1.5.2 基尔霍夫电压定律

基尔霍夫电压定律的英文缩写为 KVL(Kirchhoff's Voltage Law)，具体内容为：任意时刻沿任一回路，构成该回路的所有支路的电压代数和恒等于零，即沿任一回路有

$$\sum U = 0 \quad \text{或} \quad \sum u = 0 \tag{1-27}$$

在列 KVL 方程时，首先需要指定回路的绕行方向，并规定电路元件的电压参考方向与绕行方向一致的电压为正，反之为负。

对于如图 1-27 所示的某电路中的一个回路，先设定绕行方向如图 1-27 所示，按图中所标的电压参考方向，列出 KVL 方程为

$$u_1 + u_2 - u_3 - u_4 - u_5 = 0 \qquad (1-28)$$

对于如图 1-28 所示直流电路,若已知各支路的电流,那么各电阻电压可用电流表示,在设定回路绕行方向后,列出 KVL 方程为

$$U_{S1} + I_1 R_1 - I_2 R_2 - I_3 R_3 - U_{S3} + I_4 R_4 = 0$$

整理得

$$I_1 R_1 - I_2 R_2 - I_3 R_3 + I_4 R_4 = -U_{S1} + U_{S3}$$

一般形式为

$$\sum IR = \sum U_S \qquad (1-29)$$

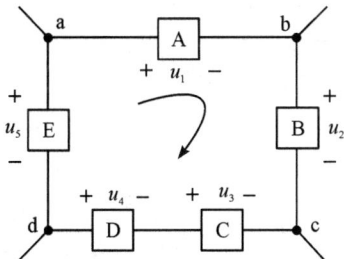

图 1-27 基尔霍夫电压定律 图 1-28 电阻电路的 KVL

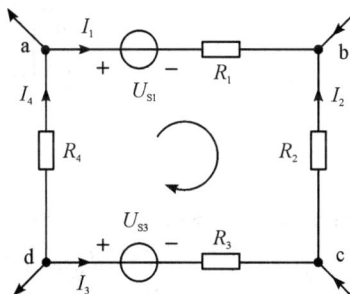

该式表明,对于电阻电路,KVL 的另一种表述是:在任意时刻,在任一闭合电路中,所有电阻的电压代数和恒等于该回路所有电压源的电压代数和。

在写式(1-29)时需要注意,当电阻上的电流参考方向与绕向一致时电压取正,电压源的参考极性与绕向相反时电压取正;否则,取负。

KVL 不仅适用于实际回路,而且适用于电路中的假想回路。在图 1-27 所示中,可以假想有 abca 回路,若绕行方向不变,应用 KVL 则有

$$u_1 + u_2 + u_{ca} = 0$$

由上式可得

$$u_{ca} = -u_1 - u_2$$

即

$$u_{ac} = u_1 + u_2 \qquad (1-30)$$

同样还可以假想有 adca 回路,若绕行方向如图 1-27 所示不变。则有

$$u_{ac} - u_3 - u_4 - u_5 = 0$$

即

$$u_{ac} = u_3 + u_4 + u_5 \qquad (1-31)$$

显然,从式(1-28)可看出,由式(1-30)和式(1-31)两式求出的 u_{ac} 结果相等。由此,我们可得到一个重要结论,即电路中任何两节点间的电压是一单值,计算结果与所选路径无关。

KVL 是能量守恒的体现,即电荷沿任一闭合电路移动一周,其吸收的能量等于其释放的能量,总变化量为零。

基尔霍夫定律阐述了电路中的电流、电压在电路结构上必须服从的约束关系。这一约束关系仅与元件的连接有关，而与元件的性质、种类无关。因此，不论是线性电路、非线性电路，还是直流电路、交流电路，这一定律总是成立的。基尔霍夫定律以及由每个元件性质所决定的伏安关系是电路中的两类约束关系，共同构成了电路分析的理论基础。

【例 1-5】 直流电路如图 1-29 所示，已知 $U_S = 10$ V, $I_S = 1$ A, $R_1 = R_2 = 2$ Ω, $R_3 = 3$ Ω, 试求电路中各支路的电流。

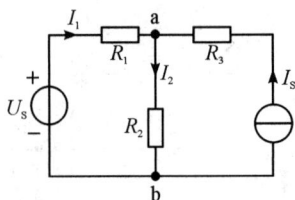

图 1-29 例 1-5 图

解 对于节点 a，列 KCL 方程得

$$I_S + I_1 = I_2 \quad \text{即} \quad 1 + I_1 = I_2$$

对于左边网孔，根据 KVL 可列出电压方程为

$$U_S = I_1 R_1 + I_2 R_2 \quad \text{即} \quad 10 = 2I_1 + 2I_2$$

联立解得

$$I_1 = 2 \text{ A}, \ I_2 = 3 \text{ A}$$

【例 1-6】 求如图 1-30 所示直流电路中 a、b 间电压 U_{ab}（a、b 间开路）。

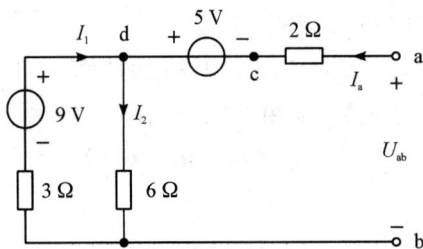

图 1-30 例 1-6 图

解 根据 KVL，由图可知

$$U_{ab} = U_{ac} + U_{cd} + U_{db}$$

电路中，ab 间开路，因此无电流流经 a 端或 b 端，所以有

$$I_1 = I_2$$

对于左边网孔，根据 KVL 可列出方程

$$6I_2 + 3I_1 - 9 = 0$$

解得

$$I_1 = I_2 = 1 \text{ A}$$

所以

$$U_{ab} = U_{ac} + U_{cd} + U_{db} = 0 + (-5) + 6 \times 1 = 1 \text{ V}$$

任务实施

分压器的设计

工具材料：万用电表、电阻若干、直流电源。

目的：了解电阻分压的特点。

思考问题：

(1) 如何利用电阻分压原理设计分压器？

(2) 直流稳压电源 $U_S = 10$ V，$R_2 = 2$ kΩ，可调电阻 R_P 大概为多大时，U_{R2} 的值会是电源电压的二分之一？为什么？

参考电路如图任务实施图 1 所示。

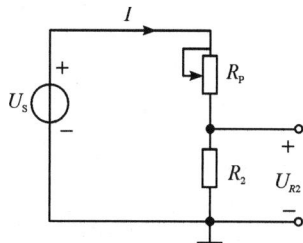

任务实施图 1

心得体会

通过本章的学习，你有哪些收获？请用简短的话语，将你自己的心得体会写出来吧。

本 章 小 结

(1) 电路模型。实际电路是由各种电路元件按照一定方式连接而成的。电路的主要作用是实现电能的传输和信号的处理。电路模型是实际电路抽象化表示，是各种理想元件的组合。在电路理论研究中，采用电路模型代替实际电路进行分析和研究。

(2) 电路中的基本变。描述电路的基本物理量有电流、电压、功率及电能等。在分析电路时，只有标定了电流、电压的参考方向才能对电路进行定量分析、计算，求出的正负电流、电压才有意义。应用功率的计算公式时一定要注意电压、电流的参考方向是否为关联。在关联参考方向下，元件吸收的功率表达式为 $P = UI$；在非关联参考方向下，元件吸收功率的表达式为 $P = -UI$。

(3) 电路的基本元件。电路的基本元件有：

(1) 电阻元件 R，其伏安关系满足欧姆定律，即 $u = Ri$；

(2) 电容元件 C，其伏安关系为 $i = C \dfrac{du}{dt}$；

(3) 电感元件 L，其伏安关系为 $u = L \dfrac{di}{dt}$。

(4) 电源元件。电路中的电源元件有理想电压源和理想电流源。

(5) 基本定律。

欧姆定律：$U = IR$。使用欧姆定律应注意电压和电流的参考方向。

基尔霍夫定律：包括基尔霍夫电压定律 KVL 和基尔霍夫电流定律 KCL，它阐明了电路中各支路电流、电压在电路结构上所遵从的约束关系。

元件的伏安关系和基尔霍夫定律共同构成分析电路的基础理论。

① 基尔霍夫电流定律(KCL)：任一时刻在电路的任一节点上，所有支路电流的代数和恒等于零。

$$\sum_{k=1}^{n} I_k = 0 \qquad 或 \qquad \sum_{k=1}^{n} i_k = 0$$

② 基尔霍夫电压定律(KVL)：在任一时刻，沿任一回路全部支路电压的代数和恒等于零。

$$\sum_{k=1}^{m} U_k = 0 \qquad 或 \qquad \sum_{k=1}^{n} u_k = 0$$

思考题与习题

1-1　构成电路的主要组成部分包括：电源、_____ 和中间环节。

1-2　关联参考方向是指电压 U 和电流 I 的参考方向_____。

1-3　基尔霍夫电压定律简称为_____，其内容为：在任一时刻，沿任一_____各段电压的_____ 恒等于零，其数学表示式为_____。

1-4　基尔霍夫电流定律简称为_____，其内容为：在任一时刻，对电路中的任一节点的_____ 恒等于零，用公式表示为_____。

1-5　稳恒直流电路中电容元件相当于_____，电感元件相当于_____。

1-6　在题图 1-1 所示直流电路中，电阻 $R=5\ \Omega$，在题图 1-1(a)所示电路中，标出的电压、电流参考方向为_____（关联或非关联），$U=$_____；在题图 1-1(b)中，标出的电压、电流参考方向为_____，$I=$_____；在题图 1-1(c)中，标出的电压、电流参考方向为_____，$U=$_____。

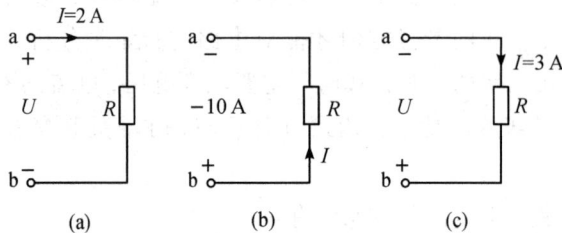

题图 1-1

1-7　各电路如题图 1-2 所示，各电路吸收的功率分别为 $P_a=$_____，$P_b=$_____，$P_c=$_____，$P_d=$_____。

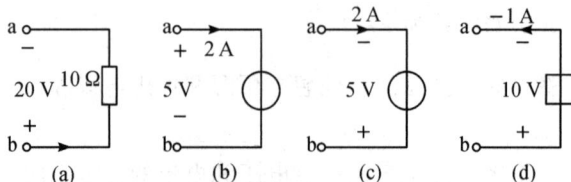

题图 1-2

1-8　在题图 1-3(a)所示电路中，根据 KCL 可得 $I=$_____；在题图 1-3(b)所示电路中，根据图中所给条件，可确定 $I_1=$_____，$I_2=$_____，$I_3=$_____。

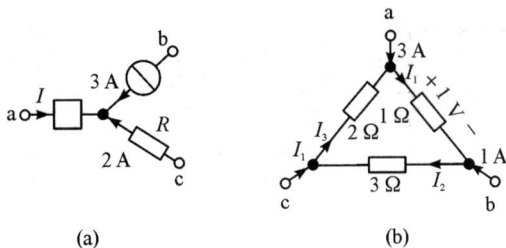

题图 1-3

1-9 电位是相对_____而言的，是指某点到_____之间的电压，当参考点不同时，参考电位也不同。电压是指_____，电压的大小与参考点无关。

1-10 分别求题图 1-4 所示电路各元件的功率，并指出它们是吸收功率还是释放功率。

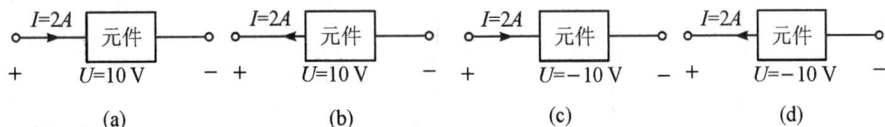

题图 1-4

1-11 各元件的参数如题图 1-5 所示，分别求出下面的参数。

（1）若元件 A 吸收功率为 2 W，求电流 I_a；（2）若元件 B 产生功率为 2 W，求电压 U_{ab}；（3）若元件 C 吸收功率为 -2 W，求电流 I_c；（4）求元件 D 吸收功率。

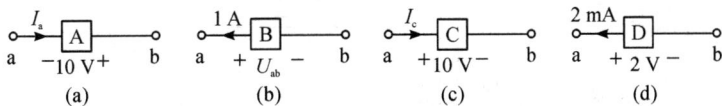

题图 1-5

1-12 求题图 1-6 所示各电路中所标的电压或电流。

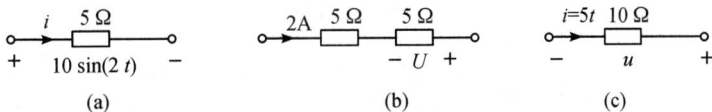

题图 1-6

1-13 求题图 1-7 所示各电路中的电压和电流。

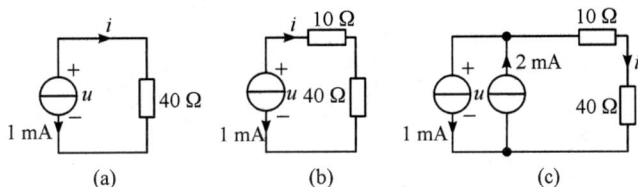

题图 1-7

1-14 运用基尔霍夫定律求题图 1-8 所示各电路中所标出的电压或电流。

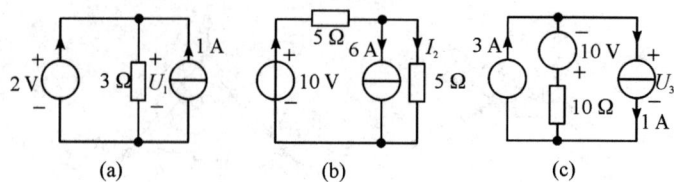

题图 1-8

1-15　电路如题图 1-9 所示，已知 $U_S = 10$ V，$R_1 = 3$ Ω，$R_2 = 2$ Ω，$R_3 = 4$ Ω，$C = 0.5$ F。试求：（1）电流 I_1、I_2、i_c 和电压 U_C；（2）电容储存的电能。

1-16　求题图 1-10 所示电路中的电压 U_{ab}。

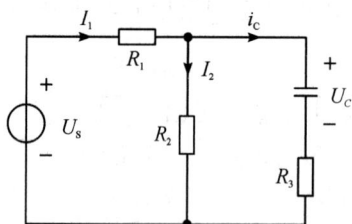

题图 1-9

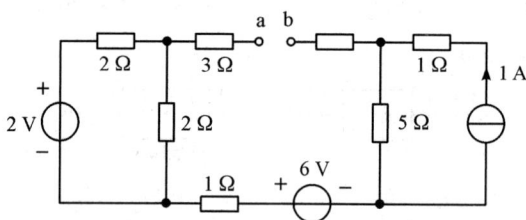

题图 1-10

1-17　含受控源电路如题图 1-11 所示，已知 $R_1 = 10$ Ω，$R_2 = 20$ Ω。求电路中的电压 U_1 和电流 I。

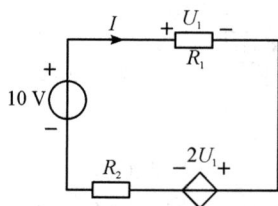

题图 1-11

第2章

电路的分析方法

知识重点

- 电路的等效变换。
- 直流电路的基本分析方法：支路电流法、节点电压法。
- 叠加定理。
- 戴维南定理。

知识难点

- 电路的等效变换。
- 直流电路的基本分析方法。

电路工作状态

素质提升

基尔霍夫在 21 岁就提出了影响网状电路计算的两个重要定律：基尔霍夫电流和电压定律。人类历史上的重大发明和创造都是科学家在青年时期提出的。因此我们在学习和工作过程中，要积极培养自己的创新意识，要善于发现问题、解决问题。

在本章首先介绍电路的三种工作状态，在了解电路等效互换、串联与并联电路的电路特点后，学习线性电路的基本分析方法，如支路电流法、节点电压法、叠加定理等。根据电路结构特点由复杂变简单，寻求一种简便方法进行求解。

电路中各元件有不同的连接方式，对于直流电路电阻而言，连接方式可以分为两类：简单电路和复杂电路。对于简单的电路直接应用电路的基本定律分析，复杂的电路可以用串联或并联的方法简化成单回路电路进行分析和计算。

2.1 \\\\ 电路的等效变换

通常，要对电路进行分析，首先要了解电路的工作状态。根据电源和负载的连接情况，电路的工作状态通常有开路、短路和负载三种情况。在

电路的等效变换

分析电路的过程中，我们需要把复杂的电路简单化，也就是把复杂的电路用简单的电路来代替，即进行电路等效变换。

只有两个端子(也称为端纽)与外部相连的电路，称为二端网络或单口网络。例如电阻、电容和电感等二端元件就是最简单的二端网络。二端网络的端口电压和端口电流的关系称为二端网络的伏安关系。

如果两个二端网络(即有两个端子的电路)N_1 与 N_2 的伏安关系完全相同，从而这两个二端网络对连接到其上同样的外部电路的作用效果相同，则说 N_1 与 N_2 是等效的。在本节中我们将介绍电阻电路中最常见的等效变换(电阻的串并联变换)和电源的等效变换。在如图 2-1 所示直流电路中，当 $R=R_1+R_2+R_3$ 时，则 N_1 与 N_2 称之为等效电路。

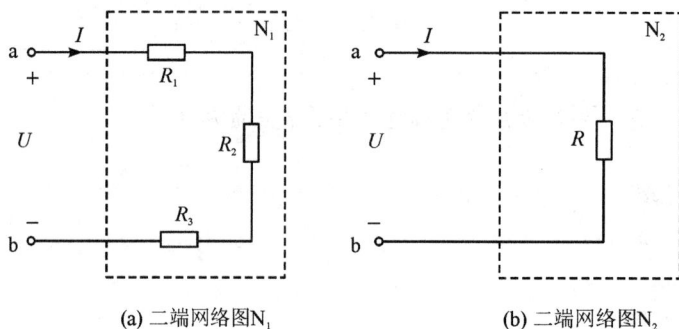

(a) 二端网络图N_1　　　　　　　　(b) 二端网络图N_2

图 2-1　等效电路

2.1.1　电阻的串并联及等效变换

1. 电阻的串联及分压

在电路中，若干个电阻首尾相联，各电阻流过同一电流的连接方式称为电阻的串联。若直流电路 1 如图 2-2(a)所示，电压为 U，电流为 I，电阻串联个数为 n，电路 2 如图 2-2(b)所示，电压为 U，电流为 I，电阻为 R，则称这两个电路等效。

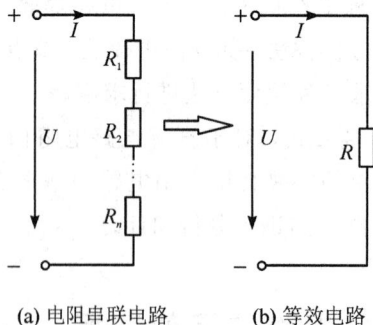

(a) 电阻串联电路　　　　(b) 等效电路

图 2-2　n 个电阻串联电路及其等效电路

图 2-2 中这两个电路等效电阻之间的关系为

$$R=(R_1+R_2+R_3+\cdots+R_n)=\sum_{k=1}^{n}R_k \qquad (2-1)$$

在图 2-2 所示串联电路中，若已知电路总电压，则每个串联电阻的电压分别为

$$\begin{cases} U_1 = IR_1 = \dfrac{R_1}{R}U \\[2mm] U_2 = IR_2 = \dfrac{R_2}{R}U \\[2mm] \quad\vdots \\[2mm] U_n = IR_n = \dfrac{R_n}{R}U \end{cases} \tag{2-2}$$

式(2-2)说明，在串联电路中，当外加电压一定时，各个电阻端电压的大小与它的电阻值成正比。因此式(2-2)称为电压的分配公式，又称为分压公式。

在实际应用中，万用表的电压挡电路就是按此原理构成的，具体电路分析如例 2-1 所示。

【例 2-1】 在图 2-3 所示电路中，要将一满刻度偏转电流 $I_g = 50\ \mu A$、内阻 $R_g = 2\ k\Omega$ 的电流表制成量程为 10 V 和 30 V 的直流电压表，应如何设计电路？

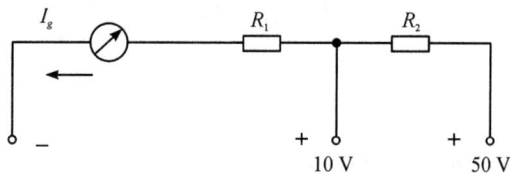

图 2-3　例 2-1 图

解　依据题意可知，此电流表满偏时所能承受的最大电压为

$$U_g = I_g R_g = 50 \times 10^{-6} \times 2 \times 10^3 = 0.1\ V$$

因此，为了制成量程为 10 V 和 30 V 的电压表，并保证表头承受的电压仍为 0.1 V，必须串联电阻以分担多余电压，其原理图如图 2-3 所示，根据分压公式得

$$U_g = \frac{R_g}{R_1 + R_g} U_1$$

整理得

$$R_1 = \left(\frac{U_1}{R_g} - 1\right) R_g = \left(\frac{10}{0.1} - 1\right) \times 2 \times 10^3 = 198\ k\Omega$$

同理

$$R_1 + R_2 = \left(\frac{U_2}{U_g} - 1\right) R_g = \left(\frac{30}{0.1} - 1\right) \times 2 \times 10^3 = 598\ k\Omega$$

所以

$$R_2 = 598 - R_1 = 598 - 198 = 400\ k\Omega$$

2. 电阻的并联及分流

多个二端电阻首尾分别相联，各电阻处于同一电压下的连接方式称为电阻的并联。图 2-4(a)所示为两个电阻的并联电路，图(b)为其等效电路。

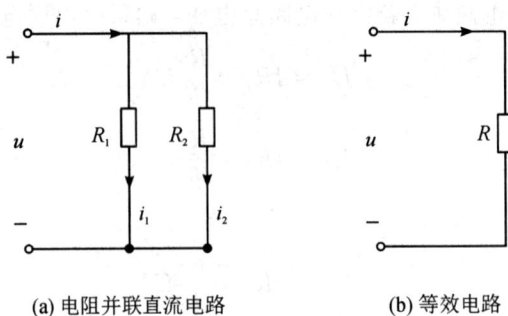

(a) 电阻并联直流电路　　　　(b) 等效电路

图 2-4　电阻的并联直流电路及其等效电路

这两个电路中电阻之间的关系为

$$\frac{1}{R} = \frac{1}{R_1} + \frac{1}{R_2} \tag{2-3}$$

即

$$R = \frac{R_1 R_2}{R_1 + R_2}$$

或以电导形式表示为

$$G = G_1 + G_2 \tag{2-4}$$

每个电阻分得的电流分别为 i_1 和 i_2，即有

$$\begin{cases} i_1 = \dfrac{R_2}{R_1 + R_2} i \\[3mm] i_2 = \dfrac{R_1}{R_1 + R_2} i \end{cases} \tag{2-5}$$

或以电导形式表示为

$$\begin{cases} i_1 = \dfrac{G_1}{G_1 + G_2} i \\[3mm] i_2 = \dfrac{G_2}{G_1 + G_2} i \end{cases} \tag{2-6}$$

对于 N 个电阻并联直流电路，同理其等效电导为

$$G = \sum_{k=1}^{N} G_k \tag{2-7}$$

各个电导的电流为

$$i_m = \frac{G_m}{\sum\limits_{k=1}^{N} G_k} i \tag{2-8}$$

在实际应用中，利用并联电阻的分流特点可对电流表扩量程，具体电路分析如例 2-2 所示。

【例 2-2】　电路如图 2-5 所示，要将一满刻度偏转电流 $I_g = 50\ \mu A$、内阻 $R_g = 2\ k\Omega$ 的电流表扩成量程为 10 mA 和 50 mA 的直流电流表，如何设计电路？

解 由题意可知此电流表满偏时所能承受的最大电流为 $I_g = 50\ \mu A$，因此，为了将电流表扩成量程为 10 mA 的直流电流表，必须并联电阻以分担多余电流，以保证表头允许通过的电流为 $I_g = 50\ \mu A$ 不变，其原理图如图 2-5 所示。根据分流公式得

$$I_g = \frac{R_S}{R_S + R_g} I$$

扩成量程为 10 mA 的直流电流表，需要并联的分流电阻为

图 2-5 例 2-2 图

$$R_S = R_{10} = \frac{I_g R_g}{I - I_g} = \frac{50 \times 10^{-6} \times 2 \times 10^3}{10 \times 10^{-3} - 50 \times 10^{-6}}$$

$$\approx \frac{50 \times 10^{-6} \times 2 \times 10^3}{10 \times 10^{-3}} = 10\ \Omega$$

同理，为了将电流表扩成量程为 50 mA 的直流电流表，需并联的分流电阻为

$$R_S = R_{50} = \frac{I_g R_g}{I - I_g} = \frac{50 \times 10^{-6} \times 2 \times 10^3}{50 \times 10^{-3} - 50 \times 10^{-6}}$$

$$\approx \frac{50 \times 10^{-6} \times 2 \times 10^3}{50 \times 10^{-3}} = 2\ \Omega$$

由此可见，电流表量程越大，其分流电阻就越小，即其内阻越小。

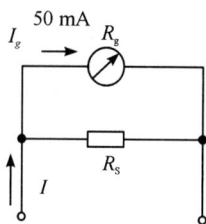

2.1.2 电源的连接及等效变换

1. 理想电压源的串联

根据基尔霍夫电压定律(KVL)，有 n 个独立电压源的串联电路，可以用一个电压源等效替换，其电压等于各电压源电压的代数和。

在图 2-6(a)所示电路中，就端口特性而言，其电路可等效于一个独立电压源，如图 2-6(b)所示。

$$u_S = \sum_{k=1}^{n} u_{Sk} \tag{2-9}$$

其中与 u_S 参考方向相同的电压源 u_{Sk} 取正号，相反则取负号。

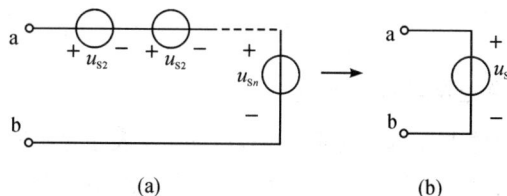

图 2-6 电压源的串联电路及其等效电路

2. 理想电流源的并联

根据基尔霍夫电流定律(KCL)，当电路有 n 个独立电流源并联时，如图 2-7(a)所示，这些电流源可以用一个电流源等效替换，如图 2-7(b)所示，其电流等于各电流源电流的代数和，即有

$$i_S = \sum_{k=1}^{n} i_{Sk} \qquad\qquad (2-10)$$

其中，与 i_S 参考方向相同的电流源 i_{Sk} 取正号，相反则取负号。

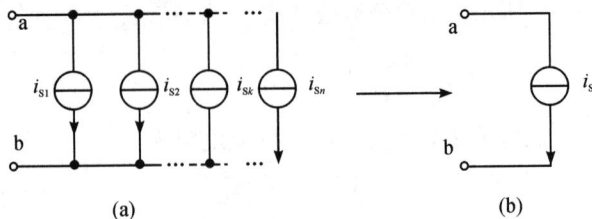

图 2-7 电流源的并联

需要注意的是：电压数值不相同的理想电压源不能并联，否则违背基尔霍夫电压定律，只有电压大小、方向一致的电压源才允许并联，并联后的等效电压源电压仍为原值；两个电流大小、方向完全相同的电流源才能串联，否则也将违反基尔霍夫电流定律。发生这种情况的原因往往是电路模型设置不当，而需要修改电路模型。

【例 2-3】 电路如图 2-8(a)所示，已知 $i_{S1}=10$ A，$i_{S2}=5$ A，$i_{S3}=1$ A，$G_1=1$ S，$G_2=2$ S 和 $G_3=3$ S，求电流 i_1 和 i_3。

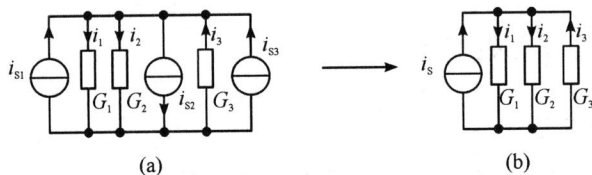

图 2-8 例 2-3 图

解 为求电流 i_1 和 i_3，可将三个并联的电流源等效为一个电流源，其电流为

$$i_S = i_{S1} - i_{S2} + i_{S3} = 10 \text{ A} - 5 \text{ A} + 1 \text{ A} = 6 \text{ A}$$

得到的等效电路如图 2-8(b)所示，用分流公式求得

$$i_1 = \frac{G_1}{G_1+G_2+G_3} i_S = \frac{1}{1+2+3} \times 6 \text{ A} = 1 \text{ A}$$

$$i_3 = \frac{-G_3}{G_1+G_2+G_3} i_S = \frac{-3}{1+2+3} \times 6 \text{ A} = -3 \text{ A}$$

3. 实际电源的两种模型及其等效变换

实际电压源可以用理想电压源与电阻的串联模型来表示，实际电流源可以用理想电流源和电导的并联模型来表示。进行电路分析时，这两种模型之间是可以相互转换的。电路经过转换，有时候可以大大简化电路的分析和计算。

图 2-9(a)所示为实际电压源模型，其外特性为

$$u = u_S - R_S i \qquad\qquad (2-11)$$

整理式(2-11)得到

$$\frac{u_S}{R_S} = \frac{u}{R_S} + i \qquad\qquad (2-12)$$

(a) 实际电压源模型　　　　(b) 实际电流源模型

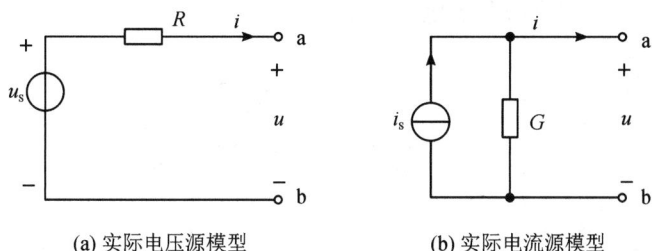

图 2-9　实际电源模型

图 2-9(b)所示为实际电流源的模型，其外特性为

$$i_s = Gu + i \qquad (2-13)$$

比较式(2-12)和式(2-13)，令

$$\frac{u_s}{R} = i,\ G = \frac{1}{R} \qquad (2-14)$$

那么可知这两个电源模型的端口 a-b 的外特性完全一致。式(2-14)就是这两种电源模型等效变换必须满足的条件。两种电源模型的等效变换可用图 2-10 表示。

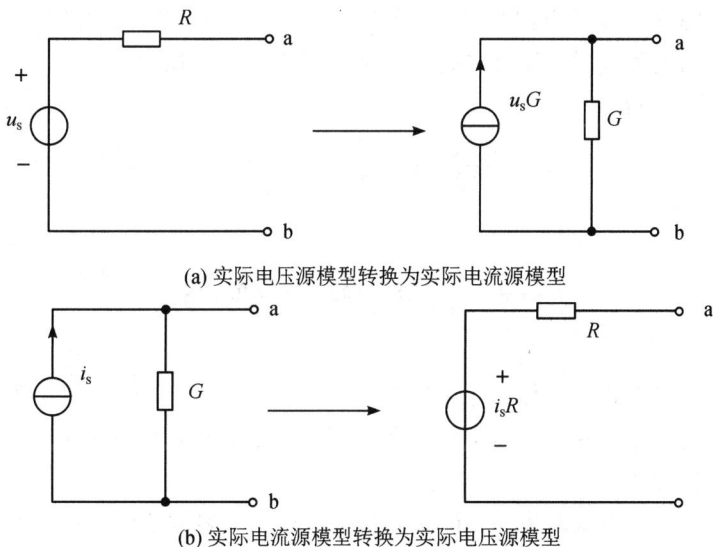

(a) 实际电压源模型转换为实际电流源模型

(b) 实际电流源模型转换为实际电压源模型

图 2-10　两种电源模型的等效变换

　　两种模型互相变换后，当它们外接任何同样的电路时，其两端子上的电压和电流将分别相等。

　　利用电压源模型和电流源模型进行等效变换时，必须注意以下几个问题：

　　(1)电压源模型和电流源模型的等效变换仅仅对外部电路而言，其电源内部是不等效的。

　　(2)电压源模型与电流源模型进行等效变换时，必须注意两种电路模型的极性，即电压源模型和电流源模型的方向应一致。

　　(3)理想电压源和理想电流源之间不能等效。

　　(4)利用两种电路模型等效变换的概念，可以分析由电压源、电流源和电阻组成的电路。

【**例 2 - 4**】 求图 2 - 11(a)所示电路中电压 U。

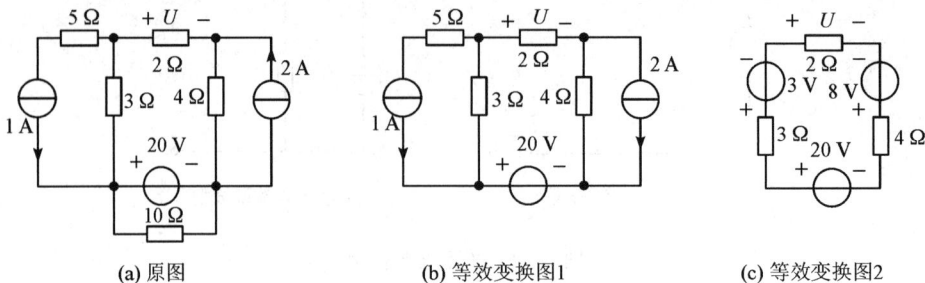

(a) 原图　　　　　　　(b) 等效变换图1　　　　　　　(c) 等效变换图2

图 2 - 11　例 2 - 4 图

解 (1) 由图 2 - 11(a)可知，20 V 电压源与 10 Ω 电阻并联，10 Ω 电阻对电路其他的部分没有影响，因此 20 V 电压源与 10 Ω 电阻可等效为 20 V 电压源，得到图 2 - 11(b)所示电路。

(2) 由图 2 - 11(b)可知：1 A 的电流源和 5 Ω 的电阻可以看作为一条支路，该支路的电流就是电流源的电流，因此此支路可以等效为一个电流源，然后和 3 Ω 的电阻并联，等效为 3 V 的电压源和 3 Ω 的电阻串联；2 A 的电流源和 4 Ω 的电阻并联，可以等效为 8 V 的电压源和 4 Ω 的电阻串联。等效之后的电路如图 2 - 11(c)所示。

由图 2 - 11(c)可得

$$U = \frac{(-3+20-8)\text{V}}{(2+3+4)\Omega} \times 2\ \Omega = 2\ \text{V}$$

2.2 || 支路电流法

支路电流法是以支路电流作为电路的变量，直接应用 KCL 和 KVL，列出与支路电流数目相等的独立节点电流方程和回路电压方程，然后联立解出各支路电流的一种方法。

以图 2 - 12 所示直流电路为例，说明支路电流法的一般方法和步骤。

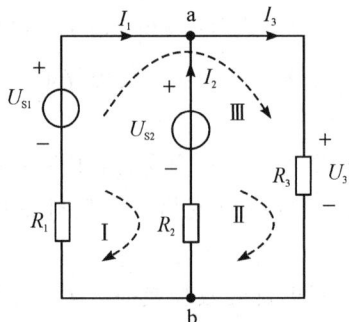

图 2 - 12　支路电流法例图

图 2 - 12 所示电路共有 3 条支路、两个节点、3 个回路。若已知各电源电压值和各电阻

的阻值,求解 3 个支路未知的电流 I_1、I_2、I_3,则需要列 3 个独立方程联立求解。所谓独立方程,是指该方程不能通过已经列出的方程线性变换而来。

根据支路列方程时,必须先在电路图上选定各支路电流的参考方向,并标明在电路图上,如图 2-12 所示。

对节点 a 列写 KCL 方程为

$$-I_1 - I_2 + I_3 = 0 \qquad (2-15)$$

对节点 b 列写 KCL 方程为

$$I_1 + I_2 - I_3 = 0 \qquad (2-16)$$

很明显,式(2-15)与式(2-16)实际相同,所以只有一个方程是独立的。可以证明:节点数为 n 的电路中,根据 KCL 列出的节点电流方程只有 $n-1$ 个是独立的。

根据回路列方程时,必须先选定回路绕行方向,一般选顺时针方向,并标明在电路图上,如图 2-12 所示。根据 KVL,列出各回路的电压方程如下:

回路 Ⅰ 为

$$R_1 I_1 - U_{S1} + U_{S2} - R_2 I_2 = 0$$

回路 Ⅱ 为

$$R_2 I_2 - U_{S2} + R_3 I_3 = 0$$

回路 Ⅲ 为

$$R_1 I_1 - U_{S1} + R_3 I_3 = 0$$

同样,在这 3 个方程中,只有两个是独立的。为使所列的方程彼此独立,在选取回路时,应至少包含一个其他回路所没有包含的支路。保证选取的回路彼此独立的方法是按网孔选取回路,即有几个网孔就列出几个回路电压方程,则这几个方程就是独立的。

根据以上分析,可列出独立方程如下:

$$\begin{cases} -I_1 - I_2 + I_3 = 0 \\ R_1 I_1 - U_{S1} + U_{S2} - R_2 I_2 = 0 \\ R_2 I_2 - U_{S2} + R_3 I_3 = 0 \end{cases}$$

解方程组就可求得 I_1、I_2、I_3。

综上所述,采用支路电流法分析、计算电路的一般步骤如下:

(1) 在电路图中选定并标注各支路电流的参考方向,b 条支路共有 b 个未知变量。

(2) 根据 KCL,对 n 个节点可列出 $(n-1)$ 个独立方程。

(3) 选取网孔列写 KVL 方程,并设定各网孔绕行方向,列出 $b-(n-1)$ 个 KVL 方程。

(4) 联立求解上述 b 个独立方程,便可得出待求的各支路电流。

【例 2-5】 直流电路如图 2-13 所示,已知 $U_{S1} = 12$ V,$U_{S2} = 8$ V,$R_1 = R_3 = 4$ Ω,$R_2 = 8$ Ω。试求各支路电流。

解 选定并标出各支路电流 I_1、I_2、I_3,如图 2-13 所示。

对于节点 A,列 KCL 方程为

$$-I_1 - I_2 + I_3 = 0$$

选定网孔绕行方向,如图 2-13 所示,对两个网孔分别列 KVL 方程如下:

网孔 Ⅰ 方程为

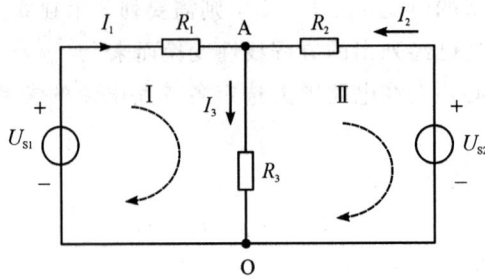

图 2-13 例 2-5 电路图

$$I_1 R_1 + I_3 R_3 - U_{S1} = 0$$

网孔 Ⅱ 方程为

$$-I_2 R_2 + U_{S2} - I_3 R_3 = 0$$

将已知条件代入上述 3 个方程中,得到

$$\begin{cases} -I_1 - I_2 + I_3 = 0 \\ 4I_1 + 4I_3 - I_2 = 0 \\ -8I_2 + 8 - 4I_3 = 0 \end{cases}$$

解方程组,可得 $I_1 = 3.5$ A,$I_2 = -0.5$ A,$I_3 = 3$ A。

【例 2-6】 在图 2-14 所示直流电路中,$R_1 = R_4 = 1$ Ω,$R_2 = 2$ Ω,$R_3 = 3$ Ω,$I_s = 8$ A,$U_s = 10$ V,计算各支路电流。

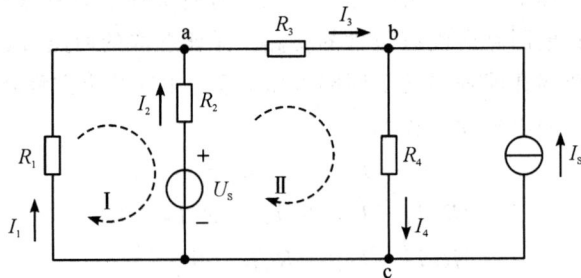

图 2-14 例 2-6 电路图

解 这个电路的支路数 $b = 5$,节点数 $n = 3$,设支路电流分别为 I_1、I_2、I_3、I_4,选定各支路电流参考方向并标注在图 2-14 中。由于电流源 I_s 所在的支路电流等于电流源 I_s 的电流值,且为已知量,因而应用基尔霍夫定律列出 4 个方程如下:

对节点 a:

$$-I_1 - I_2 + I_3 = 0$$

对节点 b:

$$-I_3 + I_4 - I_s = 0$$

对回路 Ⅰ:

$$I_1 - R_2 I_2 + U_s = 0$$

对回路 Ⅱ:

$$R_2 I_2 + R_3 I_3 + R_4 I_4 - U_s = 0$$

将已知条件代入上述 4 个方程中,可得

$$-I_1 - I_2 + I_3 = 0$$
$$-I_3 + I_4 - 8 = 0$$
$$I_1 - 2I_2 = -10$$
$$2I_2 + 3I_3 + I_4 = 10$$

解方程得 $I_1 = -4$ A，$I_2 = 3$ A，$I_3 = -1$ A，$I_4 = 7$ A。

2.3 // 节 点 电 压 法

    如果在电路中任选一节点为参考点，即设其电位为零，那么，其他每个节点与参考节点之间的电压就称为该节点的节点电位。每条支路都是连接在两节点之间，根据它的两个节点电位之差，就可知道各支路电压，然后应用欧姆定律就可求出各支路电流。

    节点电压法就是以节点电位为未知量，先将每条支路的电流用节点电位表示出来，应用 KCL 列出独立节点的电流方程，联立方程求得各节点电位，再根据节点电位与各支路电流关系式，求得各支路电流。

    图 2-15 所示为具有 3 个节点的直流电路。下面以该电路为例，说明用节点电压法进行电路分析的方法和求解步骤，导出节点电压方程式的一般形式。

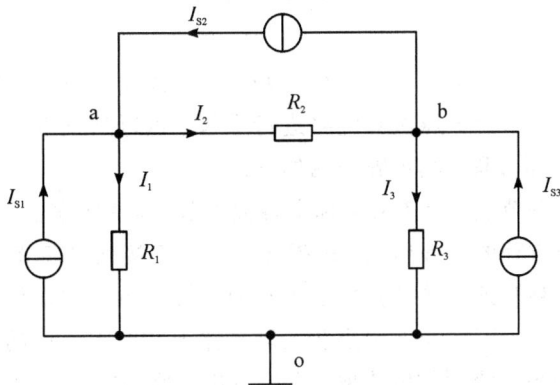

图 2-15 节点电压法

    首先，选择节点 o 为参考节点，则其他两个节点为独立节点。设独立节点的电位分别为 U_a、U_b。则各支路的电流用节点电位表示为

$$\begin{cases} I_1 = \dfrac{U_a - 0}{R_1} = G_1 U_a \\[2mm] I_2 = \dfrac{U_a - U_b}{R_2} = G_2(U_a - U_b) \\[2mm] I_3 = \dfrac{U_b - 0}{R_3} = G_3 U_b \end{cases} \qquad (2-17)$$

然后，对节点 a、b 分别列 KCL 方程为

$$\begin{cases} I_1 + I_2 = I_{S1} + I_{S2} \\ -I_2 + I_3 = I_{S3} - I_{S2} \end{cases} \qquad (2-18)$$

最后，将式(2-17)代入式(2-18)中，可得

$$\begin{cases} (G_1+G_2)U_a - G_2 U_b = I_{S1} + I_{S2} \\ -G_2 U_a + (G_2+G_3)U_b = I_{S3} - I_{S2} \end{cases} \quad (2-19)$$

式(2-19)可以简写为如下形式：

$$\begin{cases} G_{aa} U_a + G_{ab} U_b = I_{Saa} \\ G_{ba} U_a + G_{bb} U_b = I_{Sbb} \end{cases} \quad (2-20)$$

在式(2-20)中：

(1) G_{aa} 与 G_{bb} 分别称为节点 a、b 的自导，其数值等于与该节点所连接的各支路的电导之和，它们总是正值，且满足 $G_{aa}=G_1+G_2$，$G_{bb}=G_2+G_3$。

(2) G_{ab} 与 G_{ba} 分别称相邻两节点 a、b 间的互导，其数值等于连接在两节点间的所有支路电导之和，互导均为负，且满足 $G_{ab}=G_{ba}=-G_2$。

(3) I_{Saa} 与 I_{Sbb} 分别为流入 a、b 节点的电流源电流的代数和，电流源的电流流向节点为"+"号，反之为"-"号。

式(2-20)是具有两个独立节点电路的节点电压方程的一般形式，也可以将其推广到具有 n 个节点(独立节点为 $n-1$ 个)的电路。具有 n 个节点的节点电压方程的一般形式为

$$\begin{cases} G_{11} U_1 + G_{12} U_2 + \cdots + G_{1(n-1)} U_{(n-1)} = I_{S11} \\ G_{21} U_1 + G_{22} U_2 + \cdots + G_{2(n-1)} U_{(n-1)} = I_{S22} \\ \quad\quad\quad\quad\quad \vdots \\ G_{(n-1)1} U_1 + G_{(n-1)2} U_2 + \cdots + G_{(n-1)(n-1)} U_{(n-1)} = I_{S(n-1)(n-1)} \end{cases} \quad (2-21)$$

综合以上分析，采用节点电压法对电路进行求解，可以根据节点电压方程的一般形式直接写出电路的节点电压方程。其步骤归纳如下：

(1) 指定电路中某一节点为参考点，标出各独立节点电位(符号)。

(2) 按照节点电压方程的一般形式，根据实际电路直接列出各节点电压方程。

列方程时应注意：列写第 k 个节点电压方程时，与 k 节点相连接支路上的电阻元件的电导之和(自电导)一律取"+"；与 k 节点相关联支路上的电阻元件的电导(互电导)一律取"-"；流入 k 节点的理想电流源的电流取"+"，流出的则取"-"。

【例 2-7】 用节点电压法求图 2-16 所示直流电路中的电压 U_{ao}。

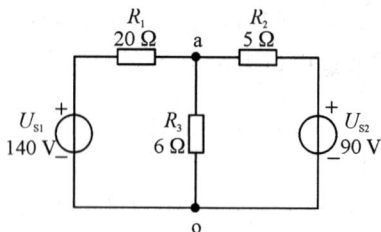

图 2-16　例 2-7 电路图

解　根据节点电压法，以 o 点为参考节点，该电路只有 1 个独立节点 a，U_{ao} 就是节点 a 对节点 o 的节点电压，可列出下列方程，即

$$\left(\frac{1}{R_1}+\frac{1}{R_2}+\frac{1}{R_3}\right)U_{ao}=\frac{U_{S1}}{R_1}+\frac{U_{S2}}{R_2}$$

解出 U_{ao} 为

$$U_{ao} = \cfrac{\cfrac{U_{S1}}{R_1} + \cfrac{U_{S2}}{R_2}}{\cfrac{1}{R_1} + \cfrac{1}{R_2} + \cfrac{1}{R_3}}$$

代入数值，可求得

$$U_{ao} = \cfrac{\cfrac{140\ \text{V}}{20\ \Omega} + \cfrac{90\ \text{V}}{5\ \Omega}}{\cfrac{1}{20\ \Omega} + \cfrac{1}{5\ \Omega} + \cfrac{1}{6\ \Omega}} = 60\ \text{V}$$

由此例可得出一个独立节点电压的一般表达式为

$$U = \cfrac{\sum_{k=1}^{n}\left(\cfrac{U_{sk}}{R_k} + I_{Si}\right)}{\sum_{k=1}^{n}\cfrac{1}{R_k}} \tag{2-22}$$

式(2-22)称为弥尔曼定理，分子为流入该节点的等效电流源之和，分母为该节点所连接各支路的电导之和。

2.4 叠 加 定 理

叠加定理是分析线性电路的一个重要定理，下面以图 2-17(a)所示直流电路为例介绍叠加定理的特点和内容。

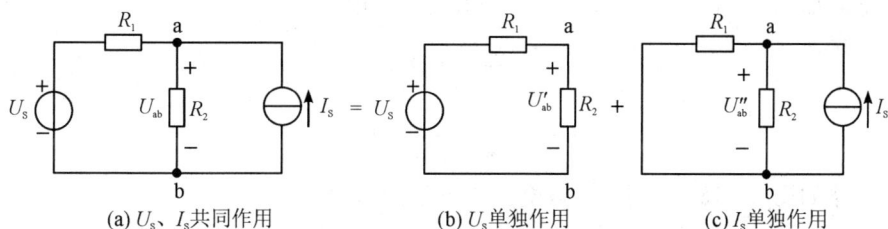

(a) U_s、I_s共同作用   (b) U_s单独作用   (c) I_s单独作用

图 2-17　叠加定理

设 b 点为参考节点，根据节点电压法，可得

$$\frac{U_{ab}}{R_2} = \frac{U_s - U_{ab}}{R_1} + I_s$$

求解上述方程，得

$$U_{ab} = \frac{R_2}{R_1 + R_2}U_s + \frac{R_1 R_2}{R_1 + R_2}I_s \tag{2-23}$$

分析式(2-23)，U_{ab} 由两个分量组成：一个是 $U'_{ab} = \dfrac{R_2}{R_1 + R_2}U_s$，是当 $I_s = 0$ 时，电压源单独作用的结果，它与电压源 U_s 成正比，如图 2-17(b)所示；另一个是 $U''_{ab} = \dfrac{R_1 R_2}{R_1 + R_2}I_s$，

是当 $U_S=0$ 时，电流源单独作用的结果，它与电流源 I_S 成正比，如图 2-17(c)所示。

综合以上分析，得出以下结论：在含有多个电源的线性电路中，任一支路的电流（或电压）等于各理想电源单独作用在该电路时，在该支路中产生的电流（或电压）的代数和。线性电路的这一性质称为叠加定理。

应用叠加定理求解电路时要注意以下几点：

(1) 叠加定理仅适用于线性电路，不适用于非线性电路。

(2) 当一个电源单独作用时，其他的独立电源不起作用，即独立电压源用短路代替，独立电流源用开路代替，其他元件的连接方式都不应有变动。

(3) 叠加时要注意电流和电压的方向。若分电流（或电压）与原电路待求的电流（或电压）的参考方向一致，则取正号，相反则取负号。

(4) 叠加定理不能用于计算电路的功率，因为功率是电流或电压的二次函数。

【例 2-8】　用叠加定理求图 2-18(a)所示直流电路中的 U_{ab}。

解　先把图 2-18(a)分解成图 2-18(b)和图 2-18(c)所示的电源单独作用的电路，然后按下列步骤计算。

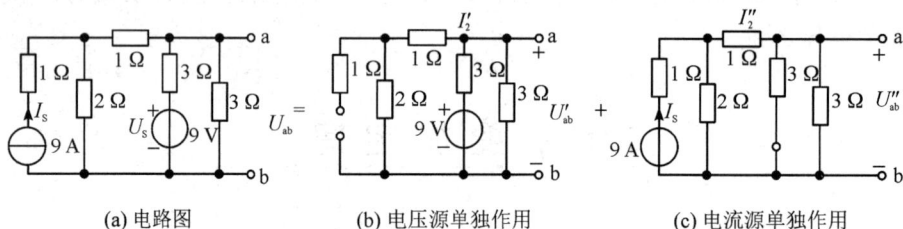

(a) 电路图　　　　　　(b) 电压源单独作用　　　　　　(c) 电流源单独作用

图 2-18　例 2-8 电路图

(1) 电路如图 2-18(b)所示，当电压源单独作用时

$$U'_{ab}=\frac{\dfrac{(1+2)\times 3}{1+2+3}\ \Omega}{3\ \Omega+\dfrac{(1+2)\times 3}{1+2+3}\ \Omega}\times 9\ V=3\ V$$

(2) 电路如图 2-18(c)所示，当电流源单独作用时

$$I''_2=\frac{2\ \Omega}{2\ \Omega+1\ \Omega+\dfrac{3\times 3}{3+3}\ \Omega}I_S=\frac{2}{4.5}\times 9=4\ A$$

$$U''_{ab}=\frac{3\times 3}{3+3}I''_2=1.5\ \Omega\times 4A=6\ V$$

所以　　　　　　　　　　　　　$U_{ab}=3\ V+6\ V=9\ V$

2.5 ∥ 戴 维 南 定 理

戴维南定理又叫作有源二端网络定理。所谓有源二端网络，就是指电路内部含有电源的二端网络。而不含电源的二端网络称为无源二端网络。

任何一个有源二端网络，不论它的繁简程度如何，当它与外电路相连时，就会像电源一样向外供给电能，也就是说对外电路而言，它相当于一个电源。因此，有源二端网络可以化简为一个等效电源。一个电源可以用两种电路模型表示：一种是理想电压源和电阻串联的实际电压源模型；另一种是理想电流源和电阻并联的实际电流源模型。由这两种等效电源模型可分别得出戴维南定理和诺顿定理。在这里我们只讲解戴维南定理。

戴维南定理指出：对于任意一个线性有源二端网络，如图 2-19(a)，可用一个电压源和电阻串联的电路模型来等效替代，如图 2-19(b)所示；电压源的电压等于该网络 N_s 的开路电压 U_{oc}，如图 2-19(c)；电阻等于该网络 N_o 中所有理想电源为零时，从网络两端看进去的电阻 R_{eq}，如图 2-19(d)。

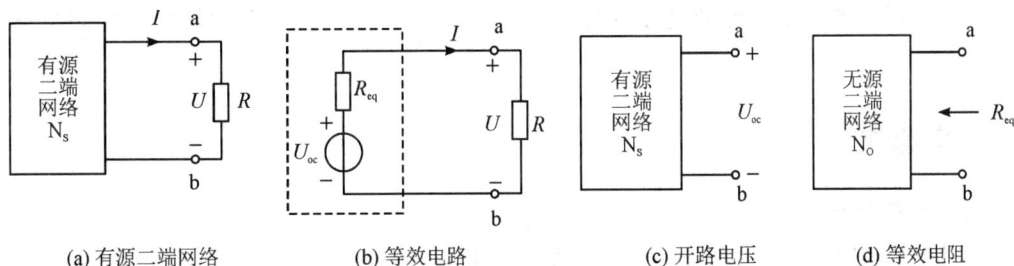

(a) 有源二端网络　　(b) 等效电路　　(c) 开路电压　　(d) 等效电阻

图 2-19　戴维南定理

利用戴维南定理可以将一个复杂电路化简成简单电路，尤其是只需要计算复杂电路中某一条支路的电流或电压时，应用这一定理极其方便。利用戴维南定理计算电路中支路的电流或电压时，待求支路为无源支路或有源支路均可。

用戴维南定理分析电路的步骤如下：

（1）断开待求量的支路，得到一有源二端网络。

（2）根据有源二端网络的具体电路，计算出二端网络的开路电压 U_{oc}。

（3）将有源二端网络中的全部电源除去（即理想电压源短路，理想电流源开路），画出所得无源二端网络的电路图，计算其等效电阻，得到等效电源的内阻 R_{eq}。

（4）画出由等效电压源与待求支路组成的简单电路，计算出待求电流。

【例 2-9】 图 2-20(a)所示直流电路中的 $R_1=2\ \Omega$，$R_2=4\ \Omega$，$R_3=6\ \Omega$，$U_{S1}=10\ \text{V}$，$U_{S2}=15\ \text{V}$，试用戴维南定理求 I_3。

解　（1）求开路电压 U_{oc}。将 R_3 支路断开，如图 2-20(b)所示。因为

$$I=\frac{U_{S1}-U_{S2}}{R_1+R_2}=\frac{10-15}{2+4}=-\frac{5}{6}\approx-0.83\ \text{A}$$

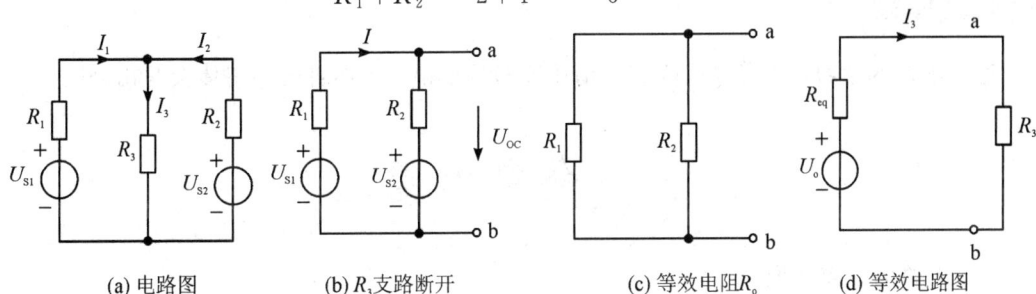

(a) 电路图　　(b) R_3支路断开　　(c) 等效电阻R_o　　(d) 等效电路图

图 2-20　例 2-10 电路图

所以

$$U_{oc} = IR_2 + U_{S2} = -0.83 \times 4 + 15 = 11.68 \text{ V}$$

（2）将电压源短路，求等效电阻 R_{eq}，如图 2-20(c)所示。

$$R_{eq} = \frac{R_1 R_2}{R_1 + R_2} = \frac{2 \times 4}{2 + 4} \approx 1.33 \ \Omega$$

（3）利用等效电路图 2-20(d)，求出 I_3。

$$I_3 = \frac{U_{oc}}{R_{eq} + R_3} = \frac{11.68}{1.33 + 6} \approx 1.59 \text{ A}$$

可见由戴维南定理得到的等效电路只是对外部电路等效，但对于电路网络内部是不等效的。运用戴维南定理时避免了在原电路中直接求解未知量，大大简化了电路的计算过程。

任务实施

测量旧电池内阻

工具材料：旧电池若干、万用电表、电阻若干。

目的：戴维南定理的应用。

思考问题：

（1）新、旧电池的内阻有何不同？

（2）为了使负载获得最大功率，电池内阻越大越好，还是越小越好？

参考电路如任务实施图 2 所示。

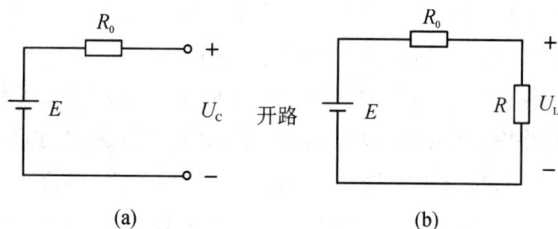

任务实施图 2

提示：r_0 越小越好，最好为零。

心得体会

通过本章的学习，你有哪些收获？请用简短的话语，将你自己心得体会写出来吧。

本 章 小 结

（1）电路的等效变换。

① 等效网络的概念：若两个二端网络具有完全相同的伏安关系，则称这两个网络对外

部电路而言彼此等效。

② 串联电阻电路的等效电阻等于各电阻之和，即

$$R = (R_1 + R_2 + R_3 + \cdots + R_n) = \sum_{k=1}^{n} R_k$$

并联电阻电路的等效电导等于各支路电导之和，即

$$G = G_1 + G_2 + \cdots + G_n = \sum_{k=1}^{n} G_k$$

简单混联电阻电路的等效电阻可通过电路化简，然后根据串、并联等效公式求得。

③ 实际电压源和实际电流源可以互相等效变换，等效条件是 $U_S = I_S R_S$、$R_{S1} = R_{S2}$。

（2）电路的分析方法及常用定理。

① 支路电流法是最基本的电路分析方法，是指利用元件的电压、电流关系和基尔霍夫定律分别列出电流方程和电压方程对电路进行求解；节点电压法是假定电路中的一个节点的电位为零，以其他节点的电位为变量对电路进行求解，适合电路的回路较多而节点较少的情况。

② 叠加定理和戴维南定理都是根据元件的电压与电流关系和基尔霍夫定律推导出来的，利用这些定理可以进一步简化电路的计算。

思考题与习题

2-1　当两个二端网络具有完全相同的_____，则称这两个网络对外部电路而言彼此等效。

2-2　理想电压源的内阻为_____，理想电流源的内阻为_____；实际电源可以用一个_____和一个电阻串联来等效，也可用一个_____和一个电阻并联来等效。

2-3　支路电流法是以_____为未知变量，根据_____列方程求解电路的分析方法。

2-4　节点电压法是以_____为未知变量，根据_____列方程求解电路的分析方法。

2-5　在多个电源共同作用的_____电路中，任一支路的响应均可看成是由各个激励单独作用下在该支路上所产生的响应的_____，称为叠加定理。

2-6　求题图 2-1 所示电路中二端电路的等效电阻 R_{ab}。

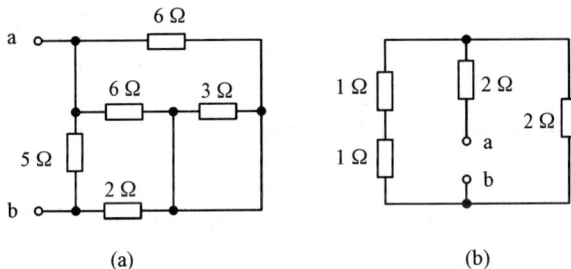

(a)　　　　　　　　　　(b)

题图 2-1

2-7 利用电源等效变换原理化简题图 2-2 所示各二端网络。

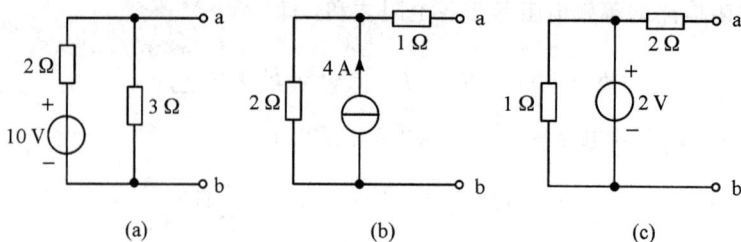

题图 2-2

2-8 求题图 2-3 所示电路中电流源的端电压 U。

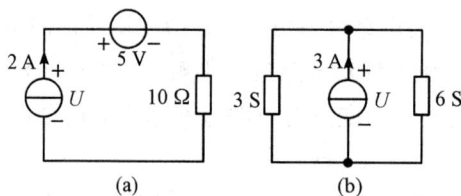

题图 2-3

2-9 利用电源等效变换原理化简题图 2-4 所示各二端网络。

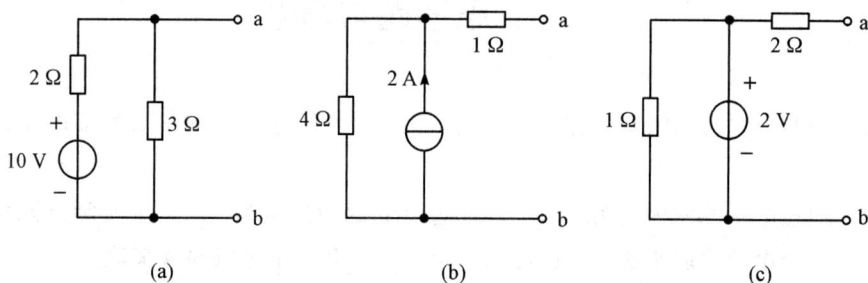

题图 2-4

2-10 化简题图 2-5 所示各电路。

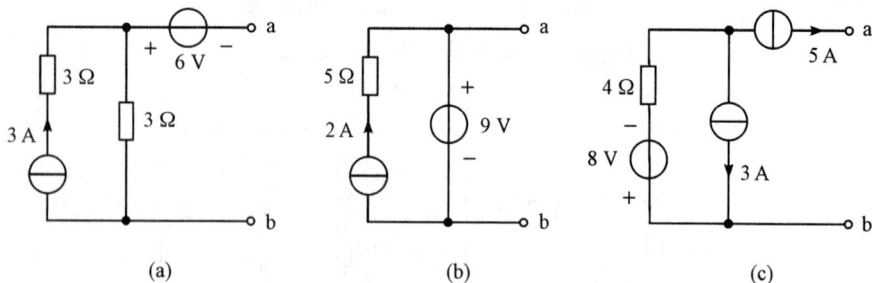

题图 2-5

2-11 试用支路电流法求题图 2-6 所示各电路中所标的电流。

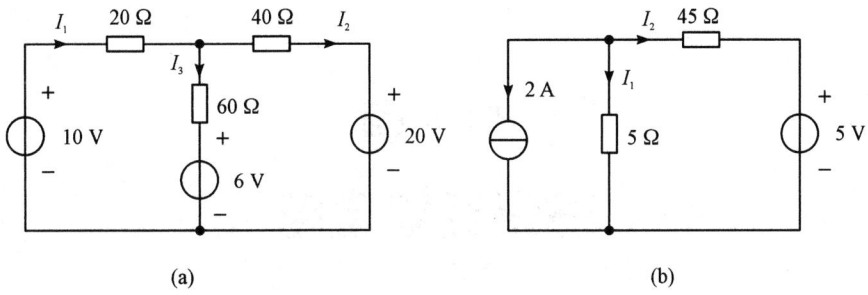

(a)   (b)

题图 2-6

2-12 应用叠加定理求题图 2-7 所示电路中电流 I。

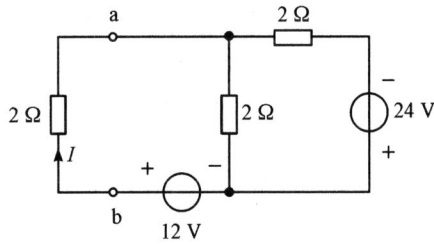

题图 2-7

2-13 应用戴维宁定理求题图 2-7 所示电路中电流 I。

2-14 用节点电压法求如题图 2-8 所示电路中各点的电位。

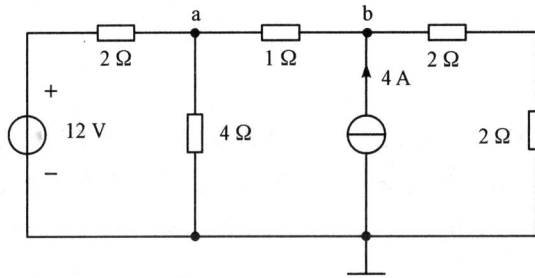

题图 2-8

2-15 试用节点电压法求如题图 2-9 所示电路中的 V_a 及各电阻上的电流。

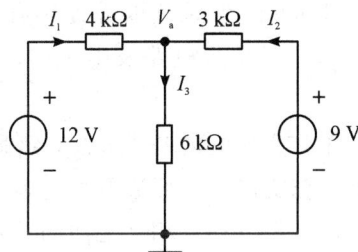

题图 2-9

第3章

正弦交流电路

知识重点

- 正弦交流电的基本特征和三要素。
- 正弦量的相量表示法。
- 阻抗的串联和并联。
- 正弦交流电路的谐振。

知识难点

- 正弦交流电的三要素（幅值、初相位、角频率）。
- 正弦交流电路的相量计算方法。
- 正弦交流电路谐振的条件与参数的计算。

素质提升

- 在无数中国电力精英的共同努力下，作为各基础设施建设的有利支撑资源——能源电力成了"一带一路"倡议的重要组成部分。为此我们应感到强烈的民族自豪感和责任感。我们在理论学习中要踏实打好基础，在实训操作中要培养自己的安全用电意识和应用能力。

本章前半部分主要从交流电的基本概念入手，由浅入深地介绍正弦交流电的基本概念、正弦量的相量表示法、单一元件正弦交流电路和基尔霍夫定律的相量表示形式。此部分内容是正弦交流电路的入门知识，为后续课程提供有关正弦交流电方面的基础知识。本章后半部分主要介绍 RLC 串联交流电路及阻抗串联电路和阻抗并联电路、谐振电路。

通过本章内容的学习，了解正弦交流电的基本概念，熟悉正弦交流电的基本特征及基尔霍夫定律相量表示形式，掌握正弦交流电三要素及相量表示；掌握谐振电路的意义和条件；掌握正弦交流电路不同功率的计算方法及相互之间的关系；理解提高功率因素的意义及方法。分析交流电路，主要是研究电路中的电压与电流之间的大小和相位关系，并讨论电路中能量的转换问题。

3.1 // 正弦交流电的基本概念

正弦交流电的
基本概念

我们分析正弦交流电路的方法类同于电阻电路的分析方法。由于基本电路元件在交流电路仍然受元件的伏安关系和基尔霍夫定律的约束，但又由于电感、电容元件的伏安关系是微分或积分的关系，因此为了方便分析我们采用相量表示正弦量。

直流电路中的电流或电压均是大小和方向不随时间变化的，但实际工程技术和日常生活中广泛使用交流电，像我们最熟悉和最常用的家用电器采用的就是交流电，如电视、电脑、照明灯、冰箱、空调等家用电器。如果电路中电流或电压随时间按正弦规律变化，则叫作交流电路，通常所说的交流电就是指正弦交流电。正弦波是交流电路的基本波形，所有的周期波形均可由一组振幅和频率一定的正弦波构成。

3.1.1 交流电概述

交流电与直流电的区别在于：直流电的方向、大小不随时间变化，而交流电的方向、大小都随时间变化。图 3-1 所示为直流电和几种交流电的波形。其中图 3-1(a)所示为恒定直流电波形，其大小和方向均不变化；图 3-1(b)所示波形的电流大小随时间变化，而方向不变化，是单向脉动电流；图 3-1(c)所示波形的电流大小方向均随时间做正弦规律的变化，是正弦交流电；图(d)所示波形的电流大小和方向均随时间做方波规律的变化，是方波交流电也叫作交流电。

我们在这里讨论最常见的正弦交流电。

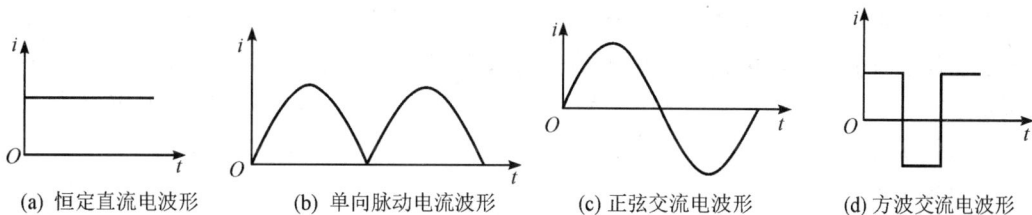

(a) 恒定直流电波形　　(b) 单向脉动电流波形　　(c) 正弦交流电波形　　(d) 方波交流电波形

图 3-1　直流电和交流电的波形图

3.1.2 正弦交流电的基本特征和三要素

随时间按正弦规律变化的电压和电流分别称为正弦电压、正弦电流。在电路分析中，把正弦电流、正弦电压统称为正弦量。对正弦量的数学描述，可以采用正弦函数，也可以采用余弦函数。在这里统一采用正弦函数，也称为三角函数。

1. 正弦量瞬时值的表示方法

把任意时刻正弦交流电的数值称为瞬时值，用小写字母表示，如 i、u 分别表示电流、电压瞬时值。瞬时值有正、负，也可能为零。正弦电压 u 和电流 i 的瞬时值函数表达式(三角函数式)分别为

$$u = U_{\mathrm{m}}\sin(\omega t + \varphi)$$

(3-1)

$$i = I_m \sin(\omega t + \varphi) \tag{3-2}$$

以电流为例，在式(3-2)中，ω 表示正弦交流电变化的快慢，称为角速度；I_m 表示正弦交流电的最大值，称为幅值；φ 表示正弦交流电的起始位置，称为初相位。

2. 正弦量的波形图

设某支路中正弦电流 i 在选定参考方向下的瞬时值表达式为式(3-2)。把电流随时间的变化用图形表示出来，叫作正弦电流的波形图，如图 3-2 所示。

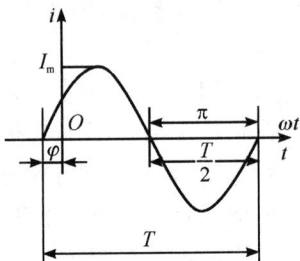

图 3-2　正弦电流波形图

3. 正弦量的三要素

根据式(3-1)和式(3-2)可知，如果已知幅值 I_m、角频率 ω 和初相位 φ，则上述正弦量就能唯一地确定，所以称幅值 I_m、角频率 ω 和初相位 φ 为正弦量的三要素。

(1) 幅值和有效值。

交流电的大小有三种表示方式：瞬时值、最大值和有效值。

瞬时值：是正弦量任一时刻的值，用小写字母 i、u 表示，它们都是时间的函数。

最大值：指交流电量在一个周期中最大的瞬时值，它是交流电波形的振幅，又称幅值或峰值，用大写字母加下标 m 表示，即 I_m、U_m。

有效值：我们平常所说的电压高低、电流大小或用电器上的标称电压或电流指的均是有效值。有效值是由交流电在电路中做功的效果来定义的，其含义是：一个交流量和一个直流量，分别作用于同一个电阻 R，如果在一个周期 T 内产生相等的热量，则这个交流量的有效值等于这个直流量的大小。电流、电压有效值用大写字母 I 和 U 表示。

根据有效值的定义有

$$I^2 R T = \int_0^T i^2 R \, dt \tag{3-3}$$

则电流有效值表达式为

$$I = \sqrt{\frac{1}{T} \int_0^T i^2 \, dt} \tag{3-4}$$

将(3-2)式的正弦量代入(3-4)式可得

$$I = \sqrt{\frac{1}{T} \int_0^T I_m^2 \sin^2(\omega t + \varphi) \, dt} = \frac{I_m}{\sqrt{2}} \approx 0.707 I_m \tag{3-5}$$

同理，正弦电压的有效值为

$$U = \frac{U_m}{\sqrt{2}} \approx 0.707 U_m \tag{3-6}$$

可见，正弦交流量的最大值是其有效值的 $\sqrt{2}$ 倍。通常所说的交流电压 220 V 是指有效值，其最大值约为 311 V。

（2）角频率、频率和周期。

正弦交流电变化的快慢可用周期 T、频率 f 和角频率 ω 三种方式表示。

周期 T：交流电量往复变化一周所需的时间称为周期，用字母 T 表示，单位是秒（s），如图 3-2 所示。

频率 f：每秒内波形重复变化的次数称为频率，用字母 f 表示，单位是赫兹（Hz）。频率和周期互为倒数，即

$$f = \frac{1}{T} \tag{3-7}$$

我国电网所供给的交流电的频率是 50 Hz，周期为 0.02 s。

角频率 ω：交流电量角度的变化率称为角频率，用字母 ω 表示，单位是弧度/秒（rad/s）。即

$$\omega = \frac{\varphi}{t} = \frac{2\pi}{T} = 2\pi f \tag{3-8}$$

（3）初相和相位差。

式（3-2）表达式中的 $\omega t + \varphi$ 称为交流电的相位。$t = 0$ 时，$\omega t + \varphi = \varphi$ 称为初相位，简称初相，它是确定交流电量初始状态的物理量。在波形上，φ 表示在计时前的那个由负向正值增长的零点到 $t = 0$ 的计时起点之间所对应的最小电角度，如图 3-3 所示。不知道 φ 就无法画出交流电量的波形图，也写不出完整的表达式。

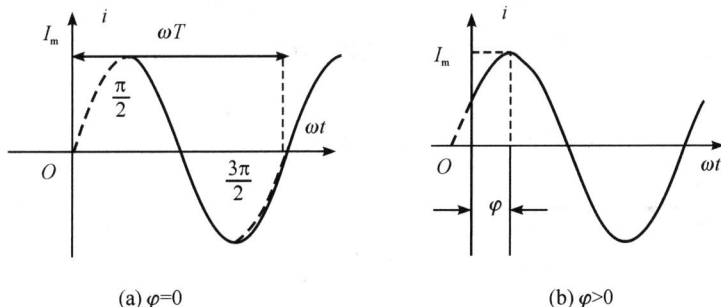

(a) $\varphi = 0$　　　　　　　　　　　(b) $\varphi > 0$

图 3-3　初相不同的正弦波波形

在正弦量的波形图中，一般初相与正弦量计时起点的选择有关。例如，在图 3-3（a）所示电路中 $\varphi = 0$，在图（b）所示电路中 $\varphi > 0$。对任一正弦量，初相是允许任意指定的，但对于一个电路中的许多相关正弦量，它们只能相对于一个共同的计时零点确定各自的相位。工程中画交流电波形图时，常把横坐标定为 ωt 而不一定是时间 t，两者的差别仅在于比例常数 ω。

两个同频率正弦量的相位角之差或初相位角之差，称为相位差。由于通常讨论的是同频正弦交流电，因此相位差实际上等于两个正弦电量的初相之差，例如

$$u = U_\mathrm{m} \sin(\omega t + \varphi_1)$$
$$i = I_\mathrm{m} \sin(\omega t + \varphi_2)$$

则相位差为

$$\Delta\varphi = (\omega t + \varphi_1) - (\omega t + \varphi_2) = \varphi_1 - \varphi_2$$

当 $\varphi_1 > \varphi_2$ 时，则 u 比 i 先达到正的最大值或先达到零值，此时它们的相位关系是 u 超前于 i（或 i 滞后于 u），如图 3-4（a）所示。

当 $\varphi_1 < \varphi_2$ 时，u 滞后于 i（或 i 超前于 u），如图 3-4(b) 所示。

当 $\varphi_1 = \varphi_2$ 时，u 与 i 同相，如图 3-4(c) 所示。

当 $\Delta\varphi = \pm\pi/2$ 时，称 u 与 i 正交，如图 3-4(d) 所示。

当 $\Delta\varphi = \pm\pi$ 时，称 u 与 i 反相，如图 3-4(e) 所示。

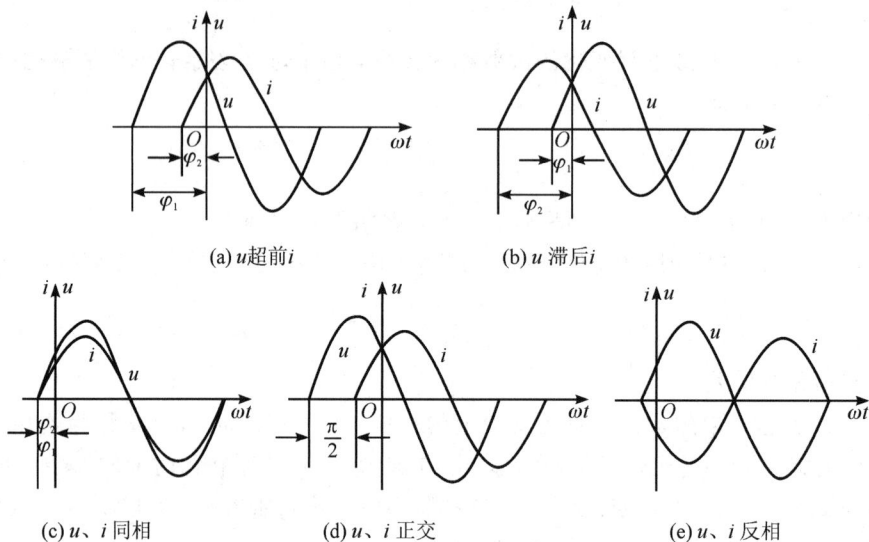

(a) u 超前 i　　　　　　　(b) u 滞后 i

(c) u、i 同相　　　(d) u、i 正交　　　(e) u、i 反相

图 3-4　正弦量的 u 和 i 相位差波形

注意：只有两个同频率的正弦量才能比较相位差。

习惯上，相位差的绝对值规定不超过 π。

【**例 3-1**】 已知有一正弦量，其电流最大值为 10 A，频率 $f = 50$ Hz，初相 $\theta = 30°$，试写出其瞬时值表达式。

解　设该正弦量的表达式为

$$i = I_m \sin(\omega t + \theta)$$

因

$$\omega = 2\pi f = 2\pi \times 50 = 314 \text{ rad/s}$$

由题意知

$$I_m = 10 \text{ A}, \theta = 30°$$

所以电流瞬时表达式为

$$i = 10\sin(314t + 30°) = 10\cos(314t + 60°)$$

3.2　正弦量的相量表示法

直接利用正弦量的解析式或波形图来分析、计算正弦交流电路将是非常烦琐和困难的事情。工程上分析和计算电路时通常采用复数来表示正弦量，这将使正弦交流电路的分析和计算过程大为简化，这种方法称为相量法。

一个正弦量可以由振幅、频率和初相位三要素来确定，当外加正弦电源的频率一定时，电路中各部分电流和电压的频率变化规律都与电源频率相同，因此在分析电路过程中可以把角频率作为已知量,只需将正弦量的另外两个特征量(振幅和初相角)求出,则电路中各部分的电流和电压就可以确定。

借助数学中的复数,可以将正弦量的这两个特征量表示出来。用复数的模表示正弦量的大小,用复数的辐角表示正弦量的初相角,这种复数称为相量。

设正弦交流电的电流 $i=I_{\mathrm{m}}\cos(\omega t+\theta_i)$,若有一复指数函数 $\boldsymbol{A}_{\mathrm{m}}=A_{\mathrm{m}}\mathrm{e}^{\mathrm{j}(\omega t+\theta)}$,则根据欧拉公式 $\mathrm{e}^{\mathrm{j}\theta}=\cos\theta+\mathrm{j}\sin\theta$,这一复指数函数又可表示为

$$\boldsymbol{A}_{\mathrm{m}}=A_{\mathrm{m}}\cos(\omega t+\theta)+\mathrm{j}A_{\mathrm{m}}\sin(\omega t+\theta) \tag{3-9}$$

上式表明,复指数函数取虚部即为正弦量。

$$I_{\mathrm{m}}[\boldsymbol{A}_{\mathrm{m}}]=A_{\mathrm{m}}\sin(\omega t+\theta) \tag{3-10}$$

由式(3-10)可知正弦信号 $i=I_{\mathrm{m}}\sin(\omega t+\theta)$ 为复数 $I_{\mathrm{m}}\mathrm{e}^{\mathrm{j}(\omega t+\theta)}$ 的虚部,即

$$i(t)=I_{\mathrm{m}}[I_{\mathrm{m}}\mathrm{e}^{\mathrm{j}(\omega t+\theta)}]=I_{\mathrm{m}}[I_{\mathrm{m}}\mathrm{e}^{\mathrm{j}\theta}\mathrm{e}^{\mathrm{j}\omega t}]=\mathrm{Re}[\dot{I}_{\mathrm{m}}\mathrm{e}^{\mathrm{j}\omega t}]$$

其中

$$\dot{I}_{\mathrm{m}}=I_{\mathrm{m}}\mathrm{e}^{\mathrm{j}\theta}=I_{\mathrm{m}}\angle\theta \tag{3-11}$$

式(3-11)中 $\dot{I}_{\mathrm{m}}=I_{\mathrm{m}}\mathrm{e}^{\mathrm{j}\theta}$ 称为电流的最大值相量,$\dot{I}_{\mathrm{m}}=I\mathrm{e}^{\mathrm{j}\theta}$ 称为电流有效值相量,同理也可以得到电压相量。

由以上分析可知,相量用大写字母加上"·"来表示,如正弦交流电的电流 i、电压 u 的瞬时值表达式为

$$i=I_{\mathrm{m}}\sin(\omega t+\theta_i)=I\sqrt{2}\sin(\omega t+\theta_i)$$

$$i=U_{\mathrm{m}}\sin(\omega t+\theta_u)=U\sqrt{2}\sin(\omega t+\theta_u)$$

那么交流电电流与电压正弦量有效值相量和最大值相量分别表示为

$$\dot{I}=I\angle\theta \quad \text{或} \quad \dot{I}_{\mathrm{m}}=I_{\mathrm{m}}\angle\theta \tag{3-12}$$

$$\dot{U}=U\angle\theta \quad \text{或} \quad \dot{U}_{\mathrm{m}}=U_{\mathrm{m}}\angle\theta \tag{3-13}$$

需要注意的是,相量只能表征正弦量,并不等于正弦量。

【例 3-2】 已知同频率的正弦量的解析式分别为

$$i=100\sin(\omega t+30°)$$

$$u=220\sqrt{2}\sin(\omega t-45°)$$

写出电流和电压的相量 $\dot{I}$、$\dot{U}$,并绘出相量图。

解 由解析式可得

$$\dot{I}=\frac{100}{\sqrt{2}}\angle 30°=50\sqrt{2}\angle 30°\mathrm{A}$$

$$\dot{U}=\frac{220\sqrt{2}}{\sqrt{2}}\angle -45=220\angle -45°\mathrm{V}$$

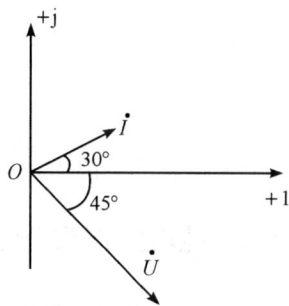

图 3-5 例 3-2 图

根据相量表达式描出的相量图如图 3-5 所示。

【例 3-3】 已知 $i_1=8\sqrt{2}\sin(\omega t+45°)$ A,$i_2=8\sqrt{2}\sin(\omega t+135°)$ A,求 $i=i_1+i_2$ 为多少?并画出相量图。

解 i_1 和 i_2 用相量表示为

$$\dot{I}_1 = 8\angle 45°, \quad \dot{I}_2 = 8\angle 135°$$

则

$$\dot{I} = \dot{I}_1 + \dot{I}_2 = (4\sqrt{2} + j4\sqrt{2}) + (-4\sqrt{2} + j4\sqrt{2})$$
$$= j8\sqrt{2} = 8\sqrt{2}\angle 90° \text{ A}$$

可得

$$i = i_1 + i_2 = 16\sin(\omega t + 90°) \text{ A}$$

其相量图如图 3-6 所示。

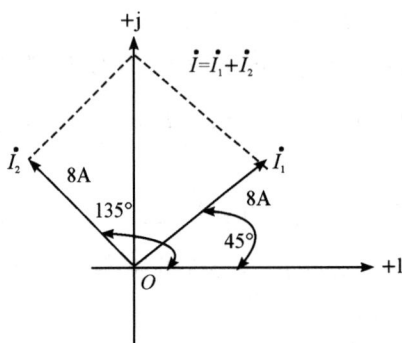

图 3-6 相量图

3.3 || 单一元件正弦交流电路

在交流电路分析过程中，对于电路元件各量的参考方向，一般仍遵循直流电路的约定，电压和电流参考方向为关联的参考方向。交流电路电阻、电容及电感元件的伏安关系分别为

$$u = Ri \tag{3-14}$$

$$i = C\frac{\mathrm{d}u}{\mathrm{d}t} \tag{3-15}$$

$$u = L\frac{\mathrm{d}i}{\mathrm{d}t} \tag{3-16}$$

在正弦稳态电路中，这些元件的电压、电流都是同频率的正弦波。

3.3.1 纯电阻正弦交流电路

1. 电阻元件电压和电流的关系

在图 3-7(a)所示的线性非时变电阻电路中，设电阻元件通有正弦电流 i_R，电阻两端的电压为 u_R，若 $i_R = \sqrt{2}I\sin(\omega t + \theta_i)$，电压和电流按关联参考方向选取，根据欧姆定律得 $u_R = Ri_R$，则有

$$u_R = Ri_R = R\sqrt{2}I_R\sin(\omega t + \theta_i) = \sqrt{2}U_R\sin(\omega t + \theta_u) \tag{3-17}$$

式(3-17)表明，电阻两端的正弦电压和流过的正弦电流频率相同，初

纯电阻正弦
交流电路

相相等(即$\theta_u=\theta_i$),波形(也称为正弦稳态特性)如图 3-7(b)所示。比较等式两边的振幅关系应有$\sqrt{2}U_R=\sqrt{2}RI_R$ 或 $U_R=RI_R$,即电阻元件的电压有效值和电流有效值应符合欧姆定律。

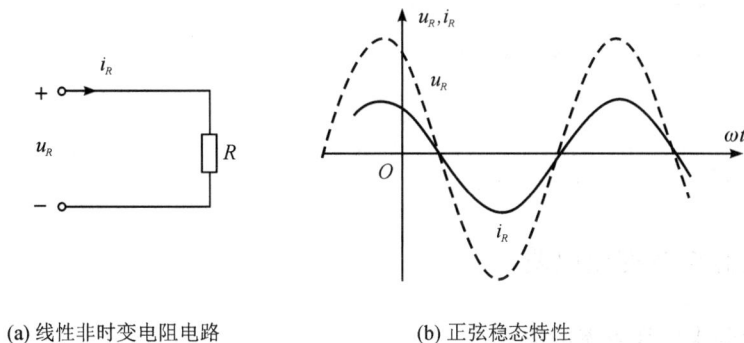

(a) 线性非时变电阻电路   (b) 正弦稳态特性

图 3-7 线性非时变电阻电路及其正弦稳态特性

综上所述,可以看出,在正弦交流电路中,电阻元件上的电流和电压同相位,相量图如图 3-8 所示,其电压和电流的相量表示为

$$\dot{I}_R=I_R\angle\theta_i$$

$$\dot{U}_R=U_R\angle\theta_u=RI_R\angle\theta_i \tag{3-18}$$

则有

$$\dot{U}_R=\dot{I}_R R \tag{3-19}$$

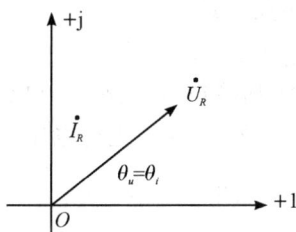

图 3-8 电阻元件电压和电流相量图

2. 电阻元件的功率

电阻在某一时刻消耗的电功率叫作瞬时功率,它等于电压 u 与电流 i 瞬时值的乘积,并用小写字母 p 表示,即有

$$p=p_R=ui=U_mI_m\sin^2(\omega t)=U_mI_m\frac{1-\cos(2\omega t)}{2}=UI(1-\cos(2\omega t)) \tag{3-20}$$

从式(3-20)可以看出,在任何瞬时,恒有 $p\geq 0$,说明电阻只要有电流通过,就消耗能量,将电能转为热能,因此电阻是一种耗能元件。

工程上都是计算瞬时功率的平均值,即平均功率,又称为有功功率,用大写字母 P 表示。周期性交流电路中的平均功率就是其瞬时功率在一个周期内的平均值,即

$$P=\frac{1}{T}\int_0^T p\,\mathrm{d}t=\frac{1}{T}\int_0^T ui\,\mathrm{d}t=\frac{1}{T}\int_0^T UI(1-\cos(2\omega t))\,\mathrm{d}t=UI=\frac{U^2}{R}=I^2R \tag{3-21}$$

交流电路中电阻的平均功率的表达方式与直流电路中电阻功率的表达方式相同,但式

中的 U 和 I 不是直流电压、电流值，而是正弦交流电的有效值。

功率的单位是 W，我们平时所说的某灯泡的功率为 100 W，指的就是平均功率。

【例 3 - 4】 设一个标称值为"220 V，35 W"的电烙铁，它的端电压 $u = 220\sqrt{2}\sin(\omega t + \varphi_u)$ V，试求其电流的有效值。

解 由 $u = 220\sqrt{2}\sin(\omega t + \varphi_u)$ 得

$$\dot{U}_R = 220\angle\varphi_u \text{ V}$$

所以电流的有效值 $I = \dfrac{P}{U} = \dfrac{35}{220} = 0.16$ A

3.3.2 纯电容正弦交流电路

1. 电容元件电压和电流的关系

同理，根据以上所述不难得出电容元件的正弦电压、电流关系。若电容两端电压为

$$u = U_m\sin(\omega t)$$

电压和电流方向按关联方向选取，可得

$$\begin{aligned}i = C\frac{\mathrm{d}u}{\mathrm{d}t} &= CU_m\frac{\mathrm{d}}{\mathrm{d}t}(\sin(\omega t)) \\ &= \omega CU_m\cos(\omega t) = \omega CU_m\sin(\omega t + 90°) \\ &= I_m\sin(\omega t + 90°)\end{aligned} \quad (3-22)$$

纯电容正弦
交流电路

电容电压与电流在数值上满足关系式

$$I_m = \omega CU_m$$

例如，在图 3 - 9(a)所示线性非时变电容电路中，电容电压、电流的波形（也称为正弦稳态特性）如图 3 - 9(b)所示。式(3 - 22)表明，电容电压与电流有效值之间的关系为

$$I_m = \omega CU_m \quad \text{或} \quad U_m = \frac{I_m}{\omega C} \quad (3-23)$$

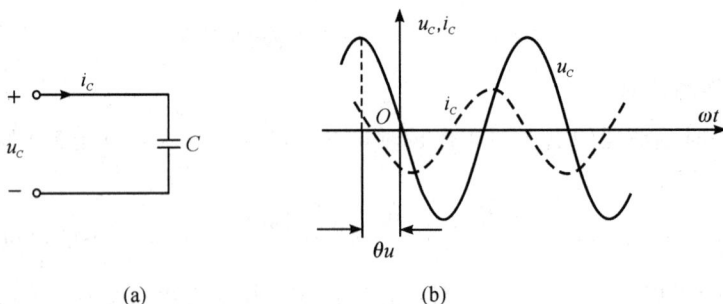

(a)   (b)

图 3 - 9 线性非时变电容的正弦稳态

而电压与电流的相位关系则为 $\theta_i = \theta_u + 90°$。由此可见，电容电压滞后其电流的相位为 $\dfrac{\pi}{2}$。式(3 - 23)中的 $\dfrac{1}{\omega C}$ 具有与电阻相同的量纲，因而我们把 $\dfrac{1}{\omega C}$ 称为电容的容抗，用 X_C 表示，即

$$X_C = \frac{1}{\omega C} = \frac{1}{2\pi fC} \qquad (3-24)$$

式(3-24)说明,当电容 C 一定时,X_C 与 f 成反比。这就是电容通高频信号阻碍低频信号的原因。当 $f \to 0$ 时,$X_C \to \infty$,$\dot{I} \to 0$,此时电容相当于开路,也就是电容具有隔直流的作用。

电容元件中电压和电流相量分别表示为

$$\dot{U} = U \angle \theta_u$$

$$\dot{I} = I \angle \theta_i = \mathrm{j}\omega C U \angle \theta_u = \mathrm{j}\omega C \dot{U} \qquad (3-25)$$

2. 电容元件的功率

(1) 瞬时功率。

电容在某一时刻消耗的电功率叫作电容瞬时功率,其表达式为

$$\begin{aligned} p = p_C = ui &= U_{\mathrm{m}}\sin\omega t I_{\mathrm{m}}\sin\left(\omega t + \frac{\pi}{2}\right) \\ &= U_{\mathrm{m}}I_{\mathrm{m}}\sin(\omega t)\cos(\omega t) \\ &= \frac{U_{\mathrm{m}}I_{\mathrm{m}}}{2}\sin(2\omega t) = UI\sin(2\omega t) \end{aligned} \qquad (3-26)$$

电容的瞬时功率也是以 UI 为幅值、以 2ω 为角频率的正弦量。

(2) 平均功率。

电容的平均功率与电阻的平均功率表达式基本相同,即

$$P = \frac{1}{T}\int_0^T p\,\mathrm{d}t = \frac{1}{T}\int_0^T UI\sin(2\omega t)\,\mathrm{d}t = 0 \qquad (3-27)$$

但电容元件的平均功率也为 0,说明电容元件不是耗能元件,只是与电源之间进行了能量的交换。

(3) 无功功率。

为了表示能量交换的规模大小,将电容瞬时功率的最大值定义为电容的无功功率,或称容性无功功率,用 Q_C 表示。通常将电容的无功功率定义为负值,即

$$Q_C = -UI = -I^2 X_C = -\frac{U^2}{X_C} \qquad (3-28)$$

单位是乏(var)。

【例 3-5】 在某一电路中,电容 $C = 100\ \mu\mathrm{F}$,接于 $u = 220\sqrt{2}\sin(1000t - 45°)\mathrm{V}$ 的电源上。求:

(1) 流过电容的电流 i_C。

(2) 电容元件的有功功率 P_C 和无功功率 Q_C。

(3) 电容中储存的最大电场能量 W_{Cm}。

(4) 绘制出电流和电压的相量图。

解 (1)

$$X_C = \frac{1}{\omega C} = \frac{1}{1000 \times 100 \times 10^{-6}} = 10\ \Omega$$

$$\dot{U}_C = 220 \angle -45°\ \mathrm{V}$$

$$\dot{I}_C = \frac{\dot{U}_C}{-jX_C} = \frac{220\angle -45°}{10\angle -90°} = 22\angle 45°\ \text{A}$$

所以

$$i_C = 22\sqrt{2}\sin(1000t + 45°)\ \text{A}$$

(2)
$$P_C = 0$$

$$Q_C = -U_C I_C = -220\times 22 = -4840\ \text{var}$$

(3)
$$W_{Cm} = \frac{1}{2}Cu_{Cm}^2 = \frac{1}{2}\times 100\times 10^{-6}\times(220\sqrt{2})^2 = 4.84\ \text{J}$$

(4) 绘制出的相量图如图 3-10 所示。

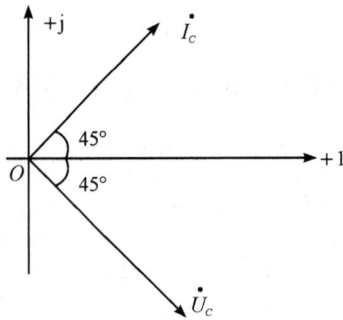

图 3-10　电压和电流的相量图

3.3.3　纯电感正弦交流电路

纯电感正弦
交流电路

1. 电感元件电压和电流的关系

对于电感元件来说,设通过电感的电流为 $i_L = \sqrt{2}I_L\cos(\omega t + \theta_i)$ 根据 $u_L = L\dfrac{\mathrm{d}i_L}{\mathrm{d}t}$,则有

$$u_L = L\frac{\mathrm{d}i_L}{\mathrm{d}t} = \sqrt{2}\omega L I_L\cos(\omega t + \theta_i + 90°) = \sqrt{2}U_L\cos(\omega t + \theta_u) \qquad (3-29)$$

式(3-29)表明,$\theta_u = \theta_i + 90°$,电感电流 i_L 的相位滞后电感电压的相位为 $\dfrac{\pi}{2}$。电感电流与电压有效值的关系为

$$U_L = \omega L I_L \quad \text{或} \quad I_L = \frac{U_L}{i_L\omega L} \qquad (3-30)$$

因而我们称 ωL 为电感的感抗,用 X_L 表示,即

$$X_L = \omega L = 2\pi fL \qquad (3-31)$$

式(3-30)中 ωL 具有与电阻相同的量纲。当 $\omega = 0$ 时,$\omega L = 0$,此时电感相当于短路。

图 3-11(a)所示为线性非时变电感电路,图 3-11(b)所示为电感电压、电流波形图(也称为正弦稳态特性)。

电感元件电流和电压的相量分别表示为

$$\dot{U} = j\omega L \dot{I}$$

$$\dot{I} = I \angle \theta_i \qquad (3-32)$$

则

$$I = \frac{U}{\omega L} \qquad (3-33)$$

式(3-32)说明,当 U 一定时,若 ωL 越大,则 I 越小。

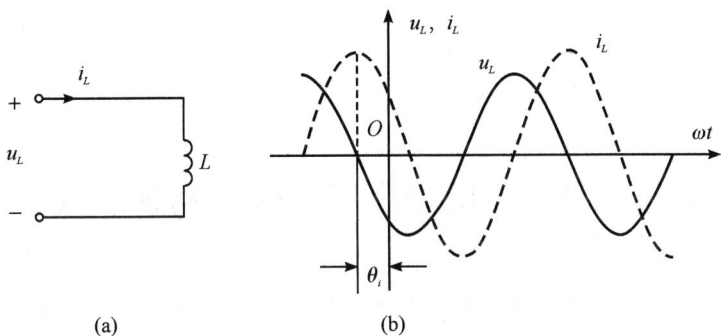

图 3-11 线性非时变电感的正弦稳态特性

2. 电感元件的功率

(1) 瞬时功率。

电感在某一时刻消耗的电功率叫作电感瞬时功率,其表达式为

$$p = p_L = ui = U_m \sin(\omega t + 90°) I_m \sin(\omega t)$$

$$= U_m I_m \sin(\omega t) \cos(\omega t)$$

$$= \frac{1}{2} U_m I_m \sin(2\omega t) = UI \sin(2\omega t) \qquad (3-34)$$

可以看出,电感元件的瞬时功率是一个以 UI 为幅值、以 2ω 为角频率的随时间变化的正弦量。

(2) 平均功率。

电感元件的平均功率与电阻元件的平均功率表达式相同,即

$$P = \frac{1}{T} \int_0^T p \, dt = \frac{1}{T} \int_0^T UI \sin(2\omega t) \, dt = 0 \qquad (3-35)$$

式(3-35)表明,纯电感不消耗能量,只和电源进行能量交换(能量的吞吐)。

(3) 无功功率。

我们把电感元件上电压的有效值和电流的有效值的乘积叫作电感元件的无功功率,用 Q_L 表示,并把电感的无功功率定义为正值,即

$$Q_L = UI = I^2 X_L = \frac{U^2}{X_L} \qquad (3-36)$$

$Q_L > 0$,表明电感元件是吸收无功功率的。

无功功率的单位为乏(var),工程中也常用"千乏"(kvar)为单位,两者之间换算关系为

$$1 \text{ kvar} = 1000 \text{ var}$$

无功功率不能理解为无用功率,它是衡量储能元件和外部电路交换能量的能力。

【例 3 - 6】　已知一个电感 $L = 2$ H，接在 $u_L = 220\sqrt{2}\sin(314t - 60°)$ V 的电源上，求：

(1) X_L。

(2) 通过电感的电流 i_L。

(3) 电感上的无功功率 Q_L。

解　(1) $X_L = \omega L = 314 \times 2 = 628$ Ω

(2) $\dot{I}_L = \dfrac{\dot{U}_L}{jX_L} = \dfrac{220\angle -60°}{628j} = 0.35\angle -150°$ A

　　$i_L = 0.35\sqrt{2}\sin(314t - 150°)$ A

(3) $Q_L = UI = 220 \times 0.35 = 77$ var

3.4 ∥ 电路基本定律的相量形式

　　因为正弦电流电路的各支路电流和支路电压都是同频率的正弦量，所以可以用相量形式表示基尔霍夫电流定律和基尔霍夫电压定律，即 KCL 方程和 KVL 方程可用相量形式表示。

3.4.1　基尔霍夫电流定律的相量形式

　　在正弦交流电路中，连接在电路任一节点上的各支路电流的相量的代数和为零，即

$$\sum \dot{I} = 0 \tag{3 - 37}$$

式(3 - 37)即为相量形式的 KCL 方程。

　　由相量形式的 KCL 方程可知，正弦交流电路中连接在一个节点上的各支路电流的相量组成一个闭合多边形。图 3 - 12 所示为 KCL 相量图，电路中某一节点的 KCL 相量表达式为

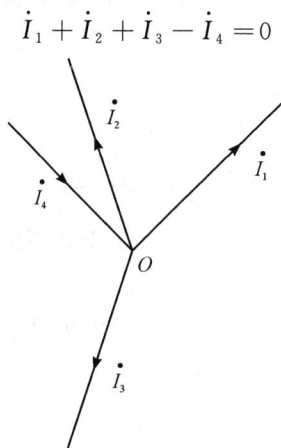

$$\dot{I}_1 + \dot{I}_2 + \dot{I}_3 - \dot{I}_4 = 0$$

图 3 - 12　KCL 的相量图

3.4.2　基尔霍夫电压定律的相量形式

　　在正弦交流电路中，任一回路的各支路电压的相量的代数和为零，即

$$\sum \dot{U} = 0 \tag{3-38}$$

式(3-38)即为相量形式的 KVL 方程。

在正弦交流电路中(如图 3-13 所示),一个回路的各支路电压的相量组成一个闭合多边形,回路的 KVL 相量表达式为

$$\dot{U}_1 + \dot{U}_2 + \dot{U}_3 - \dot{U}_4 = 0$$

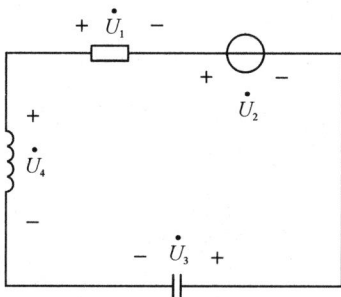

图 3-13　正弦交流电路

同理,由基尔霍夫定律推出的叠加原理和戴维南定理也适用于相量形式,仅仅需要把电压和电流都变成相量的形式即可。

3.5 $\big/\!\big/$ 阻抗的串联电路和并联电路

3.5.1　RLC 串联交流电路

1. 复阻抗和复导纳

三种基本单一元件(电阻、电容和电感)的电压、电流关系的相量形式,在关联参考方向下分别为

$$\dot{U}_R = R\dot{I}_R, \quad \dot{U}_C = \frac{1}{j\omega C}\dot{I}_C, \quad \dot{U}_L = j\omega L\dot{I}_L \tag{3-39}$$

因而把正弦稳态时电压相量与电流相量之比定义为该元件的复阻抗,简称阻抗,记为 Z,即

$$Z = \frac{\dot{U}}{\dot{I}} \tag{3-40}$$

所以电阻、电容、电感的阻抗分别为

$$Z_R = R \tag{3-41}$$

$$Z_C = \frac{1}{j\omega C} = -j\frac{1}{\omega C} = -jX_c \tag{3-42}$$

$$Z_L = j\omega L = jX_L \tag{3-43}$$

从以上分析可以看出阻抗 Z 的单位仍为欧姆(Ω)。复阻抗的倒数定义为复导纳,记为 Y,简称导纳,即有

$$Y = \frac{1}{Z} \quad \text{或} \quad Y = \frac{\dot{I}}{\dot{U}} \tag{3-44}$$

因而电阻、电容、电感的导纳分别为

$$Y_R = \frac{1}{R} = G, \quad Y_C = j\omega C = jB_C, \quad Y_L = \frac{1}{j\omega L} = -j\frac{1}{\omega L} = -jB_L$$

导纳 Y_R 的单位为西门子(S)，其中 G 为电导，单位也是西门子，其值和角频率无关；$B_C = \frac{1}{X_C} = \omega C$ 称为容纳，$B_L = -\frac{1}{X_L} = -\frac{1}{\omega L}$ 称为感纳，容纳、感纳的单位也为西门子。

对于任何复杂的正弦交流电路，稳态时都可以定义某一端口的复阻抗、复导纳。如图 3-14(a)所示为某一端口电路，可定义为

$$Z = \frac{\dot{U}}{\dot{I}} = \frac{\dot{U}_m}{\dot{I}_m} = \frac{U}{I}\angle(\varphi_u - \varphi_i) = |Z|\angle\varphi \tag{3-45}$$

式(3-45)中 $\dot{U} = U\angle\varphi_u$，$\dot{I} = I\angle\varphi_i$，分别为端口的电压、电流相量。复阻抗的图形符号如图 3-14(b)。Z 的模值 $|Z| = \frac{U}{I}$ 称为阻抗的模，它的辐角 $\varphi(\varphi = \varphi_u - \varphi_i)$ 称为阻抗角。

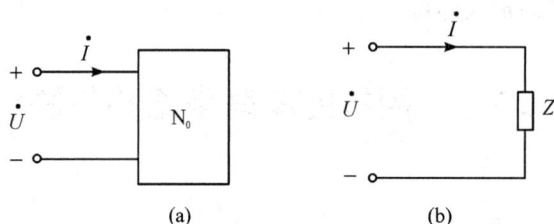

图 3-14　某一端口的复阻抗、复导纳

注意：虽然阻抗和导纳是复数，但它们不是相量，所以不代表任何正弦量。

2. RLC 串联交流电路电压和电流的关系

RLC 串联交流电路如图 3-15(a)所示，在外加正弦电压的作用下，电路中的各个元件通过相同的电流 i。设电流在各个元件上产生的压降分别为 u_R、u_L、u_C，根据 KVL，可以得到

$$u = u_R + u_L + u_C$$

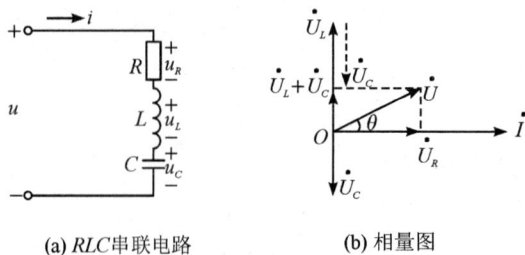

(a) RLC 串联电路　　　(b) 相量图

图 3-15　RLC 串联电路及相量图

设电路中的电流为 $i = I_m\sin(\omega t)$，则电阻元件上的电压 u_R 与电流同相，即有

$$u_R = RI_m\sin(\omega t) = U_{Rm}\sin(\omega t)$$

电感元件上的电压 u_L 相位比电流超前 $90°$，即有

$$u_L = \omega L I_m \sin(\omega t + 90°) = U_{Lm}\sin(\omega t + 90°)$$

电容元件上的电压 u_C 相位比电流滞后 $90°$，即有

$$u_C = \frac{I_m}{\omega C}\sin(\omega t - 90°) = U_{Cm}\sin(\omega t - 90°)$$

电源电压为

$$u = u_R + u_L + u_C = U_m\sin(\omega t + \theta)$$

相量形式为

$$\dot{U} = \dot{U}_R + \dot{U}_L + \dot{U}_C \tag{3-46}$$

我们把电阻、电感、电容上的电压以及电源电压的相量形式画在复平面中，如图 $3-15(b)$ 所示。

3. RLC 串联交流电路中的阻抗及相量图

由式 $(3-46)$ 可得

$$\dot{U} = \dot{U}_R + \dot{U}_L + \dot{U}_C = \dot{I}R + \dot{I}(jX_L) + \dot{I}(-jX_C) = \dot{I}[R + j(X_L - X_C)] \tag{3-47}$$

将上式写成

$$\frac{\dot{U}}{\dot{I}} = R + j(X_L - X_C)$$

令

$$Z = R + j(X_L - X_C)$$

则称 Z 为该电路的复阻抗，简称阻抗。我们把 Z 的一般形式写为

$$Z = R + jX$$

Z 实部为电阻，虚部为电抗，虚部为零时，表示纯电阻，实部为零时，表示纯电抗，它表示了电路的电压和电流之间的关系。

阻抗是一个复数，但并不是正弦交流量，上面不能加点。Z 在方程式中只是一个运算工具，因此式 $(3-47)$ 可以写为

$$\dot{U} = \dot{I}Z \tag{3-48}$$

下面我们进一步来讨论阻抗。

$$Z = \frac{\dot{U}}{\dot{I}} = R + j(X_L - X_C)$$

$$= \frac{U}{I}e^{j(\theta_u - \theta_i)} = \sqrt{R^2 + (X_L - X_C)^2}\, e^{j\arctan\frac{X_L - X_C}{R}} = |Z|e^{j\theta} \tag{3-49}$$

我们把电路中电压与电流的有效值（或幅值）之比称为阻抗的模值，用 $|Z|$ 表示，即

$$|Z| = \frac{U}{I} = \sqrt{R^2 + (X_L - X_C)^2} = \sqrt{R^2 + \left(\omega L - \frac{1}{\omega C}\right)^2} \tag{3-50}$$

把电压与电流之间的相位差称为阻抗的幅角，即

$$\varphi = \varphi_u - \varphi_i = \arctan\frac{X_L - X_C}{R} \tag{3-51}$$

当 $X_L > X_C$ 时，$\theta > 0$，表示 u 相位超前 i，电路呈感性。

当 $X_L < X_C$ 时，$\theta < 0$，表示 u 相位滞后 i，电路呈容性。

当 $X_L = X_C$ 时，$\theta = 0$，表示 u、i 同相，电路呈电阻性。

由以上分析可以得到

$$Z = \frac{\dot{U}}{\dot{I}} = \frac{U\angle\theta_u}{I\angle\theta_i} = |Z|\angle\theta = \frac{U}{I}\angle(\theta_u - \theta_i)$$

另外，$|Z|$、R、$X_L - X_C$ 三者之间的关系可用一个直角三角形（即阻抗三角形）来表示，如图 3-16 所示。

电压相量之间的关系也可以用直角三角形来表示，如图 3-17 所示。电压三角形和阻抗三角形是相似三角形。

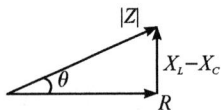

图 3-16　阻抗三角形　　　　图 3-17　电压三角形

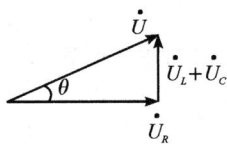

【例 3-7】　有一 RLC 串联电路，其中 $R = 30\ \Omega$，$L = 382\ \text{mH}$，$C = 39.8\ \mu\text{F}$，外加电压 $u = 220\sqrt{2}\sin(314t + 60°)\text{V}$，试求：

(1) 复阻抗 Z，并确定电路的性质。

(2) $\dot{I}$、$\dot{U}_R$、$\dot{U}_L$、$\dot{U}_C$。

(3) 绘出相量图。

解　(1) $Z = R + \text{j}(X_L - X_C) = R + \text{j}(\omega L - \frac{1}{\omega C})$

$$= 30 + \text{j}(314 \times 0.382 - \frac{10^6}{314 \times 39.8})$$

$$\approx 30 + \text{j}(120 - 80) = 30 + \text{j}40 \approx 50\angle 53.1°\ \Omega$$

$\varphi > 0$，所以电路呈感性。

(2) $\dot{I} = \dfrac{\dot{U}}{Z} = \dfrac{220\angle 60°}{50\angle 53.1°} = 4.4\angle 6.9°\ \text{A}$

$\dot{U}_R = \dot{I}R = 4.4\angle 6.9° \times 30$
$\quad = 132\angle 6.9°\ \text{V}$

$\dot{U}_L = \dot{I}\text{j}X_L = 4.4\angle 6.9° \times 120\angle 90°$
$\quad = 528\angle 96.9°\ \text{V}$

$\dot{U}_C = -\dot{I}\text{j}X_C = 4.4\angle 6.9° \times 80\angle -90°$
$\quad = 352\angle -83.1°\ \text{V}$

(3) 绘制的相量图如图 3-18 所示。

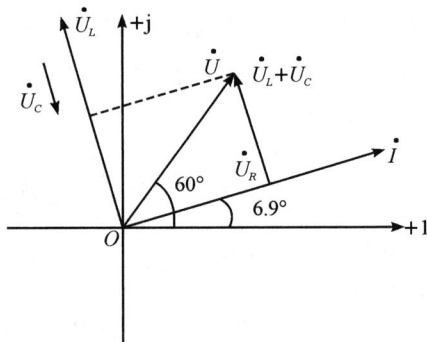

图 3-18　例 3-7 图

3.5.2　阻抗的串联电路

阻抗的串联和并联电路的计算在形式上与电阻的串联和并联电路计算相似。图 3-19(a) 所示为两由个阻抗构成的串联电路,图 3-19(b)所示是其等效电路。该电路总的电压表达式为

$$\dot{U} = \dot{U}_1 + \dot{U}_2 = \dot{I}(Z_1 + Z_2) = \dot{I}Z$$

其等效阻抗为串联阻抗相加,即

$$Z = Z_1 + Z_2 \qquad\qquad (3-52)$$

计算结果与电阻串联电路类似。

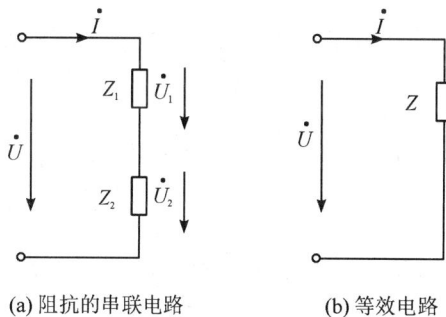

(a) 阻抗的串联电路　　　　(b) 等效电路

图 3-19　阻抗的串联电路和等效电路

同理,可以得到串联阻抗电路的分压公式为

$$\dot{U}_1 = \frac{Z_1}{Z_1 + Z_2}\dot{U} \qquad\qquad (3-53)$$

$$\dot{U}_2 = \frac{Z_2}{Z_1 + Z_2}\dot{U} \qquad\qquad (3-54)$$

当 n 个阻抗串联的时候,有类似的结果,即有

$$Z = Z_1 + Z_2 + \cdots + Z_n \qquad\qquad (3-55)$$

$$\dot{U} = \dot{U}_1 + \dot{U}_2 + \cdots + \dot{U}_n$$

$$= \dot{I}Z_1 + \dot{I}Z_2 + \cdots \dot{I}Z_n$$

$$= \dot{I}(Z_1 + Z_2 + \cdots Z_n)$$

$$= \dot{I}Z \qquad\qquad (3-56)$$

必须注意的是,在阻抗串联电路中, $|Z| \neq |Z_1| + |Z_2| + \cdots + |Z_n|$ (总阻抗的模值不等于各阻抗模之和),即总电压的有效值也不等于各阻抗上的电压有效值之和 $U \neq U_1 + U_2 + \cdots + U_n$。

【例 3-8】　在图 3-19(a)所示电路中,设 $Z_1 = (6+\text{j}9)\ \Omega$, $Z_2 = (2.66 - \text{j}4)\ \Omega$,它们串接在 $\dot{U} = 220\angle 30° \text{ V}$ 的电源上,试计算电路中的电流和各阻抗上的电压。

解　由于阻抗串联,有

$$Z = Z_1 + Z_2 = (6+\text{j}9 + 2.66 - \text{j}4)\ \Omega = (8.66 + \text{j}5)\ \Omega = 10\angle 30°\ \Omega$$

可见 $10\neq6+8.66$，即电路中总阻抗的模值不等于各阻抗模之和。所以

$$\dot I=\frac{\dot U}{Z}=\frac{220\angle30°}{10\angle30°}\ \text{A}=22\ \text{A}$$

各阻抗上的电压分别为

$$\dot U_1=\dot IZ_1=22(6+j9)\ \text{V}=237.97\angle56.3°\ \text{V}$$

$$\dot U_2=\dot IZ_2=22(2.66-j4)\ \text{V}=105.68\angle-56.4°\ \text{V}$$

可见 $220\neq237.97+105.68$，即电路中总电压的有效值不等于各阻抗上的电压有效值之和。

3.5.3 阻抗的并联电路

图 3-20(a)所示为阻抗并联电路，图 3-20(b)所示为其等效电路，电路的总电流表达式为

$$\dot I=\dot I_1+\dot I_2=\frac{\dot U}{Z_1}+\frac{\dot U}{Z_2}=\dot U\left(\frac{1}{Z_1}+\frac{1}{Z_2}\right)\qquad(3-57)$$

即

$$\dot U=\frac{Z_1Z_2}{Z_1+Z_2}\dot I\qquad(3-58)$$

因此阻抗并联电路的等效阻抗为

$$Z=\frac{Z_1Z_2}{Z_1+Z_2}\qquad(3-59)$$

计算结果与电阻并联电路相似。

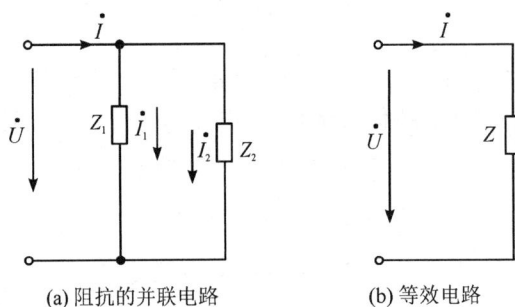

(a) 阻抗的并联电路　　(b) 等效电路

图 3-20　阻抗的并联电路及其等效电路

由式(3-57)和式(3-58)可以得到阻抗并联电路的分流公式为

$$\dot I_1=\frac{Z_2}{Z_1+Z_2}\dot I\qquad(3-60)$$

$$\dot I_2=\frac{Z_1}{Z_1+Z_2}\dot I\qquad(3-61)$$

在电阻电路中，我们有电导的概念，在这里我们引出导纳的概念。设阻抗的表达式为

$$Z=R+jX$$

令

$$Y = \frac{1}{Z}$$

则

$$Y = \frac{1}{R+jX} = \frac{R-jX}{R^2+X^2} = \frac{R}{R^2+X^2} - j\frac{X}{R^2+X^2}$$

我们定义 Y 为导纳,其实部称为电导,虚部称为电纳。因此,式(3-57)可以改写为

$$\dot{I} = \dot{U}(Y_1 + Y_2) \tag{3-62}$$

则阻抗并联电路总的导纳为

$$Y = \frac{\dot{U}}{\dot{I}} = \frac{1}{Z_1} + \frac{1}{Z_2} = Y_1 + Y_2 \tag{3-63}$$

于是阻抗并联电路的分流公式也可以写为

$$\dot{I}_1 = \frac{Y_1}{Y_1 + Y_2}\dot{I} \tag{3-64}$$

$$\dot{I}_2 = \frac{Y_2}{Y_1 + Y_2}\dot{I} \tag{3-65}$$

【例3-9】 在图3-21所示电路中,已知电压 $u = 220\sqrt{2}\sin(314t - 30°)\,\mathrm{V}$,$X_L = X_C = 8\ \Omega$,$R_1 = R_2 = 6\ \Omega$。试求:

(1) 总导纳 Y。

(2) 各支路电流 $\dot{I}_1$、$\dot{I}_2$ 和总电流 $\dot{I}$。

解 选定 u、i、i_1、i_2 的参考方向如图3-21所示。

由已知电压可知电压的相量为

$$\dot{U} = 220\angle -30°\ \mathrm{V}$$

(1)
$$Y_1 = \frac{1}{R_1 + jX_L} = \frac{1}{6+j8}$$

$$= \frac{6-j8}{100} = (0.06 - j0.08)\,\mathrm{S}$$

$$\approx 0.1\angle -53.1°\ \mathrm{S}$$

$$Y_2 = \frac{1}{R_2 - jX_C} = \frac{1}{6-j8}$$

$$= \frac{6+j8}{100} = (0.06 + j0.08)\,\mathrm{S}$$

$$\approx 0.1\angle 53.1°\ \mathrm{S}$$

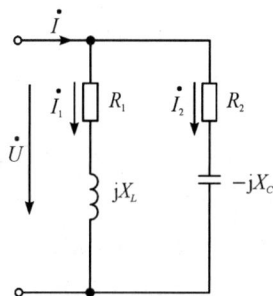

图3-21 例3-9图

$$Y = Y_1 + Y_2 = 0.06 - j0.08 + 0.06 + j0.08 = 0.12\ \mathrm{S}$$

(2)
$$\dot{I}_1 = \dot{U}Y_1 = (220\angle -30°) \times (0.1\angle -53.1°) = 22\angle -83.1°\,\mathrm{A}$$

$$\dot{I}_2 = \dot{U}Y_2 = (220\angle -30°) \times (0.1\angle 53.1°) = 22\angle 23.1°\,\mathrm{A}$$

$$\dot{I} = \dot{U}Y = (220\angle -30°) \times 0.12 = 26.4\angle -30°\ \mathrm{A}$$

3.6 谐 振 电 路

在正弦交流电路中，感抗与容抗的大小随频率变化并有相互补偿的作用，因此在某一频率下，含有 L 和 C 的电路会出现电流与电压同相的情况，这种现象称为谐振。谐振是正弦交流电路的一种特定的工作状态，应用非常广泛。在无线电技术中经常应用谐振的选频特性来选择信号。

3.6.1 RLC 串联谐振电路

1. RLC 串联电路的谐振条件

谐振电路

图 3-15(a)所示电路为 RLC 串联电路，其总阻抗为

$$Z = R + j\omega L - j\frac{1}{\omega C} = R + j(X_L - X_C) = R + jX = |Z| \angle \theta$$

其中

$$\theta = \arctan \frac{X_L - X_C}{R}$$

若电源电压与回路电流同相位，即 $\theta = 0$ 时，电路发生谐振，则有

$$X_L - X_C = 0$$

即

$$\omega L - \frac{1}{\omega C} = 0 \quad 或 \quad \omega L = \frac{1}{\omega C} \qquad (3-66)$$

式(3-66)即为 RLC 串联电路产生谐振的条件：感抗等于容抗。由式(3-66)可见，谐振的发生不仅与 L、C 有关，而且与电源的角频率 ω 有关。因此，通过改变 L、C 或 ω 的方法都可使电路发生谐振，这种做法称为调谐。在实际中有以下 3 种调谐方法。

(1) 当 L、C 固定时，可以通过改变电源频率达到谐振。谐振的角频率为

$$\omega_0 = \frac{1}{\sqrt{LC}} \quad 或 \quad f_0 = \frac{1}{2\pi\sqrt{LC}} \qquad (3-67)$$

可见，谐振频率是由电路参数决定的，它是电路本身的一种固有性质，所以又称之为电路的"固有频率"。因此对 *RLC* 串联电路来说，并不是外加电压的任意一种频率都能使 *RLC* 串联电路发生谐振，而是必须使外加电压的频率 f 与电路固有频率 f_0 相等，即 $f = f_0$。

(2) 当 L、ω 固定时，可以通过改变电容 C 达到谐振，称为调容调谐。由式(3-67)可得

$$C = \frac{1}{\omega_0^2 L} \qquad (3-68)$$

(3) 当 C、ω 固定时，可以通过改变电感 L 达到谐振，称为调感调谐。由式(3-68)可得

$$L = \frac{1}{\omega_0^2 C} \qquad (3-69)$$

【例 3 - 10】 在某收音机 RLC 串联电路中，$L = 250\ \mu H$，某电台的载波频率 $f = 882\ kHz$，电容为一可变电容器，试求电容 C 调到何值时电路能发生谐振。

解 由公式 $\omega L = \dfrac{1}{\omega C}$，可推导得 $C = \dfrac{1}{\omega^2 L}$，将已知代入，得

$$C = \frac{1}{\omega^2 L} = \frac{1}{(2\pi \times 882 \times 10^3)^2 \times 250 \times 10^{-6}} \approx 130\ pF$$

即当电容 C 调到 130 pF 时，RLC 串联电路发生谐振。

2. RLC 串联电路谐振的特点

(1) 电路谐振时，电路阻抗最小且为纯电阻。由于电路发生谐振时，$X = 0$，因此 $|Z| = \sqrt{R^2 + X^2} = R$，电路的阻抗最小，且为纯电阻，即

$$Z_0 = R \tag{3 - 70}$$

(2) 电路谐振时，电路中的电流最大，且与外加电源电压同相，其数值为

$$I_0 = \frac{U}{R} \tag{3 - 71}$$

由于此时电路的电压和电流同相，电路呈电阻性，因此电源供给电路的能量全部被电阻消耗，电感和电容只发生能量交换。

(3) 电路谐振时，电感电压与电容电压大小相等，相位相反。

$$U_{L0} = X_L I_0 = \frac{\omega_0 L}{R} U$$

$$U_{C0} = X_C I_0 = \frac{1}{\omega_0 C R} U \tag{3 - 72}$$

谐振时，电感(或电容)上的电压与电源电压之比 Q 称为电路的品质因数，因此由式 (3 - 72)可得

$$Q = \frac{\omega_0 L}{R} = \frac{1}{\omega_0 C R} = \frac{1}{R} \sqrt{\frac{L}{C}} \tag{3 - 73}$$

若 $Q \gg 1$，则 U_L 和 U_C 将远远超过电源电压 U，所以串联谐振也称电压谐振。

品质因数是一个非常重要的概念，Q 值越大，电路的选择性越强。

(4) 电路发生谐振时，由于感抗等于容抗，所以感性无功功率与容性无功功率相等，且电路的无功功率为零。这说明电感与电容之间有能量交换，而且达到了完全补偿，不与电源进行能量交换，电源供给电路的能量则全部消耗在电阻上。

【例 3 - 11】 在 RLC 串联谐振电路中，$L = 0.05\ mH$，$C = 200\ pF$，品质因数 $Q = 100$，交流电压的有效值 $U = 1\ mV$。试求：

(1) 电路的谐振频率 f_0。

(2) 谐振时电路中的电流 I_0。

(3) 电容上的电压 U_C。

解 (1) 电路的谐振频率为

$$f_0 = \frac{1}{2\pi \sqrt{LC}} \approx \frac{1}{2 \times 3.14 \times \sqrt{5 \times 10^{-5} \times 2 \times 10^{-10}}}\ Hz \approx 1.59\ MHz$$

（2）由于品质因数 $Q = \dfrac{1}{R}\sqrt{\dfrac{L}{C}}$，因此可得谐振电阻为

$$R = \frac{1}{Q}\sqrt{\frac{L}{C}} = \frac{1}{100}\sqrt{\frac{0.05 \times 10^{-3}}{200 \times 10^{-12}}} = 5 \ \Omega$$

故电流为

$$I_0 = \frac{U}{R} = \frac{1 \times 10^{-3}}{5}A = 0.2 \ mA$$

（3）由 Q 的定义可知，电容两端的电压是电源电压的 Q 倍，即
$$U_C = QU = 100 \times 10^{-3} \ V = 0.1 \ V$$

3.6.2　RLC 并联谐振电路

RLC 串联谐振电路只适用于电源低内阻的情况，如果电源内阻很大，采用 RLC 串联谐振电路将大大降低回路的品质因数，使电路的谐振特性变差。因此当电源内阻很大时，宜采用 RLC 并联谐振电路，电源内阻越大，对 RLC 并联谐振电路品质因数的影响越小。

1. RLC 并联电路的谐振条件

RLC 并联谐振电路如图 3-22 所示。在外加电压 U 的作用下，电路的总电流相量为

$$\dot{I} = \dot{I}_R + \dot{I}_L + \dot{I}_C = \frac{\dot{U}}{R} + \frac{\dot{U}}{j\omega L} + j\omega C\dot{U} = \dot{U}\left[\frac{1}{R} + j\left(\omega C - \frac{1}{\omega L}\right)\right]$$

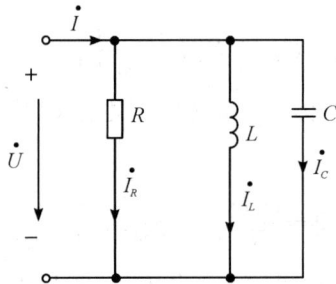

图 3-22　RLC 并联谐振电路

要使电路发生谐振，即电流和电压同相位，应满足下列条件：

$$\omega L - \frac{1}{\omega C} = 0 \tag{3-74}$$

谐振的角频率为

$$\omega_0 = \frac{1}{\sqrt{LC}} \quad \text{或} \quad f_0 = \frac{1}{2\pi\sqrt{LC}} \tag{3-75}$$

由式（3-67）和式（3-75）可知，RLC 并联时谐振频率与串联时的谐振频率具有相同的表达式。

2. RLC 并联电路谐振的特点

（1）电路谐振时，回路阻抗为纯电阻，且回路的总阻抗最大，即有
$$|Z| = R \tag{3-76}$$

（2）电路谐振时，在外加电流大小不变的情况下，回路端电压最大，且与总电流同相，即有

$$U = RI_0 \qquad (3-77)$$

（3）电路谐振时，电感中的电流与电容中的电流大小相等，方向相反，且为电源电流的 Q 倍。其大小为

$$I_L = \frac{U}{X_L} = \frac{R}{\omega_0 L}I$$

$$I_C = \frac{U}{X_C} = \omega_0 CRI \qquad (3-78)$$

RLC 并联电路谐振时，电路的品质因数 Q 为

$$Q = \frac{I_L}{I} = \frac{I_C}{I} = \frac{R}{\omega_0 L} = \frac{1}{\omega_0 CR} = \frac{1}{R}\sqrt{\frac{L}{C}} \qquad (3-79)$$

（4）电路谐振时，电感与电容进行完全的能量交换。

【例 3-12】 已知 RLC 并联谐振电路的 $R=10\ \Omega$，$L=200\ \mu H$，$C=50\ pF$，谐振时总电流 $I_0=100\ \mu A$。试求：（1）电路的品质因数和谐振频率；（2）谐振时电感支路和电容支路的电流。

解 （1）该电路的品质因数为

$$Q = \frac{1}{R}\sqrt{\frac{L}{C}} = \frac{1}{10}\sqrt{\frac{200\times10^{-6}}{50\times10^{-12}}} = 200$$

该电路的谐振频率

$$f_0 = \frac{1}{2\pi\sqrt{LC}} = \frac{1}{2\times3.14\sqrt{200\times10^{-6}\times50\times10^{-12}}} \approx 1.6\times10^6\ Hz$$

（2）谐振时电感支路和电容支路的电流相等，且为

$$I_{L0} = I_{C0} = QI_0 = 200\times100\times10^{-6} = 2\times10^{-2}\,A = 20\ mA$$

任务实施

单相正弦交流电在家庭中的应用

工具材料：灯泡、万用表等。

目的：单相正弦交流电的应用。

思考问题：

（1）家庭中使用的单相正弦交流电是如何用三相电源分配得到的？

（2）家庭中单相两线式和单相三线式的区别是什么？

参考电路如任务实施图 3。

参考答案：

（1）供配电系统送来的电源多为交流 380 V 电源。这种电源是由 3 根相位差为 120°的相线（又称火线）和一根零线（又称中性线）构成的。3 根相线之间的电压为 380 V，而每根相线与零线之间的电压为 220 V。这样，三相交流 380 V 电源就可以分成 3 组单相 220 V 电源使用。

（2）单相两线式配电系统中，输出端相线（L）与零线（N）之间的电压为 220 V。而单相

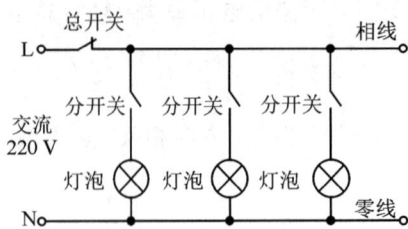

(a) 单相两线式照明电路　　　(b) 单相三线式照明电路

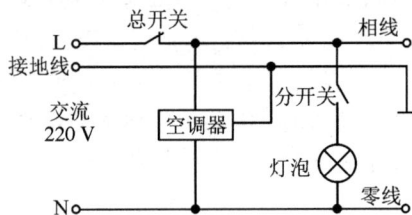

任务实施图 3

三线式配电系统中的一条线路作为地线应与大地相接，此时，地线与相线之间的电压为 220 V，零线与相线之间的电压为 220 V。由于不同接地点存在一定的电位差，因而零线与地线之可能有一定的电压。

心得体会

通过本章的学习，你有哪些收获？请用简短的话语将你自己的心得体会写出来吧。

本 章 小 结

（1）正弦量的三要素及其表示方法。

以正弦电流为例，在确定的参考方向下它的解析式为

$$i(t) = I_m \sin(\omega t + \theta)$$

交流电的方向和大小是不断变化的，幅值 I_m（有效值 I）、角频率 ω（或频率 f、周期 T）和初相位 θ 是交流电的三要素，它们分别表示正弦量变化的范围、变化的快慢及其初始状态。交流电路在实际中的应用非常广泛。

（2）相量表示法。

为了分析交流电路的方便，我们介绍了相量的概念。复数形式的相量对于我们分析交流电路有很大的帮助。

交流电路各个量的表示法如下：

瞬时值：小写 u、i 表示。

有效值：大写 U、I 表示。

最大值：大写 U 加下标 m 表示，即 U_m。

复数、相量：大写 U 表示，其上加圆点"·"即 $\dot{U}$ 为有效值相量，$\dot{U}_m$ 为最大值相量。

电流、电压的相量表示形式为：

$$\dot{I} = I \angle \theta_1 \qquad \dot{I}_m = I_m \angle \theta_1$$

$$\dot{U} = U \angle \theta_2 \qquad \dot{U}_m = U_m \angle \theta_2$$

（3）电路定律的相量形式。

第二章中介绍的基本的电路分析方法、基尔霍夫定律和叠加原理等，在交流电路中也

同样适用，只要把电压和电流的形式变成相量形式即可。直流电路的定律可以推广到交流电路，关键是要掌握相量形式正弦量的表示方法。

（4）在关联参考方向下，单一元件约束（伏安特性）的相量式为

$$\dot{U}=R\dot{I} \quad \dot{U}_L=jX_L\dot{I}_L \quad \dot{U}_C=-jX_C\dot{I}_C$$

（5）复阻抗与复导纳。

无源二端网络或元件，在电压电流关联参考方向下，其电压和电流关系的相量形式为

$$\dot{U}=Z\dot{I} \quad 或 \quad \dot{I}=Y\dot{U}$$

网络的复阻抗为

$$Z=\frac{\dot{U}}{\dot{I}}=|Z|\angle\theta$$

复导纳为

$$Y=\frac{\dot{I}}{\dot{U}}=|Y|\angle\theta'$$

在同一个电路中有

$$\varphi=-\theta'$$

（6）RLC 串、并联电路的谐振。

RLC 串、并联电路在正弦电源作用下，当电压与电流同相时，电路呈电阻性，此时电路的工作状态称为谐振。谐振的应用非常广泛，比如收音机输入回路就是利用谐振电路来选择频率的。RLC 串、并联电路的谐振频率为

$$f_0=\frac{1}{2\pi\sqrt{LC}}$$

思考题与习题

3-1 交流电流是指电流的大小和_____都随时间做周期变化，且在一个周期内其平均值为零的电流。

3-2 角频率是指交流电在_____时间内变化的电角度。

3-3 正弦交流电的三个基本要素是_____、_____和_____。

3-4 我国工业及生活中使用的交流电频率为_____，周期为_____。

3-5 已知 $u(t)=4\sin(100t+60°)$ V，则 $U_m=$_____ V，$\omega=$_____ rad/s，$\theta=$_____ rad，$T=$_____ s，$f=$_____ Hz，$t=T/12$ 时，$u(t)=$_____。

3-6 已知两个正弦交流电流 $i_1=10\sin(314t-30°)$ A，$i_2=10\sin(314t+90°)$ A，则 i_1 和 i_2 的相位差为_____，_____超前_____。

3-7 已知正弦交流电压 $u=220\sin(314t+60°)$ V，则它的最大值为_____，有效值为_____，角频率为_____，相位为_____，初相位为_____。

3-8 已知某交流电压为 220 V，则这个交流电压的最大值为多少？

3-9　题图 3-1 所示为正弦交流电路一元件，在通过所给定电流的参考方向下，电流表达式为 $i(t)=100\sin\left(\omega t-\dfrac{\pi}{4}\right)$ mA，式中 $\omega=4\pi$(rad/s)，试求在 $t=0.25$ s 和 $\omega t=\dfrac{\pi}{2}$(rad)时，$i=$？

3-10　已知 $i_1=10\cos(100\pi t+60°)$ A，$i_2=100\sin(100\pi t-30°)$ A，求相位差 ϕ_{12}

3-11　在题图 3-2 所示 RLC 串联谐振电路中，已知电压表读数分别为 V＝2 mV、$V_1=2$ mV、$V_3=1$ V，则 $V_2=$_____，电路的品质因数 $Q=$_____。

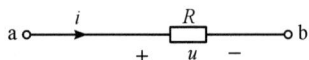

题图 3-1

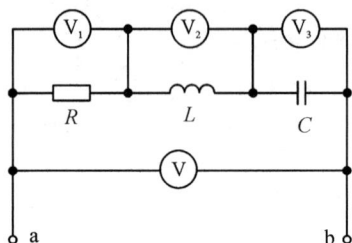

题图 3-2

3-12　当 $\omega=\dfrac{1}{\sqrt{LC}}$ 时，题图 3-3 所示电路中_____图相当于短路，_____图相当于开路。

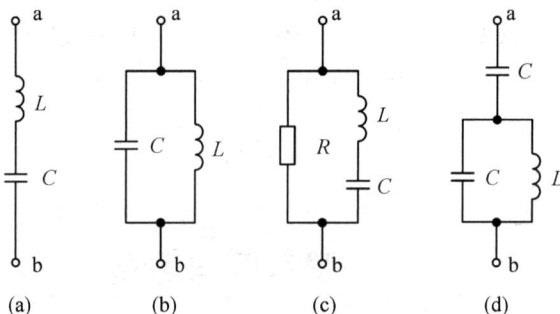

题图 3-3

3-13　如题图 3-4 所示，已知 $u_2=44.6\cos(10^3 t-60°)$ V，$R=20$ Ω，$C=100$ μF，求 u_1。

3-14　如题图 3-5 所示，$R=10$ Ω，$L=0.05$ H，$C=100$ μF，求 $f=50$ Hz 时电路的阻抗，并判断电路是感性的还是容性的？若 $f=200$ Hz，则电路又呈现什么性质？

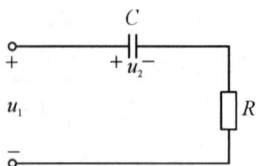

题图 3-4

题图 3-5

3-15　如题图 3-6 所示，已知 $R=1$ kΩ，$L=3.2$ mH，输入电压 u_s 的有效值为

220 V，频率为 50 Hz，求输出电压 $u_\circ$。

3-16　如题图 3-7 所示，已知：$R=15\ \Omega$，$L=0.3$ mH，$C=0.2\ \mu$F，$u=5\sqrt{2}\cos(\omega t+60°)$，$f=3\times10^4$ Hz，求 i，u_R，u_L，u_C。

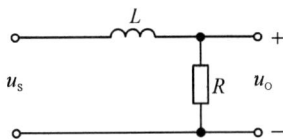

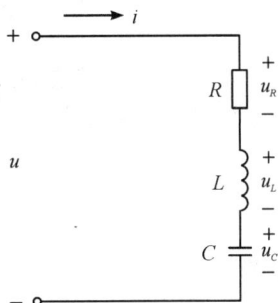

题图 3-6　　　　　　　　　题图 3-7

3-17　已知某电器两端所加电压为 $u=80\sin(314t+45°)$ V，其中电流为 $i=4\sin(314t-30°)$A，试确定该电器的阻抗，并指出该电器属于哪种性质的负载？

3-18　在 RLC 串联谐振电路中，已知 $L=0.05$ mH，$C=200$ pF，试求该电路的谐振频率。

第4章

三相交流电路

知识重点

- 三相电源的基本概念。
- 三相电源和三相负载的连接方法。
- 三相交流电路电压、电流的关系及计算。

知识难点

- 三相交流电路中相电压与线电压、相电流与线电流之间的关系。

素质提升

- 我国的民用电源使用三相电源作为楼层或住宅区的接入线，相电压为 220 V，线电压为 380 V（近似值）。因此我们不管是在日常生活中，还是在实训室实验时，必须保证用电安全，培养安全意识。在设计电路时要时刻谨记"平安无小事"，把在实验环节中的日常用电常识牢记于心，注意用电安全，增强安全意识，提高职业素养。

　　本章从三相电源和三相负载的基本概念入手，由浅入深地提出三相交流电路研究的基本物理量、基本计算方法。本章内容是三相交流电路理论及安全用电的入门内容，为三相交流电路的分析、计算提供必要的基础知识。

　　通过本章的学习，了解三相电源、三相负载的概念及触电的原因；掌握三相交流电路中的相电压、线电压、相电流、线电流的概念与计算；理解电路中的工作接地、安全接地与安全接零的概念；熟悉三相电路的星形与三角形连接方式等内容。

4.1 // 三 相 电 源

　　当前，世界上大多数国家电力系统中电能的生产、传送和供电方式都采用三相制。三相制是指 3 个同幅度、同频率、但相位差不同的电压源按一定的连接方式连接在一起的供电系统。从发电、输电及用电设备性能和经济指标等方面考虑，三相供电制比同等功率的单相供电制具有更多的优越性。

4.1.1 三相电源的基本概念

产生三相电源的主要设备是三相发电机,对称三相电压是由三相交流发电机产生的,三相交流电源是由 3 个单相交流电源按一定方式进行组合的,这 3 个单相电源依次称为 A 相、B 相和 C 相,且各相的频率相同,振幅(最大值)相等,相位彼此相差 120°。若设 A 相的初相位为 0°,B 相的初相为 −120°,C 相的初相为 120°,则 A、B、C 相电源的瞬时表达式为

$$\begin{cases} u_A = \sqrt{2}\,U\cos\omega t \\ u_B = \sqrt{2}\,U\cos(\omega t - 120°) \\ u_C = \sqrt{2}\,U\cos(\omega t + 120°) \end{cases} \tag{4-1}$$

式(4-1)这样的电源称为对称三相电源。对称三相电源也可以用相量的复数形式表示,即

$$\begin{cases} \dot{U}_A = U\angle 0° \\ \dot{U}_B = U\angle -120° \\ \dot{U}_C = U\angle 120° \end{cases}$$

三相交流电
的基本概念

对称三相交流电源的符号、波形图和相量图如图 4-1 所示。

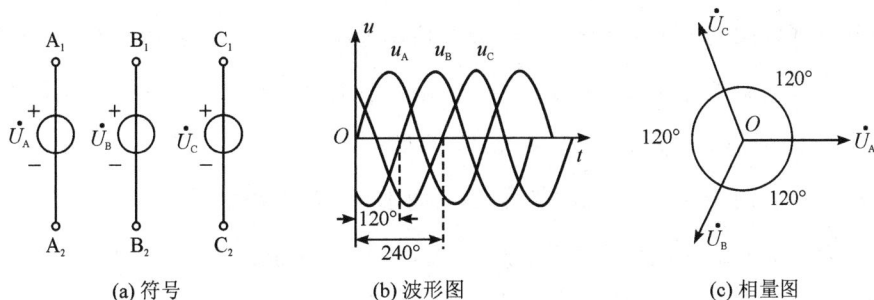

(a) 符号   (b) 波形图   (c) 相量图

图 4-1 对称三相电源的符号、波形和相量图

由图 4-1(b)可以看出,任意时刻三相对称电源的电压瞬时值之和为零。即

$$u_A + u_B + u_C = 0 \tag{4-2}$$

对称三相电源的电压的相量和也为零,这从图 4-1(c)也可以看出来,即

$$\dot{U}_A + \dot{U}_B + \dot{U}_C = 0 \tag{4-3}$$

我们把三相电源中各相电源达到最大值的先后顺序称为相序。图 4-1(b)所示的相序是 A—B—C—A,是正相序。反之,如果 B 相相位超前 A 相相位 120°,A 相相位超前 C 相相位 120°,则这种相序称为反相序或逆相序。对于三相电动机,如果电源相序接反了,就会反转。今后,如果不加说明,我们一般都认为三相电源是正相序。

4.1.2 三相电源的连接方式

使用三相电源时需要将三相电源按一定方式连接之后再向负载供电。三相电源的连接方式通常有两种,即星形(Y形)和三角形(△形)。

1. 三相电源的星形连接方式

三相电源通常采用星形连接方式，如图 4-2(a)所示。

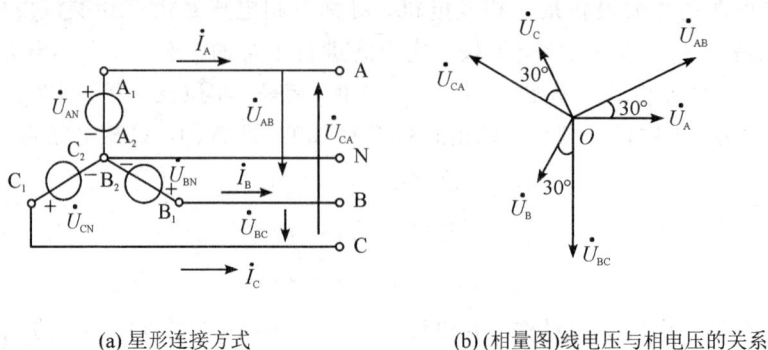

(a) 星形连接方式   (b) (相量图)线电压与相电压的关系

图 4-2 三相电源的星形连接方式及相量图

星形连接方式将 3 个单相电源的尾端(即负端 A_2、B_2、C_2)连接在一起成为一个公共端，这个公共端称为中点，用 N 表示。从中点引出的导线称为中线或零线。从各相电源的首端(即正端 A_1、B_1、C_1)引出的线称为相线，又称为火线。在低压配电系统中，采用 3 根相线和 1 根中线输电，称为三相四线制；在高压输电工程中，由三根相线组成输电线路，称为三相三线制。

火线与中线之间的电压称为相电压，瞬时值用 u_{AN}，u_{BN}，u_{CN} 表示，相量分别用 $\dot{U}_{AN}$、$\dot{U}_{BN}$、$\dot{U}_{CN}$ 表示，有效值通用 U_P 表示。任意两相线之间的电压，称为线电压，瞬时值用 u_{AB}、u_{BC}、u_{CA} 表示，相量用 $\dot{U}_{AB}$、$\dot{U}_{BC}$、$\dot{U}_{CA}$ 表示，有效值通用 U_L 表示。

各相电压的方向为各个单相电源的首端指向中点。线电压的方向，对于 $\dot{U}_{AB}$ 来说是由 A 线指向 B 线，对 $\dot{U}_{BC}$ 来说是由 B 线指向 C 线，对 $\dot{U}_{CA}$ 来说是由 C 线指向 A 线。

三相电源以星形方式连接时，相电压不等于线电压。在图 4-2 所示电路中，设各相电压相量表达式分别为

$$\begin{cases} \dot{U}_{AN} = \dot{U}_A = U_P \angle 0° \\ \dot{U}_{BN} = \dot{U}_B = U_P \angle -120° \\ \dot{U}_{CN} = \dot{U}_C = U_P \angle 120° \end{cases}$$

那么，可以得到各线电压的相量表达式分别为

$$\begin{cases} \dot{U}_{AB} = \dot{U}_{AN} - \dot{U}_{BN} = U_P \angle 0° - U_P \angle -120° = \sqrt{3} U_P \angle 30° \\ \dot{U}_{BC} = \dot{U}_{BN} - \dot{U}_{CN} = U_P \angle -120° - U_P \angle 120° = \sqrt{3} U_P \angle -90° \\ \dot{U}_{CA} = \dot{U}_{CN} - \dot{U}_{AN} = U_P \angle 120° - U_P \angle 0° = \sqrt{3} U_P \angle 150° \end{cases}$$

根据以上分析结果做出线电压和相电压的相量图如图 4-2(b)所示(以 $\dot{U}_A$ 的方向为参考方向)。

由此可知，三相电源做星形连接时，3 个相电压和 3 个线电压均为三相对称电压，且线

电压与相电压数值之间的关系为

$$U_L = \sqrt{3} U_P \qquad (4-4)$$

从式(4-4)可知,各线电压的有效值为相电压有效值的$\sqrt{3}$倍,且线电压相位比对应的相电压超前30°。

我国工矿企业配电线路中普遍使用的相电压为220 V,线电压为380 V,就是由这种星形接法的三相电源供电的。

2. 三相电源的三角形连接方式

三相电源三角形连接的方法如图4-3(a)所示,即3个电源首尾相接(A_2接B_1、B_2接C_1、C_2接A_1),构成三相电源的三角形连接,然后从3个连接点引出3根相线送至负载。

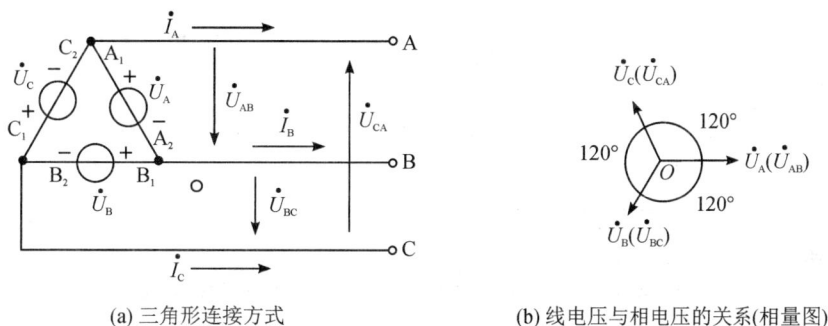

(a) 三角形连接方式 (b) 线电压与相电压的关系(相量图)

图4-3 三相电源的三角形连接方式及线电压与相电压的关系

在图4-3(a)所示的三相电源三角形连接电路中有

$$\begin{cases} \dot{U}_{AB} = \dot{U}_A = U\angle 0° \\ \dot{U}_{BC} = \dot{U}_B = U\angle -120° \\ \dot{U}_{CA} = \dot{U}_C = U\angle 120° \end{cases}$$

其中U为U_P或U_L。其相量图如图4-3(b)所示(以$\dot{U}_A$的方向为参考方向)。从图4-3(b)可知线电压与相电压之间的关系为

$$\dot{U}_L = \dot{U}_P \qquad (4-5)$$

即,线电压就是相电压。

在三角形连接中,3个单相电源构成1个回路,由式(4-3)可知,回路的总电压为零,这样在回路中就不会产生电流。

注意: 我们知道每一个单相电源都相当于发电机的一个绕组,而绕组的电阻是非常小的,如果有一个单相电源接错,那么回路的电压就不为零,这样回路中便会产生很大的电流,很容易造成设备的损坏。

4.2 三相负载

单相负载在接入电路时,可以选择接入线电压或者相电压。例如照明电路大多数选择

的是接入相电压，且大多时候需要中线。我们常见的三相电动机有 3 个阻抗相同的对称三相负载，需要分别接入 3 个线电压。三相负载的连接方式也有星形连接方式和三角形连接方式两种。

4.2.1 三相负载的星形连接方式

三相负载的星形连接方式如图 4 - 4(a)的右半部分所示，它与星形三相电源的连接电路如图 4 - 4(a)所示，即将三相负载的一端接成公共端，与电源的中线相连，3 个负载的另外一端接到星形三相电源的 3 条火线上。这种连接方式称为 Y-Y 连接方式。

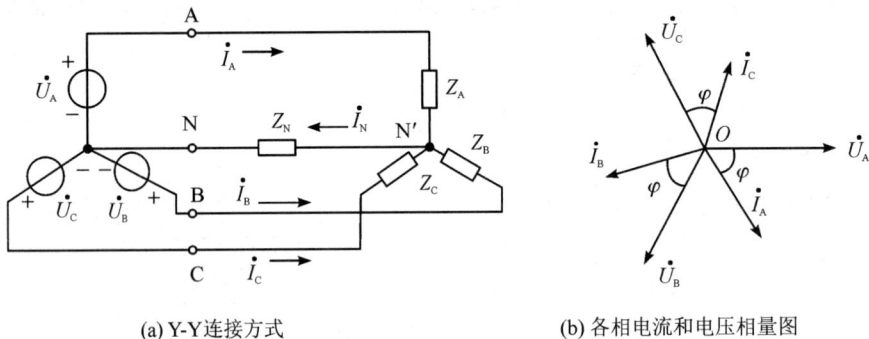

(a) Y-Y连接方式　　　　　　　　(b) 各相电流和电压相量图

图 4 - 4　三相负载与星形三相电源连接方式及各相电流和电压相量图

通过每根相线的电流称为线电流，用 $\dot{I}_L$ 表示。通过各相负载的电流称为相电流 $\dot{I}_P$，负载采用星形连接方式时，各个负载的相电流就是线电流，即 $\dot{I}_P = \dot{I}_L$。略去火线上的压降，则各相负载的相电压就等于电源的相电压。

在 Y-Y 连接方式电路中，当三相电源对称且三相负载相等时，若设中线阻抗为 Z_N，就可以求出中线电流 $\dot{I}_N$。

采用节点电压法，以 N 点为参考点，对 N′ 点列写节点电位方程有

$$\left(\frac{1}{Z_A} + \frac{1}{Z_B} + \frac{1}{Z_C} + \frac{1}{Z_N}\right)\dot{U}_{N'N} = \frac{1}{Z_A}\dot{U}_A + \frac{1}{Z_B}\dot{U}_B + \frac{1}{Z_C}\dot{U}_C$$

由于是对称三相负载，即有 $Z_A = Z_B = Z_C = Z$，因此上式可写为

$$\left(\frac{3}{Z} + \frac{1}{Z_N}\right)\dot{U}_{N'N} = \frac{1}{Z}(\dot{U}_A + \dot{U}_B + \dot{U}_C)$$

根据式(4 - 3)可得

$$\dot{U}_{N'N} = \frac{\frac{1}{Z}(\dot{U}_A + \dot{U}_B + \dot{U}_C)}{\left(\frac{3}{Z} + \frac{1}{Z_N}\right)} = 0$$

因为 N′、N 两点等电位，所以中线上的电流为零，即

$$\dot{I}_N = 0 \qquad\qquad (4 - 6)$$

这是星形连接对称三相负载电路的一个最显著的特性。以 N 点为参考点，故可以分别求出各相电流。

设负载阻抗为

$$Z_A = Z_B = Z_C = |Z| \angle \theta$$

则各相电流为

$$\begin{cases} \dot{I}_A = \dfrac{\dot{U}_A - \dot{U}_{N'N}}{Z} = \dfrac{\dot{U}_A}{|Z|} \angle -\theta \\[3mm] \dot{I}_B = \dfrac{\dot{U}_B - \dot{U}_{N'N}}{Z} = \dfrac{\dot{U}_B}{|Z|} \angle -\theta \\[3mm] \dot{I}_C = \dfrac{\dot{U}_C - \dot{U}_{N'N}}{Z} = \dfrac{\dot{U}_C}{|Z|} \angle -\theta \end{cases} \quad (4-7)$$

各相电流和各相电压的相量图如图 4-4(b)所示(以 $\dot{U}_A$ 的方向为参考方向)。各相电流滞后对应的相电压一个 θ 角。

对称三相负载做星形连接时，中线电流为零，因而可以省略中线而成为三相三线制，并不影响电路工作，电路如图 4-5 所示。

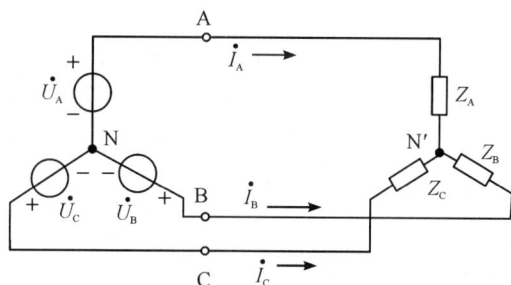

图 4-5 对称三相负载三相三线制的星形连接

注意：如果三相负载不对称，由式(4-7)可知，各相电流大小就不相等，相位差也不一定是120°，中线电流也不为零，此时就不能省去中线，否则会影响电路正常工作，甚至造成事故。所以在三相四线制中除尽量使负载平衡运行之外，中线上不准安装熔丝和开关。

【例 4-1】 对称三相负载星形连接电路(Y-Y 连接)如图 4-5 所示，已知各相阻抗均为(6+j8) Ω，接在线电压为 380 V 的三相电源上，试求各相的相电流、线电流及相电流与线电流之间的相位差。

解 因为负载对称，所以只需要计算一相负载即可。相电压有效值为

$$U_P = \frac{U_L}{\sqrt{3}} = \frac{380}{\sqrt{3}} \approx 220 \text{ V}$$

阻抗的模为

$$|Z| = \sqrt{R^2 + X_L^2} = \sqrt{6^2 + 8^2} = 10 \ \Omega$$

线电流等于相电流，即有效值为

$$I_L = I_P = \frac{U_P}{|Z|} = \frac{220}{10} = 22 \text{ A}$$

相电流滞后相应的相电压的角度为阻抗的幅角，即

$$\varphi = \arctan \frac{X}{R} = \arctan \frac{8}{6} \approx 53.1°$$

其相电压、相电流的相量图如图 4-6 所示(以 $\dot{U}_A$ 的方向为参考方向)。

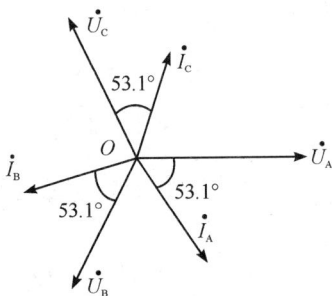

图 4-6 例 4-1 图

4.2.2 三相负载的三角形连接方式

三相负载的三角形连接如图 4-7 所示，它将 3 个负载首尾顺序连接，构成三角形状，故称为三角形连接或△连接。图 4-7 所示为三相负载与星形三相电源连接电路，即三相负载的每一相负载分别接在星形三相电源的两根相线之间，也就是说负载的相电压等于线电压，三相电源和三相负载的这种连接方式称为 Y-△连接。

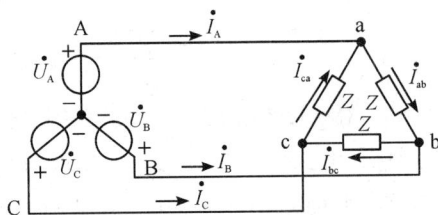

图 4-7 三相负载和三相负载的 Y-△连接

设负载阻抗对称，有 $Z_{ab} = Z_{bc} = Z_{ca} = Z$，$Z = |Z| \angle \varphi$，电源的相电压为

$$\begin{cases} \dot{U}_A = U \angle 0° \\ \dot{U}_B = U \angle -120° \\ \dot{U}_C = U \angle 120° \end{cases}$$

其中 U 为负载的相电压或线电压。

由图 4-7 可以看出，负载的相电压($\dot{U}_{ab}$)等于电源的线电压($\dot{U}_{AB}$)，负载的相电压($\dot{U}_{bc}$)等于电源的线电压($\dot{U}_{BC}$)，负载的相电压($\dot{U}_{ca}$)等于电源的线电压($\dot{U}_{CA}$)，即

$$\begin{cases} \dot{U}_{ab} = \dot{U}_{AB} = \sqrt{3}U\angle 30° \\ \dot{U}_{bc} = \dot{U}_{BC} = \sqrt{3}U\angle -90° \\ \dot{U}_{ca} = \dot{U}_{CA} = \sqrt{3}U\angle 150° \end{cases}$$

根据欧姆定律,可得相电流为

$$\begin{cases} \dot{I}_{ab} = \dfrac{\dot{U}_{ab}}{Z} = \dfrac{\sqrt{3}U}{|Z|}\angle(30°-\theta) \\ \dot{I}_{bc} = \dfrac{\dot{U}_{bc}}{Z} = \dfrac{\sqrt{3}U}{|Z|}\angle(-90°-\theta) \\ \dot{I}_{ca} = \dfrac{\dot{U}_{ca}}{Z} = \dfrac{\sqrt{3}U}{|Z|}\angle(150°-\theta) \end{cases} \qquad (4-8)$$

根据节点电流定律,可得线电流为

$$\begin{cases} \dot{I}_{A} = \dot{I}_{ab} - \dot{I}_{ca} = \sqrt{3}\dot{I}_{ab}\angle -30° \\ \dot{I}_{B} = \dot{I}_{bc} - \dot{I}_{ab} = \sqrt{3}\dot{I}_{bc}\angle -30° \\ \dot{I}_{C} = \dot{I}_{ca} - \dot{I}_{bc} = \sqrt{3}\dot{I}_{ca}\angle -30° \end{cases} \qquad (4-9)$$

在 Y-△连接方式中,各相电流也是对称的,即大小相等,相位差是 120°。对称负载的线电流与相电流的关系可以由图 4-8 所示的相量关系求出(以相电流 $\dot{I}_{ab}$ 的方向为参考方向)。

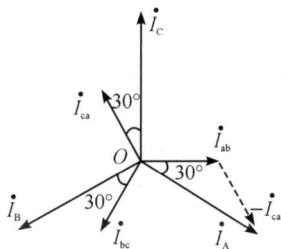

图 4-8 对称负载三角形连接线电流与相电流的相量图

综上分析可知,对称负载三角形连接时,相电压与线电压相等,且对称,同时线电流与相电流也是对称的,且线电流大小是相电流的 $\sqrt{3}$ 倍,相位落后相应的相电流 30°。因此我们只需要计算出一相线电流 $\dot{I}_{A}$,根据对称性即可得到其余两相线电流的结果。

【例 4-2】 对称三相负载与星形三相电源连接电路(Y-△连接)如图 4-7 所示,已知各相阻抗均为 $Z=4+j4\Omega$,对称三相电源线电压为 $\dot{U}_{AB}=380\angle 30°$ V,试求负载的各相电流和线电流。

解 负载电压 $\dot{U}_{ab}=\dot{U}_{AB}=380\angle 30°$ V,负载阻抗 $Z=4+j4\approx 5.7\angle 45°$ Ω,ab 相负载电流为

$$\dot{I}_{ab} = \dfrac{\dot{U}_{ab}}{Z_{ab}} = \dfrac{380\angle 30°}{5.7\angle 45°} \approx 66.7\angle -15° \text{A}$$

根据对称性,可知另外两相的负载电流为

$$\dot{I}_{bc} \approx 66.7\angle -135°A$$

$$\dot{I}_{ca} \approx 66.7\angle 105°A$$

再根据相电流与线电流的关系以及对称性,可知各线电流为

$$\dot{I}_A = \sqrt{3}\dot{I}_{ab}\angle -30° \approx 115.5\angle -45°A$$

$$\dot{I}_B \approx 115.5\angle -165°A$$

$$\dot{I}_C \approx 115.5\angle 75°A$$

注意:(1)对称性电流是指频率相同、振幅相等、相位相差120°的三相电流;(2)线电流大小是相电流的$\sqrt{3}$倍,相位落后相应相电流30°。

任务实施

常用照明装置的设计与安装

工具材料:灯泡、万用表和电工工具等。

目的:三相交流电餐厅照明应用。

思考问题:

(1)每层楼的灯泡相互并联,分别接至各相电压上,每盏灯的额定工作电压是多少呢?

(2)照明电路中,各相负载不能完全对称时,能采用三相三线制供电吗?

(3)若一楼灯泡全部断开,二楼、三楼灯泡仍然接通,情况会如何?

参考电路如任务实施图4所示。

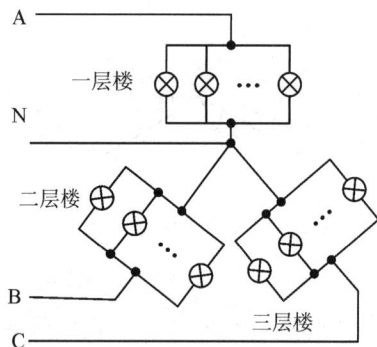

任务实施图4

参考答案:

(1)额定电压220 V。

(2)不可以采用。因为负载不对称,而又没有中线时,负载上可能得到大小不等的电压,超过或达不到用电设备的额定电压,用电设备不能正常工作。

(3)不能正常工作。因为线电压为380 V,当A相(一楼相线)断开后,B、C两相(分别为二、三楼相线)串联,电压U_{BC}(380 V)加在B、C相负载(二、三楼灯泡)上,如果两相负载对称,则每相负载电压只为190 V,因此,二、三楼灯全部变暗。

心得体会

通过本章的学习，你有哪些收获？请用简短的话语，将你自己的心得体会写出来吧。

本章小结

（1）三相交流电源的基本概念。

三相交流电源有 3 个独立的电压源，且各单相电压源必须是角频率相同，振幅（最大值）相等，在相位上依次相差 120°，满足这 3 个条件的电源称为对称三相电源；3 个独立的电压源可采用星形（Y 形）连接方式或三角形（△形）连接方式。

（2）三相电路的连接方式。

在三相电源对称的情况下，如果采用星形连接，则线电压在大小上是相电压的 $\sqrt{3}$ 倍（$U_L = \sqrt{3} U_P$），在相位上超前于相应的相电压 30°；如果采用三角形连接，则线电压等于相应的相电压（$\dot{U}_L = \dot{U}_P$）。

（3）三相负载的连接方式。

三相负载有星形连接和三角形连接两种连接方式。如果负载采用星形连接，则线电流等于相应的相电流（$\dot{I}_L = \dot{I}_P$）；如果负载采用三角形连接，则线电流在大小上是相电流的 $\sqrt{3}$ 倍（$I_L = \sqrt{3} I_P$），在相位上滞后于相应相电流 30°。

（4）火线、地线与零线。

三相电源的 3 根"头"称为相线（又称火线），三相电的 3 根"尾"连接在一起称中线也称为零线（叫零线的原因是三相平衡时中性线中没有电流通过，再就是它直接或间接地接到大地，与大地的电压也接近零）。地线是把设备或用电器的外壳可靠地连接到大地的线路，是防止触电事故发生的良好方案。火线与零线共同组成供电回路。

在低压电网中用三相四线制输送电力，其中有 3 根火（相）线和 1 根零线。为了保证用电安全，在用户使用区改为用三相五线制供电。这第五根线就是地线，它的一端在用户区附近用金属导体深埋于地下，另一端与各用户的地线接点相连，起到接地保护作用。

火线和零线应该都是带电的线，但零线不带电是因为电源的另一端（零线）接了地。因此我们在地上接触零线的时候，因为没有电位差，所以就不会形成电流。零线和火线都是从电源连接出来的，电流的正方向就是从电源正极流出，经过外部设备，再从电源负极流进形成一个回路。零线和火线的区别就是电源的两个端子其中的一个接了大地。

零线和地线是两个不同的概念，不是一回事。地线的对地电位为零，零线的对地电位不一定为零。

按我国现行标准，根据导线颜色标志电路时，一般应该是相线 A 为黄色，相线 B 为绿色，相线 C 为红色，零（N）线为淡蓝色，地线（PE）是黄绿相间色。如果是三相插座，面对插座，左边是零线，右边是火线，中间（上面）是地线。

思考题与习题

4－1　在对称三相电源电路中,采用星形连接或三角形连接时,各相电压与线电压、相电流与线电流的关系是什么?

4－2　三相五线制供电线路的组成是什么? 相线、中线、火线、零线、地线有什么区别?

4－3　发电机绕组做三角形连接时应注意哪些问题? 若出现一相极性接反会产生什么后果?

4－4　中线的作用是什么? 不对称三相负载 Y 形连接时为什么不能省去中线?

4－5　已知 3 个电源分别为 $\dot{U}_{ab}=220\angle30°$ V, $\dot{U}_{cd}=220\angle150°$ V, $\dot{U}_{ef}=220\angle-90°$ V,请问能否接成对称三相电源? 为什么? 如果可以,请作图将其分别接成星形连接电源和三角形连接电源。

4－6　对称三相电路的星形负载阻抗 $Z=165+j84\Omega$,端线阻抗 $Z=2+j1\Omega$,中线阻抗 $Z=1+j1\Omega$,线电压 $U_1=380$ V,求负载的线电流和线电压,并绘出相量图。

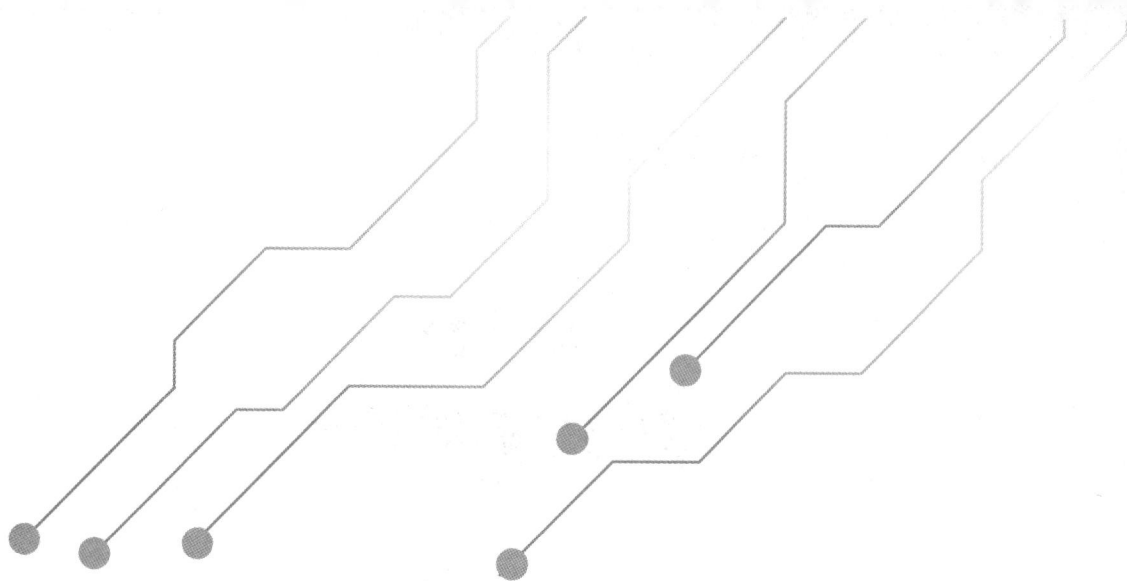

第二部分　　电子技术

第5章

常用半导体器件

知识重点

- 半导体的导电特性。
- PN 结。
- 晶体二极管。
- 晶体三极管。

电子技术基础概述

知识难点

- 二极管的符号、伏安特性、主要参数。
- 三极管的符号、伏安特性、主要参数。

素质提升

从 20 世纪 60 年代开始，电子器件出现了飞速发展，而且随着微电子和半导体制造工艺的进步，电子器件集成度不断提高。现在，人们已经掌握了大量的电子技术方面的知识，而且电子技术还在不断发展着。电子、通信、智能等前沿信息技术在驱动国家经济创新发展的同时，也激发了我们的爱国情怀和民族自豪感。国家和民族的事业需要我们树立个人理想和追求，去不断地推进自主创新和进行产学研相结合，实现电子、通信、智能行业由中国制造向中国创造飞跃。

本章从半导体基础知识入手，由浅入深地研究了 PN 结、晶体二极管、晶体三极管。本章内容是电子技术理论的入门内容，为电子电路分析、计算及后续课程提供必要的基础知识。

通过本章知识的学习，了解半导体的导电特性，重点掌握 PN 结的概念，以及常用半导体器件二极管和三极管的符号、伏安特性及主要参数。

5.1　半导体基础知识

自然界的物质按其导电性能不同可以分为导体、绝缘体和半导体 3 大类。导电性能良好的物体称为导体,如金、银、铜、铁、铝等金属;几乎不导电的物体称为绝缘体,如橡胶、陶瓷、玻璃、塑料等;导电性能介于导体与绝缘体之间的物体称为半导体,如硅、锗、硒等。

半导体是制作晶体二极管、晶体三极管、场效应管和集成电路的材料,这并不是因为半导体的导电性能介于导体与绝缘体之间,而是因为半导体有特殊的导电性能。半导体具有如下导电特性:

(1) 热敏性:半导体的电阻率随着温度的升高而降低,即温度升高,半导体的导电能力增强。

(2) 光敏性:半导体受到光照时,电阻率降低,其导电能力随着光照强度的增强而增强。

(3) 杂敏性:半导体的导电能力受掺入杂质的影响显著,即在半导体材料中掺入微量杂质(特定的元素),电阻率下降,导电能力增强。

5.1.1 本征半导体

具有晶体结构的纯净半导体称为本征半导体。最常见的半导体材料为硅和锗。因为在制作半导体器件时,硅和锗都要经过提纯并形成晶体结构,所以用半导体材料做成的二极管与三极管又分别称为晶体二极管、晶体三极管。

本征半导体及
杂质半导体

硅元素和锗元素的单个原子都是 4 价元素,且每个原子都有 4 个价电子,每个原子的价电子和周围 4 个原子的价电子形成 4 个共价键。共价键结构是相对稳定的结构。在常温下只有少数的价电子可以从原子的热运动中获得能量,挣脱共价键的束缚,成为带负电荷的自由电子,这种现象称为本征激发。价电子成为自由电子后,在原来的位置上留下一个空位,称 动画:本征半导体 为空穴。由于本征激发出现了空穴,使原来呈电中性的原子因失去带负电的电子而形成带正电的离子。这种正离子固定在晶格中不能移动,它由原子和空穴构成,可以认为空穴带正电,其电量与电子的电量相等。本征激发时,电子和空穴成对产生,称为电子—空穴对。即在激发出一个带负电的电子的同时,相应地产生了一个带正电的空穴。在外加电场的作用下,就会形成带负电荷的电子流和带正电荷的空穴流,显然电子流与空穴流的运动方向相反。半导体中的电流就是由自由电子流和空穴流两部分形成的。通常将参与导电的粒子称为载流子,因此电子和空穴统称为载流子。也可以说本征半导体中有两种载流子参与导电,一种是带负电荷的自由电子,另一种是带正电荷的空穴。空穴参与导电是半导体的导电特点,也是与导体导电最根本的区别。自由电子在运动过程中如果与空穴相遇就会填补空穴,使两者同时消失,这种现象称为复合。在一定温度下,电子—空穴对的产生与复合可达到动态平衡。

总之,在常温下,本征半导体中的载流子很少,所以导电能力很差。然而环境温度升高或受到光照时,本征半导体的电子—空穴对数目显著增多,其导电性也明显提高。这就是半导体导电性随温度变化而明显变化的原因,所以半导体可以用来制作热敏或光敏元件。另外在本征半导体中掺入微量的杂质(特定元素),它的导电能力也会大大提高。

5.1.2 杂质半导体

掺入杂质后的半导体称为杂质半导体，其导电能力与掺杂浓度有关。所以杂质半导体的导电性能是可控的。杂质半导体的应用非常广泛，实际使用的半导体器件都是由杂质半导体构成的。根据掺入的杂质不同，杂质半导体分为 N 型半导体和 P 型半导体两种。

1. N 型半导体

在硅(或锗)本征半导体中掺入微量 5 价元素，如磷，则可以形成 N 型半导体。由于掺入杂质的原子数与整个半导体原子数相比，其数量非常少，所以半导体晶体结构基本不变，只是在晶格中硅(或锗)原子的位置被磷原子所代替。磷原子有 5 个价电子，其中 4 个与硅(或锗)原子形成共价键结构，还多余一个价电子不受共价键束缚，只受磷原子核的吸引，由于吸引力较弱，常温下就可以成为自由电子。磷原子由于失去了一个价电子而成为带正电荷的磷离子，带正电荷的磷离子数目与带负电荷的自由电子数目相等，极性相反，对外仍不显电性。因为正离子是不能移动的，所以不参与导电。常温下掺入的磷原子越多，得到的自由电子和正离子就越多，但是空穴数不会因此而增加，所以 N 型半导体中自由电子占大多数，称为多数载流子(多子)，而空穴称为少数载流子(少子)。这种以自由电子导电为主的半导体称为 N 型半导体。

2. P 型半导体

在硅(或锗)本征半导体中掺入微量 3 价元素，如硼，则形成 P 型半导体。同样只是在晶格中硅(或锗)原子位置被硼原子所代替。由于硼原子只有 3 个价电子，要与硅(或锗)原子形成 4 个共价键结构，还少一个价电子，因此只能在共价键中留出一个空位子，这就是空穴。于是硅(或锗)需要从别的地方"俘获"一个电子来填补这个空穴，以组成相对的稳定结构。在常温下，临近空穴的硅(或锗)原子的价电子很容易填补这个空穴，于是就产生了新的空穴，相当于硼原子向外释放了一个空穴，硼原子由于得到了一个价电子而成为带负电荷的硼离子，带负电荷的硼离子数目与带正电荷的空穴数目相等、极性相反，对外仍不显电性。因为负离子是不能移动的，所以不参与导电。常温下掺入的硼原子越多，得到的空穴和负离子越多，但是自由电子数不会因此而增加，所以 P 型半导体中空穴占大多数，称为多数载流子(多子)，而自由电子称为少数载流子(少子)。这种以空穴导电为主的半导体称为 P 型半导体。

5.1.3 PN 结

1. PN 结的概念

利用特殊的制造工艺，在一块本征半导体(硅或锗)材料中，一边掺杂成 PN 结
N 型半导体，另一边掺杂成 P 型半导体，这样在这两种半导体的交界面就会
形成一个空间电荷区，即形成 PN 结。

2. PN 结的形成

由于 N 型半导体与 P 型半导体的交界面两侧载流子存在着浓度差，便产生了自由电子

和空穴的扩散运动(如图 5-1(a)所示),即 P 型区空穴(多子)向 N 型区运动,N 型区电子(多子)向 P 型区运动。当多子扩散到交界面附近时,自由电子和空穴相复合,在交界面附近只留下不能移动的带正负电的离子,形成一空间电荷区,即 PN 结,如图 5-1(b)所示。空间电荷区将存在一个内电场,其方向由 N 区指向 P 区,显然内电场阻止多数载流子的扩散运动。同时,内电场将推动 P 区的自由电子(少子)流向 N 区和 N 区的空穴(少子)流向 P 区。少数载流子在内电场的作用下产生的这种运动称为少数载流子的漂移运动。开始时扩散运动占优势,随着扩散运动不断进行,空间电荷层加厚,内电场加强,漂移运动随之增强,而扩散运动相对减弱,最后扩散运动和漂移运动达到动态平衡。

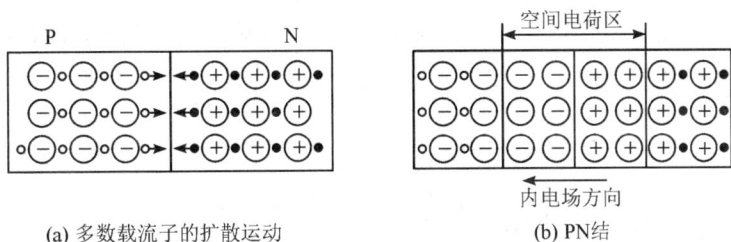

(a) 多数载流子的扩散运动　　　(b) PN 结

图 5-1　PN 结的形成示意图

3. PN 结的单向导电性

如果在 PN 结两端外加电压,就将破坏原来的平衡状态。

当外加电压的极性不同时,PN 结表现出截然不同的导电性能,即呈现出单向导电性,如图 5-2 所示。

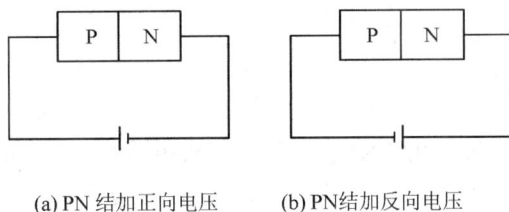

(a) PN 结加正向电压　　　(b) PN 结加反向电压

图 5-2　PN 结的单向导电性

(1) PN 结加正向电压,PN 结导通。将 PN 结按照图 5-2(a)所示接上电源(P 区接电源的正极,N 区结接电源的负极)称为加正向电压。加正向电压时,外加电压形成的外电场与内电场方向相反,削弱了内电场,使空间电荷层(PN 结)变窄,电阻变小,电流增大,称 PN 结处于导通状态。

(2) PN 结加反向电压,PN 结截止。将 PN 结按照图 5-2(b)所示接上电源(N 区接电源的正极,P 区结接电源的负极)称为加反向电压。加反向电压时,外加电压形成的外电场与内电场方向相同,加强了内电场,使空间电荷层(PN 结)变宽,电阻变大,电流减小,称 PN 结处于截止状态。

总之,PN 结加正向电压时导通,呈低阻态,有较大的正向电流流过;加反向电压时截止,呈高阻态,只有很小的反向电流。PN 结的这种特性称为单向导电性。正是利用这一特性,我们可以将半导体材料制作成晶体二极管、晶体三极管、场效应管等半导体器件。

5.2 // 晶体二极管

晶体二极管

5.2.1　晶体二极管的结构

由一个 PN 结加上电极引线和外壳封装就构成一个半导体二极管，也称晶体二极管，简称二极管，文字符号常用 VD 表示。二极管有两根电极引线，从 P 区引出的电极为正极，从 N 区引出的电极为负极。晶体二极管结构与图形符号如图 5-3 所示，箭头表示二极管正常导通时的电流方向。

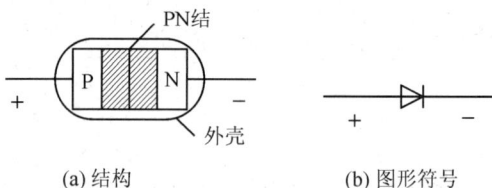

(a) 结构　　　　　　　(b) 图形符号

图 5-3　晶体二极管结构与图形符号

二极管种类很多，按照半导体材料的不同分为硅二极管和锗二极管；按照用途分为整流二极管、检波二极管、稳压二极管、开关二极管、发光二极管等；按 PN 结的结构分为点接触型二极管、面接触型二极管、平面型二极管等。

5.2.2　晶体二极管的伏安特性

二极管的伏安特性可以用方程表示，也可以用特性曲线来表示。伏安特性曲线是指流过二极管的电流随加在二极管两端的电压(又称偏置电压)变化的关系曲线。二极管的伏安特性曲线如图 5-4 所示，可以用实验测得。伏安特性曲线分为正向特性、反向特性和击穿特性 3 部分。

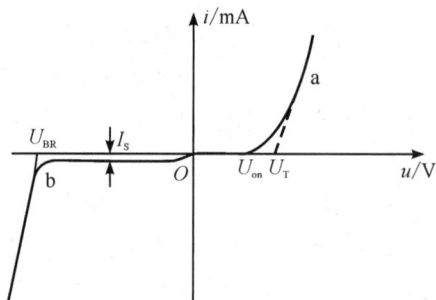

图 5-4　晶体二极管的伏安特性曲线

1. 正向特性

二极管正向特性如图 5-4 中 Oa 段所示。只有当正向电压超过某一数值时，二极管才有明显的正向电流，这个电压称为二极管导通电压或开启电压，用 U_{on} 表示。开启电压与二极管的材料和工作温度有关，常温下硅管的 U_{on} 为 $0.5\sim0.6$ V，锗管的 U_{on} 为 $0.1\sim0.2$ V。当外加电压超过 U_{on} 后，二极管正向电流迅速增大，这时二极管处于正向导通状态，随着电压 u 的增加，电流 i 按照指数的规律增加，当电流较大时，电流随着电压的增加几乎直线上升。二极管导通后硅管的正向压降为 $0.6\sim0.8$ V（通常取 0.7 V），锗管的正向压降为 $0.2\sim0.3$ V（通常取 0.2 V），用 U_T 表示。

2. 反向特性

二极管反向特性如图 5-4 中 Ob 段所示。反向电流基本不随反向电压的变化而变化，这个电流称为反向饱和电流，用 I_S 表示。I_S 很小，而且在相同温度下，硅二极管比锗二极管的反向电流更小。二极管的反向饱和电流随着温度升高迅速增大。

3. 反向击穿特性

在一定温度下，当二极管加的反向电压超过某一数值时，反向电流将急剧增加，这种现象称为二极管反向击穿。二极管反向击穿时的电压称为反向击穿电压，用 U_{BR} 表示。二极管在正常使用时应避免出现反向击穿，二极管击穿后并不一定损坏，只有在没有限流措施时，二极管反向电流超过一定限度，PN 结过热，才会烧毁二极管，造成永久性损坏。

二极管的伏安特性是非线性的，因此二极管是非线性元件。使用二极管时应注意不论是硅管还是锗管，即使工作在最大允许电流下，二极管两端的电压降一般也不会超过 1.5 V，这是晶体二极管的特殊结构所决定的。所以在使用二极管时电路中应该串联限流电阻，以免因电流过大而损坏二极管。

5.2.3 晶体二极管的主要参数

1. 最大整流电流(I_F)

I_F 是指二极管长期工作允许通过的最大正向平均电流，正常工作时二极管的电流 I_D 应该小于 I_F。

2. 最高反向工作电压(U_R)

U_R 是指允许加在二极管两端反向电压的最大值。一般情况下取 U_R 为 U_{BR}（二极管使用手册上给出的反向击穿电压 U_{BR}）的一半。

3. 反向电流(I_R)

I_R 是指二极管未击穿时的反向电流。I_R 越小，二极管单向导电性越好。I_R 受温度影响很大。

4. 最高工作频率(f_M)

f_M 是指二极管工作频率的上限值，主要由 PN 结的电容决定。当外加信号的频率超过二极管的最高工作频率时，二极管的单向导电性能将不能很好地体现。

5.3 晶体三极管

5.3.1 晶体三极管的结构

半导体三极管也称晶体三极管，简称三极管，用 V 或 VT 表示。采用光刻、扩散等工艺在同一块半导体硅（或锗）片上掺杂形成 3 个区、两个 PN 结，并从 3 个区各引出一根导线，作为 3 个电极就组成一个三极管。由两个 N 区夹一个 P 区构成的三极管称为 NPN 型三极管；由两个 P 区夹一个 N 区构成的三极管称为 PNP 型三极管。图 5-5 所示为三极管的结构与图形符号，其中图(a)为 NPN 型三极管的结构和电路图形符号，图(b)是 PNP 型三极管的结构和电路图形符号。

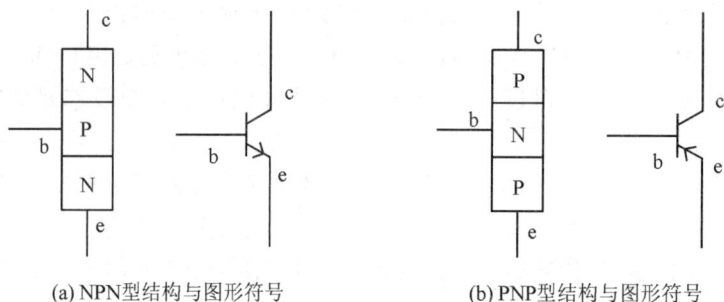

(a) NPN型结构与图形符号　　　　　　(b) PNP型结构与图形符号

图 5-5　晶体三极管结构与图形符号

三极管中间的区域为基区，两边的区域分别为发射区和集电区。3 个电极分别称为基极(用 b 表示)、发射极(用 e 表示)、集电极(用 c 表示)。发射极与基极之间的 PN 结称为发射结(简称 e 结)；集电极与基极之间的 PN 结称为集电结(简称 c 结)。PNP 型三极管各部分的名称与 NPN 型三极管的相同。

在制作三极管时必须满足的工艺要求是：发射区掺杂浓度要高，集电区掺杂浓度要比发射区低，且集电区的面积要比发射区大，基区要求很薄且掺杂浓度要远低于发射区。这些要求是保证三极管具有放大作用的内部条件。

三极管的种类很多，按照半导体材料分为硅管和锗管两种；按照内部结构分为 NPN 型和 PNP 型(如图 5-5 所示)，不论是硅管还是锗管都有 NPN 型和 PNP 型两种管子；按照用途分为放大管和开关管等；按照工作频率分为低频管和高频管；按照功率分为小功率管、中功率管和大功率管等。

NPN 型和 PNP 型两种三极管符号的区别是发射极箭头的方向不同，NPN 型三极管发射极箭头的方向向外，PNP 型三极管发射极箭头的方向向内。三极管发射极箭头的方向表示正常工作时发射极电流的方向。

尽管 NPN 型和 PNP 型三极管的结构不同，使用时外加电源也不同，但接成放大电路时工作原理是相似的。本节以 NPN 型三极管为例，讨论三极管的基本放大原理。

5.3.2 晶体三极管的放大原理

1. 三极管放大交流信号的外部条件

三极管是两种载流子同时参与导电的半导体器件，也称为双极型晶体管。它具有电流放大作用，是放大电路中的核心元件。欲使三极管具有电流放大作用，除具有上面所介绍的内部结构外，还必须具备合适的外部条件。

动画：三极管放大原理

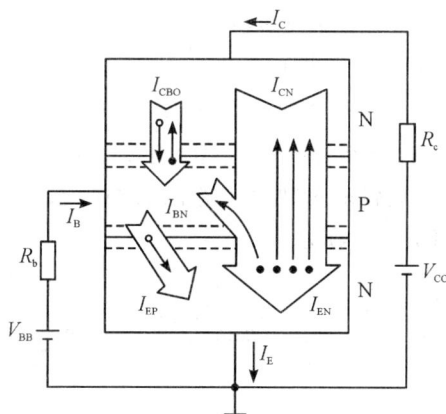

这就要求三极管的外加电压能保证发射结加正向电压（习惯上称为正向偏置），集电结加反向电压（习惯上称反向偏置）。下面以 NPN 型三极管为例进行详细讨论，图 5-6 所示为 NPN 型三极管满足放大作用的条件。

图 5-6 NPN 型晶体三极管放大条件

给 NPN 三极管发射结加正向电压，即 P 区接电源的正极，N 区接电源的负极；给集电结加反向电压，即 P 区接电源的负极，N 区接电源的正极。在图 5-6 中，输入端 V_{BB}（基极电源）通过一个电阻 R_B（称为基极偏置电阻）给发射结加正向偏压，基极与发射极之间的电压用 U_{BE} 表示，$U_{BE} > 0$，放大时对于硅三极管 $U_{BE} = (0.6 \sim 0.8)$ V；对于锗三极管 $U_{BE} = (0.2 \sim 0.3)$ V。V_{CC}（集电极电源）通过集电极电阻 R_C 给集电结加反向偏压，基极与集电极之间的电压用 U_{BC} 表示，即 $U_{BC} < 0$，通常用 $U_{CE} > U_{BE}$ 来表示，U_{CE} 为集电极与发射极之间的电压，显然，3 个电极的电位关系为 $V_E < V_B < V_C$。

对于 PNP 型三极管读者可自己分析。同样给 PNP 三极管发射结加正向电压（$U_{EB} < 0$），集电结加反向电压（$U_{CB} < 0$ 或 $U_{BE} > U_{CE}$），则 3 个电极的电位关系为 $V_C < V_B < V_E$。

2. 三极管中的电流分配关系

三极管制作完成以后，基区的宽度与各区载流子的浓度就确定了。以 NPN 型三极管为例，因为发射区为高掺杂区，又因为发射结加正向电压，所以发射区的大量自由电子（多子）不断越过发射结扩散到基区，与此同时基区的空穴扩散到发射区，形成发射极电流 I_E（空穴形成的电流很小可忽略不计）；自由电子通过 e 结到达基区以后，由于基区很薄，掺杂浓度低，集电结又加了反向电压，在基区只有少部分自由电子与基区的空穴复合，并由基极的电源 V_{BB} 向基区提供空穴，形成基极电流 I_B；由于集电结加反向电压，结内形成了较强的电场，到达基区的大多数自由电子被集电结吸引而到达集电区，形成集电极电流 I_C。在图 5-6 所示的各电流的参考方向下，显然 $I_E = I_C + I_B$，由于基区的宽度、浓度一定，在基区复合的自由电子与到达集电区的自由电子的比例就确定了，因此 I_B 与 I_C 的关系也被确定下来了，与外加电压的大小无关。

发射极电流传输到集电极的电流分量 I_C 与基极复合电流分量 I_B 的比值，称为共发射极直流电流放大系数，用 $\bar{\beta}$ 表示，即 $\bar{\beta} = I_C / I_B$ 或写成 $I_C = \bar{\beta} I_B$（忽略一些次要因素）。当发射结两端的电压变化时 I_B 也要变化，进而 I_C 也随之变化，但它们的变化量比值固定不变。I_C 的变化量与 I_B 的变化量之比称为共发射极交流电流放大系数，用 β 表示，即 $\beta = \Delta I_C / \Delta I_B$。由于 $\bar{\beta}$ 和 β 在数值上相近，一般情况下不予严格区分，晶体三极管手册上都以 β 给出。

综上所述，三极管的电流分配关系为 $I_E = I_C + I_B$，$I_C = \beta I_B$，即不论是 NPN 三极管还是 PNP 三极管，电流分配关系都是相同的。

三极管具有 3 个电极，可视为一个两端口网络，其中两个电极构成输入端口，两个电极构成输出端口，显然输入、输出端口共用某一个电极。根据公共电极的不同，三极管组成的放大电路有 3 种连接方式，通常称为放大电路的 3 种组态，即共发射极组态、共基极组态和共集电极电路组态，如图 5-7 所示。

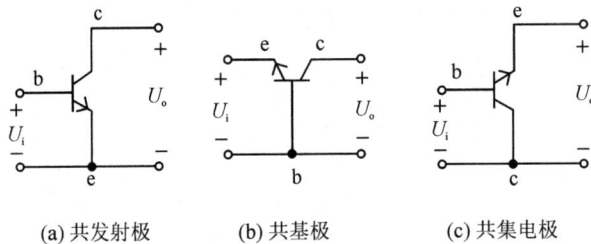

(a) 共发射极　　　(b) 共基极　　　(c) 共集电极

图 5-7　三极管放大电路的 3 种连接方法

无论哪种连接方式，要使三极管有放大作用，都必须满足三极管的放大条件。3 种连接方式都有放大作用，而且各有特点。由于共发射极接法应用较广泛，因此本节重点讨论共发射极电路。

5.3.3　晶体三极管的特性曲线

三极管的特性曲线是指其各电极间的电压和电流之间的关系曲线，它是三极管内部特性的外部表现，是分析放大电路的重要依据。因为三极管在电路中有输入端和输出端，所以特性曲线包括输入特性曲线和输出特性曲线。

1. 输入特性曲线

三极管输入特性曲线是指在集电极和发射极之间的电压为某一常数时，输入回路的基极与发射极之间的电压 U_{BE} 与基极电流 I_B 之间的关系曲线称为输入特性曲线。通过实验的方法可以得到输入特性曲线，如图 5-8 所示。

当 $U_{CE} = 0$ 时，c、e 极短接，两个 PN 结都正偏，相当于两个二极管并联，所以输入特性曲线与二极管的正向特性曲线很相似。当 U_{BE} 大于导通电压 U_{on} 以后，I_B 随着 U_{BE} 的增

加而增加。当 $U_{CE}>0$ 时，随着 U_{CE} 的增加输入特性曲线右移，当 $U_{CE}=1$ V 后集电结的电场已足够强，随 U_{CE} 增加特性曲线变化不大，即 $U_{CE}\geqslant1$ 特性曲线非常接近，因此只要测出一条 $U_{CE}=1$ V 的特性曲线就可以作代表了。图 5-8 所示为 $U_{CE}=0$ V 和 $U_{CE}=1$ V 时的输入特性曲线。

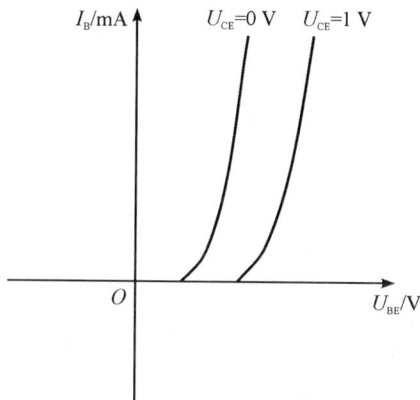

图 5-8 三极管的输入特性曲线

2. 输出特性曲线

三极管输出特性曲线是指在基极电流 I_B 一定时，输出回路中集电极电流 I_C 与集电极和发射极之间的电压 U_{CE} 之间的关系曲线，称为输出特性曲线。通过实验的方法可以得到输出特性曲线，如图 5-9 所示。

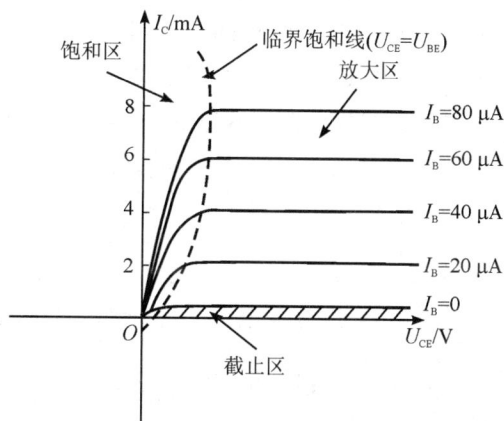

图 5-9 三极管的输出特性曲线

由图 5-9 可以看出，曲线分成 3 个区域。当 U_{CE} 较小时，曲线陡峭，这部分称为饱和区；中间比较平坦部分称为放大区；$I_B=0$ 以下区域称为截止区。

在放大区，I_C 随着 I_B 按 β 倍成比例变化，三极管具有电流放大作用。要对输入信号进行放大就要使三极管工作在放大区。放大区的特点是：发射结正偏，集电结反偏，$I_C=\beta I_B$。

在饱和区，I_B 增加时 I_C 变化不大，不同 I_B 下的几条曲线几乎重合，表明 I_B 对 I_C 失去控制，呈现"饱和"状态。一般情况下，把 $U_{CE}=U_{BE}$（c 结零偏）的点连起来称为临界饱和线（图 5-9 中的虚线），临界饱和线左边的区域就是饱和区。饱和区的特点是：发射结和集电结都正偏，三极管没有放大作用。

在截止区，发射结反偏或 $U_{BE} < U_{on}$，并且集电结反偏，$I_B = 0$，$I_C = I_{CEO}$。电流 I_{CEO} 是从集电极直接穿过基极流向发射极的电流，称为穿透电流，它不受 I_B 的控制。要使三极管可靠地截止，应使发射结处于反向偏置状态。截止区的特点是：发射结、集电结都反偏，$I_B = 0$，$I_C \approx 0$，三极管没有放大作用。

三极管工作在饱和区和截止区都没有放大作用，但是工作在饱和区时电流可以很大，而电压很小，相当于一个闭合的开关，而工作在截止区时电压可以很大，而电流很小，相当于一个断开的开关，所以三极管具有开关作用。数字电路中的三极管就工作在饱和区和截止区。

5.3.4 晶体三极管的主要参数

三极管的参数是用来表征其性能和适用范围的数据，是选择和使用三极管的依据。三极管的参数很多，下面介绍一些主要的参数。

1. 共发射极电流放大系数

三极管集电极电流的变化量与相应的基极电流的变化量的比值，称为共发射极交流电流放大系数，用 β 表示，它表明基极电流对集电极电流的控制能力。输出特性曲线间隔的大小就表明了 β 的大小。β 可以用仪器测出，也可以从三极管使用手册中查得（即 h_{fe} 参数），一般为几十至几百不等，还可以由输出特性曲线求出。

2. 极间反向饱和电流

（1）集电极—基极反向饱和电流(I_{CBO})。当三极管发射极开路时，集电结加反向偏置电压，集电极和基极间的电流称为集电极—基极反向饱和电流，用 I_{CBO} 表示。

（2）集电极—发射极反向饱和电流(I_{CEO})。当三极管基极开路，集电结反偏和发射结正偏时的集电极电流称为集电极—发射极反向饱和电流，又称为穿透电流。它与 I_{CBO} 的关系为 $I_{CEO} = (1+\bar{\beta})I_{CBO}$。$I_{CBO}$、$I_{CEO}$ 是三极管噪声的根源，所以希望 I_{CBO}、I_{CEO} 越小越好。

3. 极限参数

极限参数是指三极管正常工作时各项参数不能超过的值，否则有可能损坏三极管。

（1）集电极最大允许电流(I_{CM})。集电极电流 I_C 达到一定的数值以后 β 会下降，当 β 下降到正常值的 $\frac{1}{2}$ 时，所允许的最大集电极电流称为集电极最大允许电流。

（2）集电极—发射极反向击穿电压($U_{(BR)CEO}$)。$U_{(BR)CEO}$ 是指基极开路时，允许加在集电极与发射极之间的电压的最大值。

（3）集电极允许最大耗散功率(P_{CM})。三极管正常工作时，I_C 流过集电结要消耗功率，而使三极管发热。三极管达到一定温度后，其性能会变差或者损坏。使用时应该使集电极消耗的功率 $P_C < P_{CM}$。

●●●●●
任务实施

测量二极管正负极

工具材料：二极管若干、万用表、电阻若干。

目的：二极管的使用。

思考问题：

（1）如何测量二极管的正负极？

（2）某人在测量二极管的反向电阻时，为了使表笔与二极管管脚接触良好，用两只手分别捏紧两只管脚，结果发现二极管的反向电阻较小，认为不合格，但是把二极管接到电路中，却能够正常工作。为什么？

参考电路如任务实施图 5 所示。

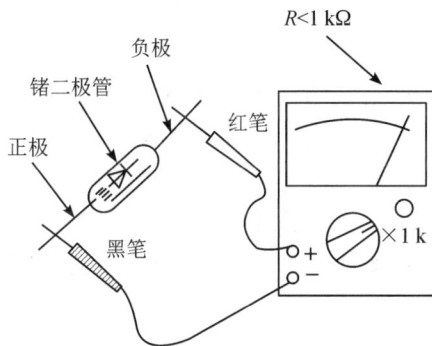

任务实施图 5

心得体会

通过本章的学习，你有哪些收获？请用简短的话语，将你自己的心得体会写出来吧。

本章小结

电子电路中常用的半导体器件有晶体二极管、晶体三极管及场效应管。制造这些器件的主要材料是半导体。

（1）半导体基础知识。

纯净半导体称为本征半导体，在常温下它的导电能力很差。在本征半导体中有自由电子和空穴两种载流子。在本征半导体中掺入不同的杂质就形成 N 型半导体和 P 型半导体。N 型半导体是在本征半导体中掺入 5 价元素，多数载流子是自由电子，少数载流子是空穴；P 型半导体是在本征半导体中掺入 3 价元素，多数载流子是空穴，少数载流子是自由电子。

把 P 型半导体和 N 型半导体通过一定的工艺制作在一起就形成一个 PN 结，PN 结具有单向导电性，加正向电压时导通，加反向电压时截止。

（2）晶体二极管。

一个 PN 结经封装并引出两个电极后就构成二极管，它的主要特点是具有单向导电性。二极管导通时电阻很小，一般只有几十欧到几千欧，截止时电阻很大，一般有几十千欧到几百千欧，二者相差 1000 倍左右。

（3）晶体三极管。

三极管具有电流放大作用，实现放大作用必须满足一定内部结构条件和合适的外部条件。三极管可用输入、输出特性曲线全面描述其特性，它有 3 个工作区域，即截止区、放大区、饱和区。为了对输入信号进行线性放大，应保证三极管工作在放大区内。其工作在放大区的外部条件是：给发射结加正向电压，集电结加反向电压。

思考题与习题

5-1　纯净的半导体称为_____半导体，掺入杂质后的半导体称为杂质半导体，根据掺入的杂质不同，杂质半导体又分为_____型半导体和_____型半导体。

5-2　半导体的导电特性为_____、_____、_____。

5-3　PN 结具有单向导电性，加正向电压时，即 P 型区接电源的_____，N 型区接电源的_____，可以_____；加反向电压时，即 P 型区接电源的_____，N 型区接电源的_____，可以_____。

5-4　二极管主要的特点是_____，主要参数有_____、_____、_____。硅二极管的导通电压是_____。

5-5　用三极管组成放大电路时有 3 种接法，分别是_____、_____和_____。

5-6　三极管工作放大区的条件是：发射结加_____电压，集电结加_____电压；三极管工作在饱和区的条件是：发射结加_____电压，集电结加_____电压；三极管工作在截止区的条件是：发射结加_____电压，集电结加_____电压。

5-7　三极管的极限参数是指晶体管正常工作时各项参数不能超过的参数值，否则有可能损坏三极管，它们分别是_____、_____和_____。

5-8　测量二极管时，如果正向电阻和反向电阻都大，二极管能否使用？为什么？如果正向电阻和反向电阻都小，二极管能否使用？为什么？

5-9　三极管有哪些分类方法？是怎样进行分类的？三极管有哪几种工作状态？各有什么特点？

5-10　三极管的输出特性曲线如题图 5-1 所示，能否根据输出特性曲线求出电流放大系数 β？如果能，β 是多少？

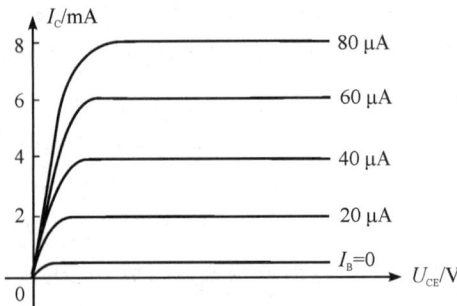

题图 5-1

5-11 在题图 5-2 所示电路中，二极管为硅二极管，已知 $U_s = 3$ V，求电路中电流大小及输出电压 U_o 的大小。

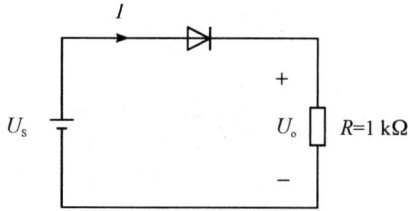

题图 5-2

5-12 三极管在放大电路中均处于放大状态，用电压表测得三极管各电极对地的电压如题图 5-3 所示，试判断这些三极管是 PNP 型还是 NPN 型？是硅管还是锗管？且这些三极管的 3 个电极分别是什么极？

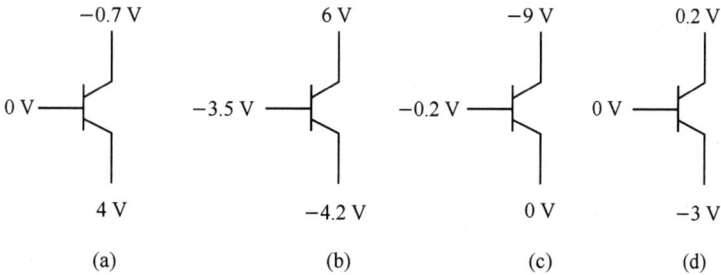

题图 5-3

5-13 已知某晶体三极管的电流放大系数 $\beta = 80$，当基极电流的变化量为 $40\ \mu A$ 时，求集电极电流的变化量为多少？

第6章
基本放大电路

● 知识重点 ●

- 单管共射放大电路。
- 射极输出(共集电极)放大电路。
- 多级放大电路。
- 负反馈放大电路。

● 知识难点 ●

- 基本放大电路的组成及工作原理。
- 单管共射放大电路静态工作点的估算及微变等效电路动态分析方法。
- 放大电路反馈极性、类型的判断。

● 素质提升 ●

从放大电路的特性、应用范围以及求解分析方法中我们可以看出，实验的操作与踏实的理论基础是分不开的，并且在实训中团队合作、奉献精神是任务中的关键要素，因此只有团队拥有团结协作、投身集体的意识，才能激发我们勇攀高峰、迎难而上的奋斗意志，从而树立科技报国的远大理想。

单管共射放大电路是组成各种复杂放大电路的基本单元，本章以单管共射放大电路为基础，介绍图解法和微变等效电路两种分析方法，并利用这两方法对放大电路进行分析，以及对电压放大倍数、输入电阻和输出电阻进行计算，另外还介绍了反馈的概念及其反馈类型和极性的判断，以及负反馈对放大电路的性能影响。

通过本章内容的学习，要了解基本放大电路的组成、工作原理和主要技术指标；掌握放大电路静态工作点的估算和电压放大倍数、输入电阻与输出电阻的计算；理解微变等效电路动态分析方法；熟练判断反馈的类型和极性，掌握负反馈对放大电路性能指标的影响。

6.1 // 概　　述

放大电路亦称为放大器，它用来对微弱的电信号进行放大，以达到实际应用的目的。

例如，要将接收到的电视信号放大到能用显示器观看的程度，就需要把信号放大 100 万倍以上；人体红外感应器需要将探测到的信号放大到 70 分贝以上才能驱动控制电路工作。信号放大电路是使用最为广泛的电子电路之一，也是构成其他电子电路的基础单元电路。

基本放大电路

任何一个放大电路都可以看成是一个两端口网络。如图 6-1 为放大电路示意图，左边为输入端口，输入信号经过放大电路放大后，从右边的输出端口输出。由此可见，任何一个放大电路都由输入端、放大电路和输出端三部分组成。

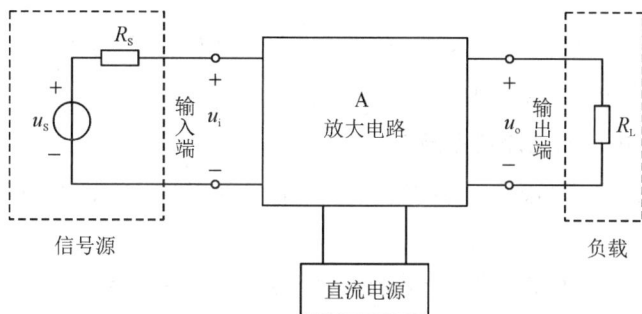

图 6-1 放大电路示意图

本节以共发射极放大电路为例，分析放大电路的组成原则和电路中各元件的作用。

在图 6-2 所示电路中，输入回路和输出回路的公共端是三极管的发射极，所以该电路称为单管共射极（以下简称单管共射）放大电路。它由直流电源、三极管、电阻、电容等元件组成。

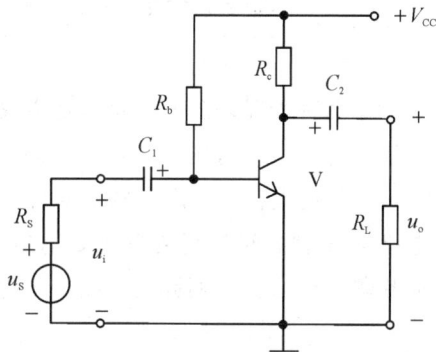

图 6-2 单管共射放大电路

1. 放大电路的组成原则

（1）保证三极管工作在放大区。

（2）电路中应保证输入信号能够从放大电路的输入端加到三极管上，经过放大电路后能从输出端输出。

（3）元件参数的选择要合适，尽量能使信号不失真地放大，并能满足放大电路的性能指标。

2. 放大电路中各元件的作用

（1）三极管是放大电路的核心器件，在电路中起放大作用。

（2）直流电源＋V_{CC}既为放大电路的输出提供能量，又保证三极管发射结处于正向偏置和集电结处于反向偏置，使三极管工作在放大区。其电压一般为几伏到几十伏。

（3）基极偏置电阻R_b和电源一起为基极提供大小合适的基极电流，使放大电路能够不失真地放大信号。其阻值一般为几十千欧到几百千欧。

（4）集电极负载R_c的作用是将集电极电流的变化转化为输出电压的变化，使放大电路实现电压的放大。其阻值一般为几千欧到几十千欧。

（5）耦合电容的作用是"隔离直流，传送交流"，即使交流信号顺利通过，而隔断直流信号（工作电源的电流不会流进负载）。

3. 放大电路的电压和电流符号规定

为防止概念上的混淆和理解上的错误，这里有必要对放大电路中电压和电流符号的使用规定预先进行说明。

（1）小写的字母和小写的下角标，表示纯交流量，且为瞬时值，如i_b、i_c、u_{be}、u_{ce}、u_o等。

（2）大写的字母和大写的下角标，表示纯直流量，如I_B、I_C、U_{BE}、U_{CE}。

（3）大写的字母和小写的下角标，表示纯交流量的有效值，如U_i、U_o等。

（4）小写的字母和大写的下角标，表示包含交流分量和直流分量的总瞬时值，如$i_B = I_B + i_b$。

6.2　单管共射放大电路

对放大电路可以分静态和动态两种情况来分析。静态是指放大电路没有输入信号时的工作状态；动态则是指放大电路有输入信号时的工作状态。静态分析又称为直流分析，是指当输入信号为零时，电路中只有直流电流，求出电路的直流工作状态，即基极直流电流I_B、集电极直流电流I_C、集电极与发射极间的直流电压U_{CE}等。动态分析又称交流分析，是指加入信号进行放大时，应考虑电路的交流通路，以此求出电压放大倍数、输入电阻和输出电阻。

在分析、计算具体放大电路前，应分清放大电路的交、直流通路。由于放大电路中存在电抗元件，所以直流通路和交流通路不相同。在直流通路中，电容视为开路，电感视为短路；在交流通路中，电容和电感作为电抗元件处理，一般电容按短路处理，电感按开路处理。直流电源因为其两端的电压固定不变，内阻视为零，故在画交流通路时也按短路处理。本章主要对单管共射放大电路进行分析。

6.2.1　单管共射放大电路的静态分析

在放大电路中，当输入交流信号$u_i = 0$时，电路中各电压、电流均为恒定的直流工作状态，不变化，此时放大电路的状态就称为静态或直流工作状态。此时，晶体管的 I_B、I_C、U_{BE}、U_{CE} 的值在三极管的静态曲线上表示为一个确定的点，这个点称为放大电路的静态工作点，简称 Q 点，相应的电流、电压值记为 I_{BQ}、I_{CQ}、U_{BEQ}、U_{CEQ}。这组数据可以通过放大电路直流通路估算得到，也可以用图解法通过作图近似得到。

单管共射放大电路的静态分析

1. 由放大电路的直流通路估算静态工作点

放大电路静态值就是放大电路没有加入信号的直流值，故需用放大电路的直流通路来分析计算。首先我们画出图 6-2 所示单管共射放大电路的直流通路，画直流通路时，电容 C_1 和 C_2 视为开路，其直流通路如图 6-3 所示。

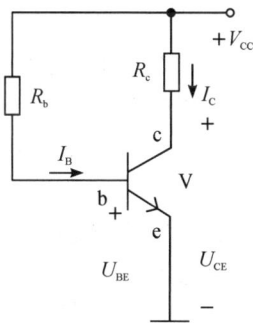

图 6-3 单管共射放大电路直流通路

然后由直流通路，用估算法可得出静态时的基极电流为

$$I_B = \frac{V_{CC} - U_{BE}}{R_b} \tag{6-1}$$

式中 U_{BE} 对于硅管约为 0.7 V，锗管约为 0.2 V。

其次在忽略 I_{CEO} 的情况下，根据三极管的电流分配，可得集电极静态电流为

$$I_C = \bar{\beta} I_B \tag{6-2}$$

最后由 KVL，可得出

$$U_{CE} = V_{CC} - I_C R_c \tag{6-3}$$

经过以上计算所得的 I_B、I_C 和 U_{CE} 是一组直流量，由此就可以确定放大电路的静态工作点 $Q(I_B、I_C、U_{CE})$。

从以上分析可知，当电源 V_{CC} 和集电极电阻 R_c 确定后，静态工作点的位置就取决于静态基极电流 I_B（称 I_B 为基极偏流）。提供基极偏流的电路称偏置电路。在图 6-3 所示的放大电路中，偏置电路只由电阻 R_b 组成。V_{CC} 和 R_b 一经确定，I_B 是固定不变的，因此称这种偏置电路为固定偏置电路。

2. 用图解法求静态工作点

图 6-4 所示为另一种基本共射放大电路的直流通路。由于三极管输入回路的电流和电压之间的关系可以用输入特性曲线来描述，输出回路的电流与电压之间的关系可以用输出特性曲线来描述，因此我们利用放大电路中三极管的输入、输出特性曲线，直接用作图的方法求解放大电路的工作情况。这种方法称为图解法。

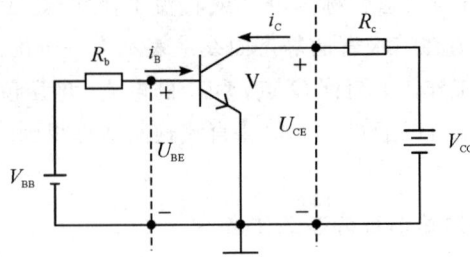

图 6-4 基本共射放大电路直流通路

图解法分析放大电路静态的任务就是用作图的方法确定放大电路的静态工作点 Q，即求出 I_{BQ}、I_{CQ} 和 U_{CEQ}。图解法求 Q 点的步骤如下：

(1) 做直流负载线。

在三极管输出特性曲线所在坐标中，按直流负载线方程 $U_{ce} = V_{CC} - i_c R_c$，做出直流负载线。三极管的输出特性可以按已选三极管的型号在使用手册上查得。

(2) 由基极回路通过式(6-1)或在输入特性曲线图上用图解法(如图 6-5(a)所示)求出 I_{BQ} 的值。

(3) 找出 $i_B = I_{BQ}$ 这一条输出特性曲线与直流负载线的交点，即为 Q 点，如图 6-5(b)所示。读出 Q 点的电流、电压即为所求参数。

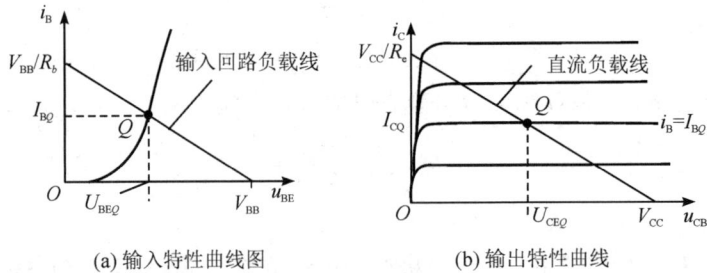

(a) 输入特性曲线图　　　　　　(b) 输出特性曲线

图 6-5 图解法示意图

【例 6-1】 放大电路如图 6-6(a)所示，已知 $V_{CC} = 12$ V、$R_b = 300$ kΩ、$R_c = 3$ kΩ，三极管的输出特性曲线如图 6-6(b)所示(由图可知三极管的 $\beta = 50$)。利用估算法和图解法求静态工作点(静态时 $U_{BEQ} = 0.7$ V)。

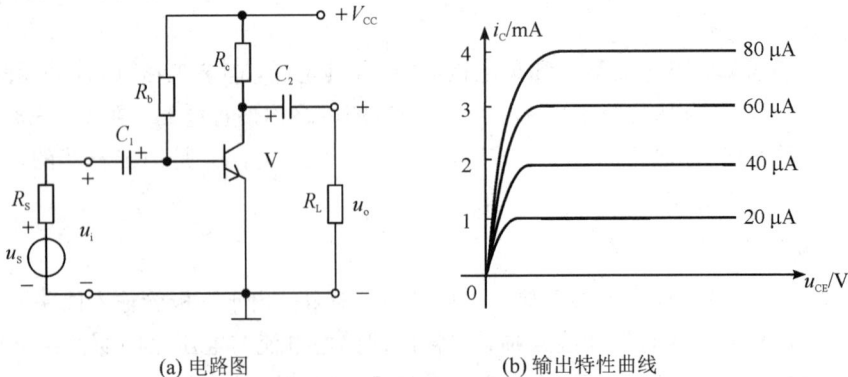

(a) 电路图　　　　　　　　(b) 输出特性曲线

图 6-6 例 6-1 放大电路图与输出特性曲线

解 （1）估算法求静态工作点。

空载时，先画出图 6 - 6(a)所示电路的直流通路如图 6 - 7(a)，由直流通路可知：

$$I_B = \frac{V_{CC}}{R_b} = \frac{12 - 0.7}{300}$$

$$\approx \frac{12}{300} = 0.04 \text{ mA} = 40 \text{ } \mu\text{A}$$

已知 $\beta = 50$，则

$$I_{CQ} = \beta I_B = 50 \times 40 = 2000 \text{ } \mu\text{A} = 2 \text{ mA}$$

$$U_{CEQ} = V_{CC} - I_C R_c = 12 - 2 \times 10^{-3} \times 3 \times 10^3 = 6 \text{ V}$$

（2）图解法求静态工作点。

首先在输出特性曲线的坐标平面内做出直流负载线。然后由直流通路列出输出回路的直流负载线方程为 $u_{CE} = V_{CC} - i_C R_c = 12 - 3000 i_C$，并令 $i_C = 0$，则 $u_{CE} = 12$ V，得到 M 点坐标为 $(12，0)$，又令 $u_{CE} = 0$，则 $i_C = 4$ mA，得到点坐标为 N$(0，4)$。最后连接 M、N 两点，便得到直流负载线，此线与 $i_B = I_B = 40 \text{ } \mu\text{A}$ 这一条输出特性曲线的交点即为 Q 点（如图6 - 7(b)所示的 Q 点），从输出特性曲线上便可查得 $I_{BQ} = 40 \text{ } \mu\text{A}$，$I_{CQ} = 2$ mA，$U_{CEQ} = 6$ V。

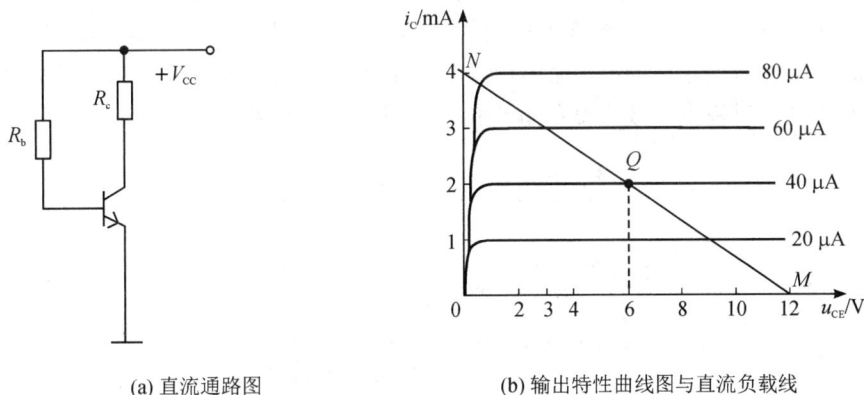

(a) 直流通路图　　　　　　　　　(b) 输出特性曲线图与直流负载线

图 6 - 7　例 6 - 1 的图解

6.2.2　单管共射放大电路的动态分析

这里仍以图 6 - 2 所示基本单管共射放大电路为例。当放大电路输入端加入信号 u_i 时，此时输入电流 i_B 不会静止不变，这样三极管的工作状态将随着输入信号 u_i 的变化而变化。这时对放大电路中信号传输过程、放大电路的性能指标等问题进行分析，就是放大电路的动态分析。图解法和微变等效电路法是放大电路动态分析的基本方法。

单管共射放大电路的动态分析

1. 输出信号波形分析

放大电路静态工作点确定之后，根据叠加定理可得放大器输入端的信号为

$$u_{BE} = U_{BEQ} + u_i \tag{6-4}$$

即在静态工作点电压上叠加了输入的交流信号。在放大器不带负载 R_L 的前提下，放大器放大信号的过程如下。

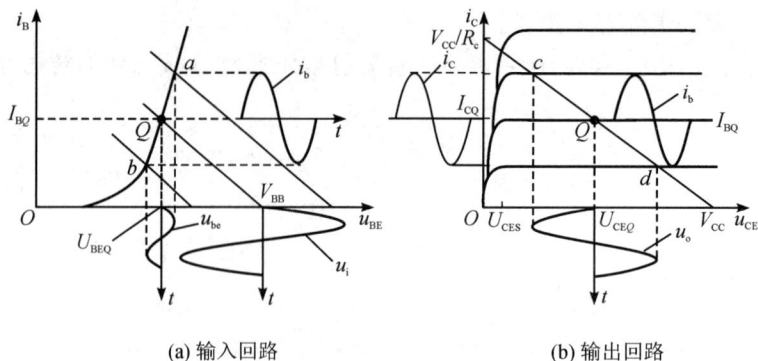

(a) 输入回路   (b) 输出回路

图 6-8　用图解法对放大电路进行动态分析示意图

如图 6-8 所示，当输入信号是 $u_i>0$ 的正半周信号时，放大器输入端的工作点沿输入特性曲线从 Q 点往 a 点移动，放大器输出端的工作点沿直流负载线从 Q 点往 c 点移动，在输出端形成 $u_o<0$ 的负半周信号；当输入信号是 $u_i<0$ 的负半周信号时，放大器输入端的工作点沿输入特性曲线从 Q 点往 b 点移动，放大器输出端的工作点沿直流负载线从 Q 点往 d 点移动，在输出端形成 $u_o>0$ 的正半周信号，完成对正、负半周输入信号的放大。

图 6-9 所示为单管共射放大电路中各有关电压和电流的信号波形。从此图可以看出，经放大器放大后的输出信号在幅度上比输入信号增大了，即实现了放大的目的。但相位却相反了，即输入信号是正半周时，输出信号是负半周；输入信号是负半周时，输出信号是正半周。这说明共发射极电压放大器的输出信号和输入信号的相位差是 180°。

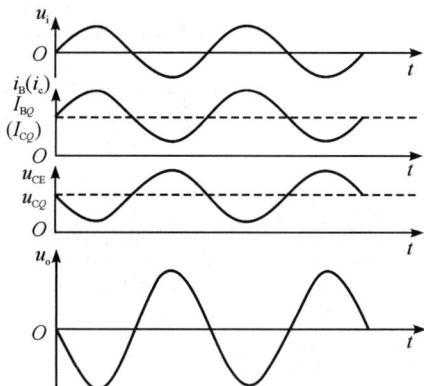

图 6-9　放大电路中各电压与电流波形

由图 6-9 可见，放大器电路中集电极电阻 R_c 的作用是：用集电极电流的变化，实现对直流电源 V_{CC} 能量转化的控制，达到用输入电压 u_i 的变化来控制输出电压 u_o 变化的目的，实现小信号输入、大信号输出的电压放大作用。并由此可得，放大器放大的是变化量，放大电路放大的本质是能量的控制和转换。三极管在放大电路中就是起这种控制作用的。

2. 图解法

当放大器接有负载 R_L 时，对交流信号而言，R_L 和 R_c 是并联的关系，并联后的总电阻为

$$R_L'=R_L \mathbin{/\mkern-5mu/} R_c \tag{6-5}$$

根据式(6-5)，在输出特性曲线上也可做一条斜率为 $-1/R_L'$ 的直线，该直线称为交

流负载线,如图 6-10 所示。在信号的作用下。三极管的工作状态的移动不再沿直流负载线移动,而是沿交流负载线移动。因此,分析交流信号前,应先画出交流负载线。

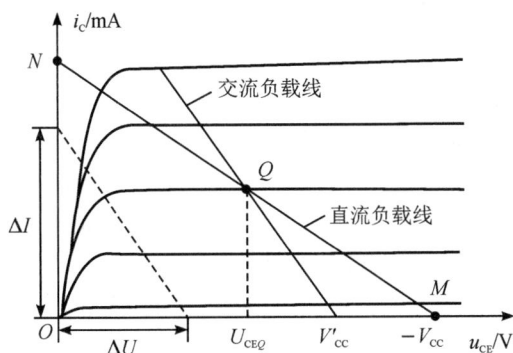

图 6-10 交流负载线的画法　　　动画:共射放大电路的图像法分析

(1) 交流负载线特点与画法。

这里仍以图 6-2 所示基本单管共射放大电路为例。通过分析可以知道交流负载线通常比直流负载线更陡,并且该直线一定通过静态工作点 Q,因为当外加输入电压 u_i 的瞬间值等于零时,电容 C_1 和 C_2 可视为开路,可认为放大电路相当于静态时的情况,则此时放大电路的工作点既在交流负载线上,又在静态工作点 Q 上,即交流负载线必经过 Q 点。因此,只要通过 Q 点做一条斜率为 $-1/R'_L$ 的直线,即可得到交流负载线。

具体做法如下:

首先做一条 $\Delta U/\Delta I = R'_L$ 的辅助线(此线有无数条,如图 6-10 虚线所示),然后过 Q 点做一条平行于辅助线的直线即为交流负载线。

(2) 图解法的步骤。

① 根据放大电路的直流通路画出输出回路的直流负载线。

② 根据式(6-1)估算静态基极电流 I_{BQ}。直流负载线与 $i_B = I_{BQ}$ 的一条输出特性的交点即是静态工作点 Q,由图可得出 I_{CQ} 和 U_{CEQ}。

③ 由放大电路的交流通路计算等效的交流负载电路 $R'_L = R_c // R_L$。在三极管的输出特性上,通过 Q 点画出斜率为 $-1/R'_L$ 的直线,即是交流负载线。

④ 求电压放大倍数,可在 Q 点附件取一个 Δi_B 的值,在输入特性上找到相应的 Δu_{BE},然后再根据 Δi_B,在输出特性的交流负载线上找到相应的 Δu_{CE},Δu_{CE} 与 Δu_{BE} 的比值即是放大电路的电压放大倍数。

(3) 图解法的应用

利用图解法除了可以分析放大电路的静态与动态工作情况以外,还可以分析电路的非线性失真、截止失真和饱和失真。

当放大电路工作点设置过低时,I_B 较小,在输入信号的负半周,三极管的工作状态进入截止区,因而引起 i_B、i_C、u_{CE} 的波形失真,称为截止失真。对于 NPN 型共射极放大电路,截止失真时,输出电压 u_{CE} 的波形出现顶部失真,如图 6-11(a)所示。对于 PNP 型共射极放大电路,截止失真时,输出电压 u_{CE} 的波形出现底部失真。

当工作点设置过高时,I_B 过大,在输入信号的正半周,三极管的工作状态进入饱和区。

因而引起 i_C、u_{CE} 的波形失真，称为饱和失真。对于 NPN 型共射极放大电路，饱和失真时，输出电压 u_{CE} 的波形出现底部失真，如图 6-11(b)所示。对于 PNP 型共射极放大电路，饱和失真时，输出电压 u_{CE} 的波形出现顶部失真。通过图解法可画出对应输入波形时的输出电流和输出电压的波形。

如果静态工作点选取适当，则当输入信号的幅度增加时，就会使输出波形同时出现截止失真和饱和失真，如图 6-11(c)所示。此时只要适当减小输入信号，即可使波形既不失真，电压幅度又最大。

通常将放大电路最大不失真输出电压(或电流)的峰—峰值称为放大电路的电压(或电流)动态范围。它反映了放大电路输出最大不失真信号的能力。

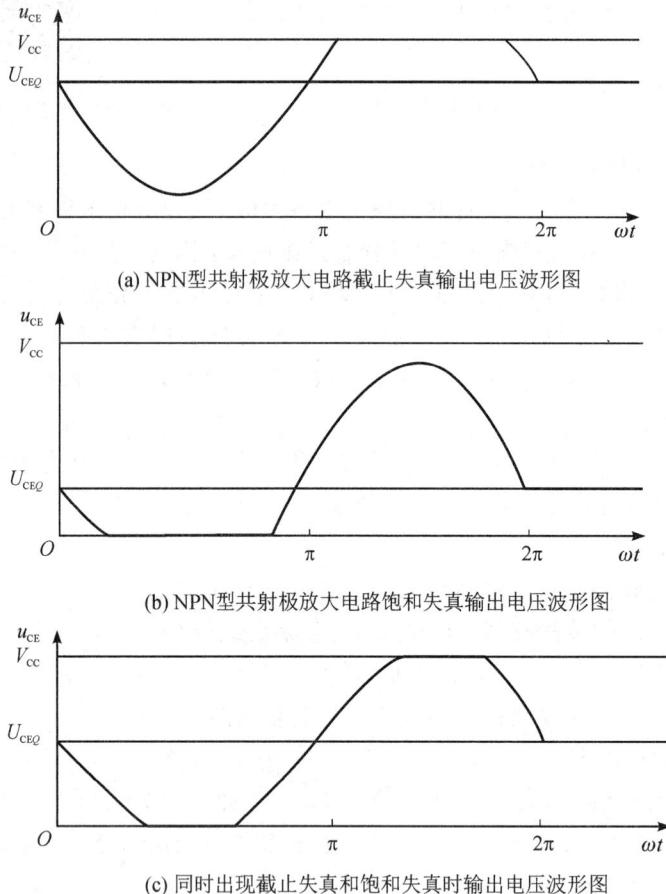

(a) NPN型共射极放大电路截止失真输出电压波形图

(b) NPN型共射极放大电路饱和失真输出电压波形图

(c) 同时出现截止失真和饱和失真时输出电压波形图

图 6-11　失真波形图与静态工作点的关系

3. 微变等效电路法

1) 三极管的微变等效电路

由于三极管的输入、输出特性曲线都是非线性的，因此由三极管组成的放大电路也是非线性电路。因此定量分析、计算放大电路的电压放大倍数，输入电阻和输出电阻等动态指标是很不方便的。但在三极管的静态工作点附近一个微小的范围内，用一小段直线近似代替此段曲线，把非线性元件三极管等效成一个线性元件。这样就把非线性电路的分析转换成线性电路的分析。这种分析方法称之为微变等效电路分析法。通过证明，对于小信号，三极管可等效成图 6 - 12 所示的微变等效电路。应注意的是，微变等效电路是交流信号的等效电路，只能进行交流分量的分析与计算，不能用来分析和计算直流分量。

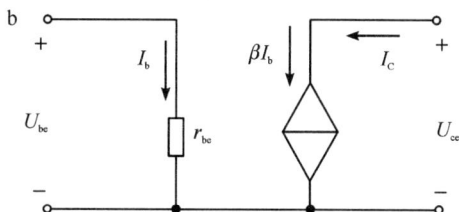

图 6 - 12 三极管的微变等效电路

在实践应用中，β 和 r_{be} 可从特性曲线求出，或参考产品手册给出的数值。r_{be} 常用近似公式来计算，即

$$r_{be} = r'_{bb} + (1 + \beta)\frac{U_T}{I_{EQ}} \tag{6-6}$$

其中：r'_{bb} 为基区半导体的体电阻，电阻值可以查阅产品手册得到，在本书中如无特殊指明则近似为 300 Ω；在常温下 U_T 可取 26 mV；I_{EQ} 为发射极的静态电流。故本书中无特殊说明，式(6-6)常写为下面的形式，即

$$r_{be} = 300 + (1 + \beta)\frac{26(\text{mV})}{I_{EQ}(\text{mA})}(\Omega) \tag{6-7}$$

2) 放大电路的动态性能指标

下面采用微变等效电路分析基本共射放大电路，并计算其各性能指标。图 6 - 13 所示为直接耦合的基本放大电路图和其微变等效电路。

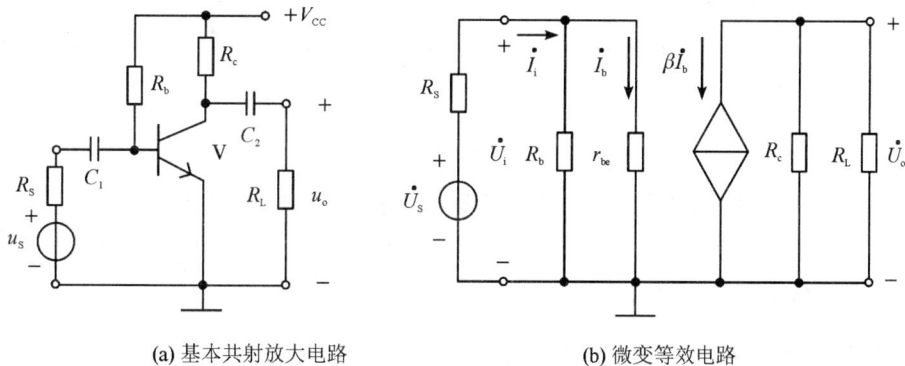

(a) 基本共射放大电路 (b) 微变等效电路

图 6 - 13 基本共射放大电路与微变等效电路

(1) 电压放大倍数。

放大电路的电压放大倍数 $\dot{A}_u$ 定义为放大电路的输出电压与输入电压之比，即

$$\dot{A}_u = \frac{\dot{U}_o}{\dot{U}_i} \tag{6-8}$$

对于图 6 - 13(a)所示的基本单管共射放大电路，由图 6 - 13(b)可知

$$\dot{U}_i = \dot{U}_{be} = \dot{I}_b r_{be} \qquad (6-9)$$

$$\dot{U}_o = -\dot{I}_C (R_c \mathbin{/\!/} R_L) = -\dot{I}_C R_L' \qquad (6-10)$$

式中 $R_L' = R_c \mathbin{/\!/} R_L$，由式($6-9$)和式($6-10$)可得电压放大倍数

$$\dot{A}_u = \frac{\dot{U}_o}{\dot{U}_i} = -\beta \frac{R_L'}{r_{be}} \qquad (6-11)$$

（2）输入电阻。

把信号源加到放大电路输入端时，放大电路就成为信号源的负载，这个负载用等效电阻 R_i 来表示，称为放大电路的输入电阻，它是从放大电路输入端看进出的交流等效电阻。R_i 定义为放大器输入端口处的电压和电流之比，即

$$R_i = \frac{u_i}{i_i} \qquad (6-12)$$

对于图 $6-13$ 所示基本单管共射放大电路，由图 $6-13$(b)可知

$$R_i = r_{be} \mathbin{/\!/} R_b \approx r_{be} \qquad (6-13)$$

若信号源有内阻 R_s 时，则放大电路输入电压是信号源电压在输入电阻上得分压，即

$$\dot{U}_i = \dot{U}_s \frac{R_i}{R_s + R_i} \qquad (6-14)$$

（3）输出电阻

放大电路向负载提供信号电流和电压，对负载而言它是电源，这个电源的内阻 R_o 称为放大电路的输出电阻。由于 R_o 的存在，所以放大电路带上负载 R_L 后，输出电压会降低。

R_o 反映了放大器带负载的能力。如果放大电路的输出电阻 R_o 较大，则当负载 R_L 变化时，输出电压 U_o 的变化较大，这时我们称放大器带负载能力差，反之则称带负载能力强。

放大电路的输出电阻是从放大电路输出端看进去的等效电阻，其计算方法可以用戴维南等效电路中的求等效电阻的方法。即将信号源短路，负载 R_L 断开，在输出端外加测试电压 u，则产生相应的测试电流 i，其输出电阻为

$$R_o = \frac{u}{i} \qquad (6-15)$$

对于图 $6-13$(a)所示基本单管共射放大电路，由图 $6-13$(b)可知

$$R_o = R_c \qquad (6-16)$$

3）微变等效电路分析步骤

（1）首先确定放大电路的静态工作点 Q。

（2）求出静态工作点处的微变等效电路的参数 β 和 r_{be}。

（3）画出放大电路的微变等效电路，可先画出三极管的等效电路，然后画出放大电路其余部分的交流通路。

（4）列出电路方程求解各主要性能指标。

【例 6-2】　在图 $6-14$ 所示电路中，已知 $V_{CC}=6$ V，$R_b=150$ kΩ，$\beta=50$，$R_c=R_L=2$ kΩ，求：

（1）放大器的静态工作点 Q；

（2）计算电压放大倍数、输入电阻、输出电阻。

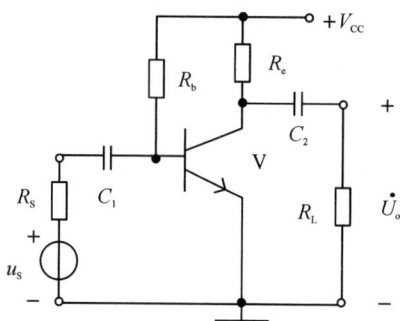

图 6 - 14 例 6 - 2 图

解 （1）根据式（6 - 1）、式（6 - 2）、式（6 - 3）可得放大器的静态工作点 Q 的各参数为

$$I_{BQ} = \frac{V_{CC} - U_{BE}}{R_b} = \frac{6 - 0.7}{150 \times 10^3} \approx 35.3 \ \mu A$$

$$I_{CQ} = \beta I_{BQ} = 50 \times 35.3 \times 10^{-6} A \approx 1.76 \times 10^{-3} A = 1.76 \ mA$$

$$U_{CEQ} = V_{CC} - I_{CQ}R_c = 6 - 1.76 \times 10^{-3} \times 2 \times 10^3 = 2.48 \ V$$

（2）画出微变等效电路图如图 6 - 15，计算 r_{be} 的值，根据式（6 - 7）、式（6 - 8）、式（6 - 13）和式（6 - 16）可得

$$r_{be} = 300 + (1 + \beta) \frac{26(mV)}{I_{EQ}(mA)} = 300 + 51 \times \frac{26}{1.8} \approx 1 \ k\Omega$$

$$\dot{A}_u = \frac{\dot{U}_o}{\dot{U}_i} = -\beta \frac{R'_L}{r_{be}} = -50 \times \frac{1 \times 10^3}{1 \times 10^3} = -50$$

$$R_i = r_{be} \ /\!/ \ R_b = 1 \ k\Omega \ /\!/ \ 150 \ k\Omega \approx 1 \ k\Omega$$

$$R_o = R_c = 2 \ k\Omega$$

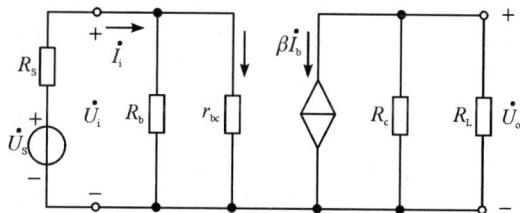

图 6 - 15 例 6 - 2 图电路微变等效电路

4. 单管共射放大电路特点

因为单管共射放大电路具有较大的电压放大倍数和电流放大倍数，以及输出电压与输入电压相位相反，同时输入电阻和输出电阻又比较适中，所以，一般只要对输入电阻、输出电阻和频率响应没有特殊要求的地方，均可以采用。因此，共射极放大电路被广泛用于作为低频电压放大电路的输入级、中间级和输出级。

6.2.3 放大电路静态工作点的稳定

在对放大电路进行动态分析之前必须计算其静态工作点，这是因为静态工作点影响放大电路的性能指标，它不仅与放大倍数、输入电阻等指标有关，而且如果设置不合理还会造成放大电路输出信号的失真。影响放大电路静态工作点的因素较多，主要因素是环境温度。

为了稳定放大电路静态工作点，通常采用三种措施：一种是将放大器置于恒温装置中，这种方法造价很高；一种是在直流偏置电路中引入负反馈来稳定静态工作点；还有一种是在偏置电路中采用温度补偿措施。

典型的静态工作点稳定电路如图 6-16 所示，它的偏置电路由电阻 R_{b1}、R_{b2} 和射极电阻 R_e 组成。在图 6-16(b)所示直流通路中 B 点的电流方程为 $I_2 = I_1 + I_{BQ}$。为了稳定静态工作点，通常情况下，参数的选取应满足 $I_1 \gg I_{BQ}$，因此 $I_2 \approx I_1$，故 B 点的电压为

$$U_{BQ} \approx \frac{R_{b1}}{R_{b1} + R_{b2}} V_{CC} \tag{6-17}$$

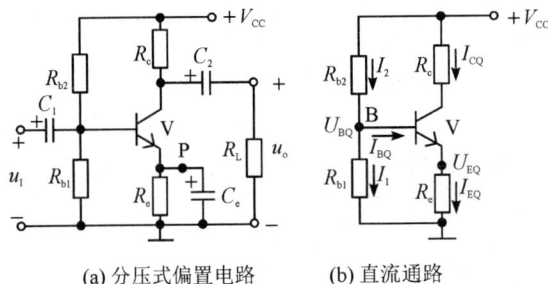

(a) 分压式偏置电路　　(b) 直流通路

图 6-16　典型静态工作点稳定电路

式(6-17)表明三极管基极电位几乎仅决定于 R_{b1} 与 R_{b2} 对 V_{CC} 的分压，而受环境温度很小，即当温度变化时，U_{BQ} 基本不变。

当温度降低时，集电极电流 I_C 减小，发射极电流 I_E 必然相应减小，因而射极电阻 R_e 上的电位 V_E 也随之减小。又因为 U_{BQ} 基本不变，而 $U_{BE} = V_B - V_E$，所以 U_{BE} 必然增大，导致基极电流 I_B 增大，从而 I_C 也随之将增大，结果 I_C 随温度降低而减小的部分几乎被因 I_B 增大而增大的部分相抵消，使 I_C 基本保持不变，U_{CE} 也将基本不变，从而达到了稳定 Q 点的目的。同样当温度升高时，各物理量向相反方向变化，读者可自行分析。因此分压式偏置电路具有自动调节静态工作点能力。

6.3 // 射极输出器

根据所选输入信号与输出信号公共端电极的不同，放大电路有三种基本的接法，除了前面讲过的共发射极放大电路以外，还有共基极放大电路和共集电极放大电路。下面主要讲解共集电极放大电路，共基极放大电路的分析方法与它们相同，这里不再赘述。

射极输出器
电路分析

图 6-17(a)所示为共集电极放大电路完整图，由于输出信号是从发射极输出的，故这种电路又称为射极输出器。图 6-17(b)为该电路直流通路，图 6-17(c)为该电路交流通路。

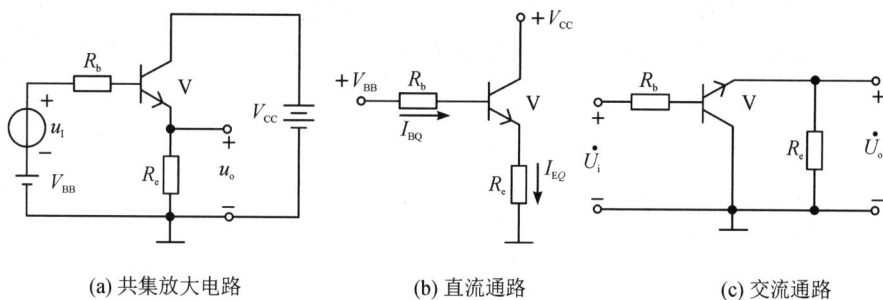

(a) 共集放大电路   (b) 直流通路   (c) 交流通路

图 6 - 17　基本共集放大电路

1. 静态工作点估算

根据图 6 - 17(b)所示直流通路，可以确定此电路的静态工作点，即有

$$I_{BQ} = \frac{V_{BB} - U_{BEQ}}{R_b + (1+\beta)R_e} \tag{6-18}$$

$$I_{EQ} = (1+\beta)I_{BQ} \tag{6-19}$$

$$U_{CEQ} = V_{CC} - I_{EQ}R_e \tag{6-20}$$

2. 射极输出器动态分析

图 6 - 18 所示为共集电极放大电路交流通路(如图 6 - 17(c)所示)的微变等效电路图。根据微变等效电路可计算出各动态性能指标。

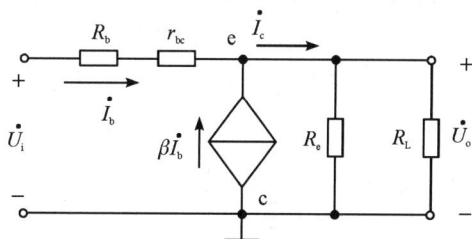

图 6 - 18　基本共集放大电路微变等效电路

(1) 电压放大倍数。

由 6 - 18 图电路可知

$$\dot{U}_i = \dot{I}_b(R_b + r_{be}) + \dot{I}_e R_L' \tag{6-21}$$

其中 $R_L' = R_e/\!/R_L$，R_L 为负载。

$$\dot{U}_o = (1+\beta)\dot{I}_b R_L' \tag{6-22}$$

$$\dot{A}_u = \frac{\dot{U}_o}{\dot{U}_i} = \frac{(1+\beta)R_L'}{R_b + r_{be} + (1+\beta)R_L'} \tag{6-23}$$

(2) 输入电阻。

由图 6 - 18 电路可知

$$R_i = R_b + r_{be} + (1+\beta)R_L' \tag{6-24}$$

(3) 输出电阻。

根据图 6-18 电路，可以采用电路原理分析等效电阻的方法，在输出端外加一个电压 U_o，将输入信号短路，负载断开，求出 I_o，然后两者之比即为输出电阻，读者可自行采用这方法计算，即

$$R_o = R_e \; /\!/ \; \frac{R_b + r_{be}}{1 + \beta} \qquad (6-25)$$

【例 6-3】 放大电路如图 6-19 所示，已知 $R_b = 200 \text{ kΩ}$，$R_S = 2 \text{ kΩ}$，$R_e = 3 \text{ kΩ}$，$V_{CC} = 15 \text{ V}$，晶体管的 $\beta = 80$，$r_{be} = 1 \text{ kΩ}$。

（1）求出 Q 点。

（2）分别求出 $R_L = \infty$ 和 $R_L = 3 \text{ kΩ}$ 时电路的 $\dot{A}_u$ 和 R_i。

（3）求出 R_o。

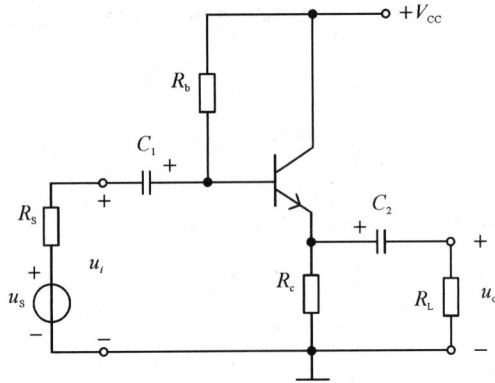

图 6-19　例 6-3 图

解　（1）求解 Q 点：

$$I_{BQ} = \frac{V_{CC} - U_{BEQ}}{R_b + (1+\beta)R_e} = \frac{15 - 0.7}{20 \times 10^3 + (1+80) \times 3 \times 10^3} \approx 32.3 \; \mu A$$

$$I_{EQ} = (1+\beta)I_{BQ} = (1+80) \times 32.3 \approx 2.61 \text{ mA}$$

$$U_{CEQ} = V_{CC} - I_{EQ}R_e = 15 - 2.61 \times 10^{-3} \times 3 \times 10^{-3} = 7.17 \text{ V}$$

（2）求解输入电阻和电压放大倍数：

$R_L = \infty$ 时，

$$R_i = R_b \; /\!/ \; [r_{be} + (1+\beta)R_e] = 200 \times 10^3 \; /\!/ \; [1 \times 10^3 + (1+80) \times 3 \times 10^3]$$

$$\approx 110 \times 10^3 \; \Omega$$

$$\dot{A}_u = \frac{(1+\beta)R_e}{r_{be} + (1+\beta)R_e} = \frac{(1+80) \times 3 \times 10^3}{1 \times 10^3 + (1+80) \times 3 \times 10^3} \approx 0.996$$

$R_L = 3 \text{ kΩ}$ 时，

$$R_i = R_b /\!/ [r_{be} + (1+\beta)(R_e /\!/ R_L)] = 200 \times 10^3 /\!/ [1 \times 10^3 + (1+80) \times 1.5 \times 10^3]$$

$$\approx 76 \times 10^3 \; \Omega$$

$$\dot{A}_u = \frac{(1+\beta)(R_e /\!/ R_L)}{r_{be} + (1+\beta)(R_e /\!/ R_L)} = \frac{(1+80) \times 1.5 \times 10^3}{1 \times 10^3 + (1+80) \times 1.5 \times 10^3} \approx 0.992$$

（3）求解输出电阻：

$$R_{\circ} = R_{e} / / \frac{R_{s} / / R_{b} + r_{be}}{1 + \beta} = 3 \times 10^{3} / / \frac{2 \times 10^{3} / / (200 \times 10^{3} + 1 \times 10^{3})}{1 + 80} \approx 37 \ \Omega$$

（4）射极输出器的特点与应用

射极输出器的主要特点是：输入电阻大；输出电阻小；电压放大倍数小于1而接近1；输出电压与输入电压相位相同；虽然没有电压放大作用，但仍有电流和功率放大作用。由于射极输出器具有这些特点，射极输出器常被用作多级放大电路的输入级、输出级或作为隔离用的中间级。

6.4 多级放大电路

在实际应用中，常对放大电路的性能提出多方面的要求。例如，要求一个放大电路输入电阻大于1 MΩ，电压放大倍数大于1000，输出电阻小于100 Ω 等，仅靠前面讲过的任何一种基本放大电路都不可能同时满足上述要求。这时可选择多个单级放大电路，并将它们合理地连接构成多级放大电路，这样才可满足实际要求。

6.4.1 多级放大电路的组成

多级放大电路组成框图如图6-20所示。多级放大通常包括输入级、中间级和输出级。

多级放大电路分析

图6-20 多级放大电路方框图

多级放大电路对输入级的要求，往往与信号源的性质有关，例如，当输入信号源为高阻电压源时，则要求输入级也必须有高的输入电阻，以减少信号在内阻上的损失。如果输入信号为电流源，为了充分利用电流信号，则要求输入级有较低的输入电阻。

中间级的主要任务是电压放大。多级放大电路的放大倍数，主要取决于中间级。中间级本身就可能由多级放大电路组成。

输出级主要是用于推动负载。当负载仅需较大的电压时，则只要求输出具有大的电压动态范围。更多场合下，输出级用于推动扬声器、电机等执行部件，需要输出足够大的功率，因此也常称为功率放大电路。

6.4.2 多级放大电路的耦合方式

在多级放大电路中，各个基本放大电路之间的连接称为级间耦合。常见的耦合方式有阻容耦合、直接耦合和变压器耦合。

1. 阻容耦合

通过电阻、电容将前级放大电路输出接至下一级放大电路的输入端，这种连接方式称为阻容耦合,如图 6 - 21 所示。

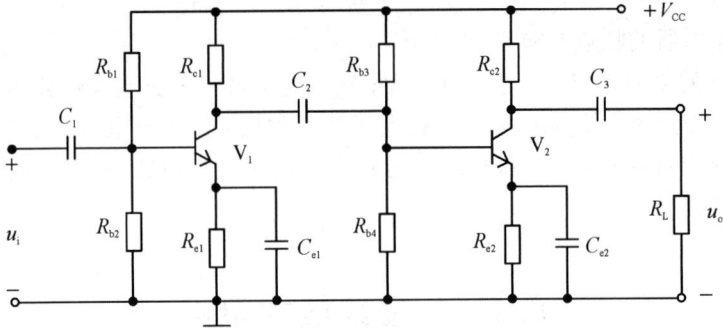

图 6 - 21　阻容耦合多级放大电路

阻容耦合的优点:由于多级放大电路前后级是通过电容相连的,所以各级放大电路的静态工作点是相互独立的,不互相影响,这给多级放大电路的分析、设计和调试带来了很大的方便。而且只要电容选得足够大,就可以使得前级输出的信号在一定的频率范围内,几乎不衰减地传到下一级。所以阻容耦合方式在分立元件组成的多级放大电路中得到广泛的应用。

阻容耦合的缺点:不适用传送缓慢变化的信号,更不能传送直流信号。另外,大容量的电容在集成电路中难以制造,所以,阻容耦合在线性集成电路中无法采用。

2. 直接耦合

将前级放大电路的输出端直接通过电阻或导线连接至下一级放大电路的输入端,这种连接方式称为直接耦合,如图 6 - 22 所示。

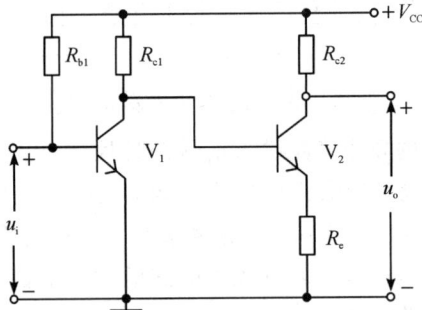

图 6 - 22　直接耦合放大电路

直接耦合的优点:具有良好的低频特性,既能放大交流信号,也能放大变化缓慢信号和直流信号,并且便于集成化。

直接耦合的缺点:前后各级放大电路静态工作点相互影响,不能独立,对于多级放大电路来说不便分析、设计和调试。另外容易产生零点漂移。所谓零点漂移,是指在无输入信号情况下,由于温度、电源电压等因素变化,使输出电压离开零点,缓慢地发生不规则的变化。

3. 变压器耦合

通过变压器,把前级放大电路的交流信号传送到下一级放大电路,这种连接方式称为变压器耦合。采用变压器耦合,放大电路的直流电压和电流不能通过变压器传送。变压器耦合主要用于功率放大电路。

变压器耦合的优点是：各级放大电路的静态工作点各自独立；具有阻抗变换作用，与负载阻抗可实现合理配合。

变压器耦合的缺点是：体积大，重量大，频率特性差，且不能传递直流信号。

6.4.3 多级放大电路的性能指标计算

在图 6-21 所示的阻容耦合多级放大电路中，由于电容的"隔直"作用，各级放大电路的直流工作状态是互相独立的，因此这种多级放大电路静态分析方法与单级放大电路静态分析方法完全相同。下面主要进行动态分析。阻容耦合两级放大电路的微变等效电路如图 6-23 所示。

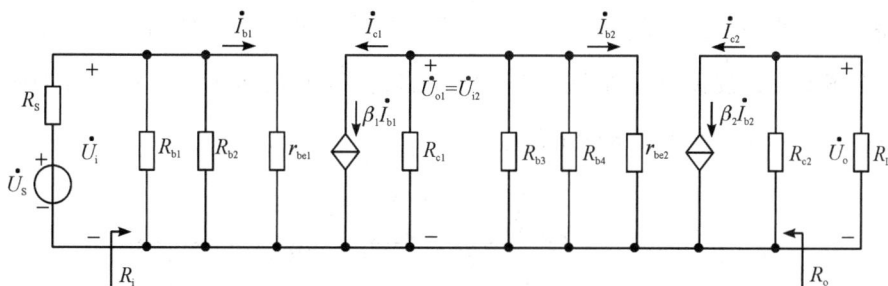

图 6-23 阻容耦合两级放大电路的微变等效电路

1. 电压放大倍数

由图 6-23 可知，放大电路第一级的输出电压就是第二级的输入电压，所以

$$\dot{A}_u = \frac{\dot{U}_o}{\dot{U}_i} = \frac{\dot{U}_{o1}}{\dot{U}_i}\frac{\dot{U}_o}{\dot{U}_{o1}} = \frac{\dot{U}_{o1}}{\dot{U}_i}\frac{\dot{U}_o}{\dot{U}_{i2}} = \dot{A}_{u1}\dot{A}_{u2} \tag{6-26}$$

推广到 n 级放大电路，则有

$$\dot{A}_u = \dot{A}_{u1}\dot{A}_{u2}\cdots\dot{A}_{un} \tag{6-27}$$

式(6-27)说明，多级放大电路总的电压放大倍数为各级放大电路电压放大倍数的乘积。

多级放大电路的放大倍数非常大，计算和表示起来都不方便，因此常取另外一种表示方法，即对数表示方法。在声学理论中，放大电路的输出功率与输入功率之比的功率放大倍数用对数表示，其单位为贝尔(B)。为了减小单位，常用贝尔的 1/10 为单位，称为分贝(dB)。当放大倍数用分贝单位表示时，称为增益。电压增益定义为

$$G_u = 20\lg\frac{\dot{U}_o}{\dot{U}_i}\text{dB} \tag{6-28}$$

这样用增益表示多级放大电路的总电压放大倍数时，便可把各级电压放大倍数的乘积转化为各级放大电路的电压增益之和。

2. 输入电阻

从图 6-23 中可知，多级放大电路的输入电阻等于第一级的输入电阻，即

$$R_i = R_{i1} = R_{b1} /\!/ R_{b2} /\!/ r_{be1} \tag{6-29}$$

3. 输出电阻

从图 6-23 中可知，多级放大电路的输出电阻等于最后一级的输出电阻，即

$$R_o = R_{o2} = R_{c2} \tag{6-30}$$

6.5 ‖ 负反馈放大电路

将放大电路输出信号的部分或全部通过一定的电路送回到输入回路，这一过程称为反馈。反馈在电子技术中得到了广泛的应用。反馈放大电路的组成框图如图 6-24 所示。反馈放大电路工作过程为：输入信号 $\dot{X}_i$ 经过一个放大电路 A 产生一个输出 $\dot{X}_o$，反馈网络 F 将输出的部分或者全部反馈回去与输入信号 $\dot{X}_i$ 进行运算，得出净输入信号 $\dot{X}_{id}$，进而对净输入信号 $\dot{X}_{id}$ 进一步放大产生新的输出信号 $\dot{X}_o$。

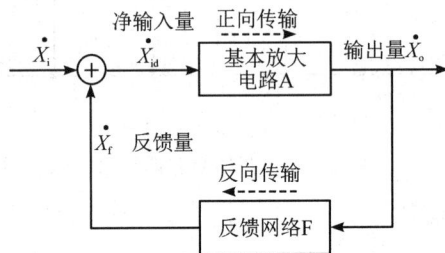

反馈的基本概念　　　　　图 6-24　反馈放大器组成框图

6.5.1　反馈的分类

1. 正反馈与负反馈

根据反馈极性的不同，可将反馈分为正反馈和负反馈。反馈作用结果将产生两种类型的净输入信号。反馈信号使放大器净输入信号增加的，称为正反馈；反馈信号使放大器净输入信号减小的，称为负反馈。处在负反馈工作状态下的放大器称为负反馈放大器。

反馈的类型

引入负反馈后，削弱了外加输入信号的作用，使放大电路的放大倍数降低了，但可以稳定放大电路中的某个电量，能使放大电路其他性能得到改善。

通常可采用瞬时极性法来判断正负反馈的类型。瞬时极性法为：在放大电路的输入端，首先假设一个输入信号对地的极性（用＋和－号表示瞬时极性的正、负或代表该点瞬时信号变化的升高或降低），然后按照先放大、后反馈的正向传输顺序，逐级推断出电路中有关各点的瞬时极性，最后判断反馈到输入回路的信号的瞬时极性是增强还是减弱原输入信号（或净输入信号），增强者为正反馈，减弱者则为负反馈。当输入信号和反馈信号在同一节点引入时，若两者极性相同，则为正反馈；若两者极性相反，则为负反馈。当输入信号和反馈信号在不同节点引入时，若两者极性相同，则为负反馈；若两者极性相反，则为正反馈。

【例 6 - 4】 试判断图 6 - 25 所示两个电路中的反馈是正反馈还是负反馈。

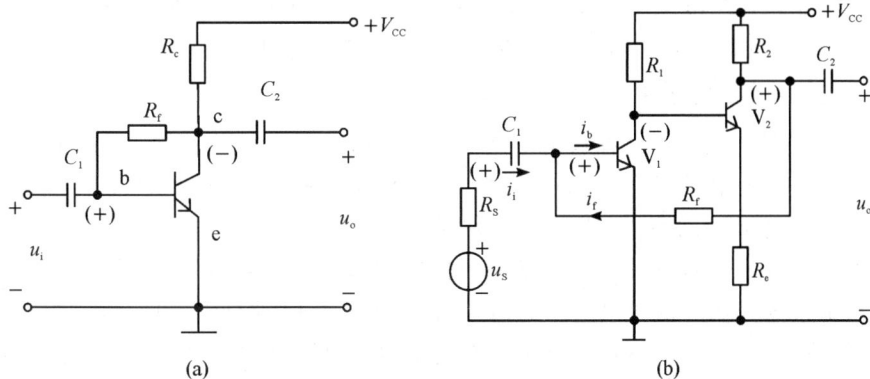

图 6 - 25 例 6 - 4 题图

解 在图 6 - 25(a)所示电路中，R_f 是反馈电阻。设 u_i 瞬时对地极性为"＋"，那么三极管的基极对地为"＋"。由于共发射极电路输出电压与输入电压反相，所以三极管集电极对地电位为"－"，这样，R_f 反馈回去的信号 u_f 为"－"。由于 $u_{be1}=u_i+u_f$，使 u_{be1} 减小，故此电路引入了负反馈。

在图 6 - 25(b)所示电路中，设 u_i 对地瞬时极性为"＋"，那么 V_1 管的基极对地为"＋"，V_1、V_2 均组成共发射极电路，经过两次反相后，V_2 管集电极对地电位为"＋"，故流过 R_f 的电流 i_f 方向如图 6 - 25(b)中所标注，反馈作用的结果，使净输入电流 $i_b=i_f+i_i$ 增加，故此电路引入了正反馈。

2. 电压反馈和电流反馈

根据反馈信号在放大电路输出端采样方式的不同，反馈可为电压反馈和电流反馈。凡反馈信号取自输出电压信号的称为电压反馈；凡反馈信号取自输出电流信号的称为电流反馈。

放大电路引入电压负反馈，将使输出电压保持稳定，其结果是降低了电路的输出电阻；而电流负反馈将使输出电流保持稳定，其结果是提高了电路的输出电阻。

为了判断放大电路中是引入了电压反馈还是电流反馈，常采用输出短路法。即一般可假设将输出端交流短路(输出电压等于零)，看电路中此时是否还有反馈信号，如果存在反馈信号，则为电流反馈，如果反馈信号不存在，则为电压反馈。

【例 6 - 5】 试判断图 6 - 26 所示电路中的反馈是电压反馈还是电流反馈。

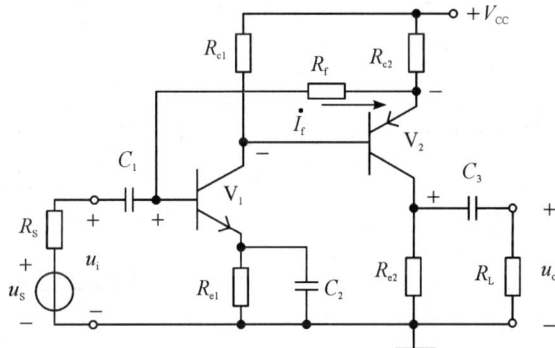

图 6 - 26 例 6 - 5 图

解　在图 6-26 所示电路中，R_f 为反馈电阻，u_o 为输出电压，根据电压反馈、电流反馈判断方法，假设输出端交流短路，即将负载 R_L 短路，则 $u_o=0$，但仍然有信号通过反馈电阻反馈回 V_1 的基极，即反馈信号仍然存在，故该电路为电流反馈。

3. 串联反馈和并联反馈

根据输入信号和反馈信号在放大电路输入回路中连接方式的不同，可以分为串联反馈和并联反馈。若输入信号与反馈信号在输入端回路中串联连接，称为串联反馈；若输入信号与反馈信号在输入端回路中并联连接，称为并联反馈。

判断反馈是串联反馈还是并联反馈一般根据它们的定义来判断。如果在放大电路输入回路中，反馈信号与输入信号以电压的形式相加（即反馈信号与输入信号串联），即为串联反馈；如果反馈信号与输入信号以电流的形式相加（即反馈信号与输入信号并联），即为并联反馈。

在分立元件的共射放大电路中，一般来说，如果输入信号加在三极管的基极，而来自输出端的反馈信号引到三极管的发射极，则通常为串联反馈；如果来自输出端的反馈信号直接引到三极管的基极，则通常为并联反馈。因此我们可以很容易地判断出图 6-26 所示电路中的反馈是并联反馈。

除了上面介绍的一些反馈分类以外，还有直流反馈、交流反馈或交直流反馈之分。凡反馈信号是直流的称为直流反馈；凡反馈信号是交流的称为交流反馈；凡反馈信号是交、直流均有的称为交直流反馈。

6.5.2　负反馈放大电路的基本组态

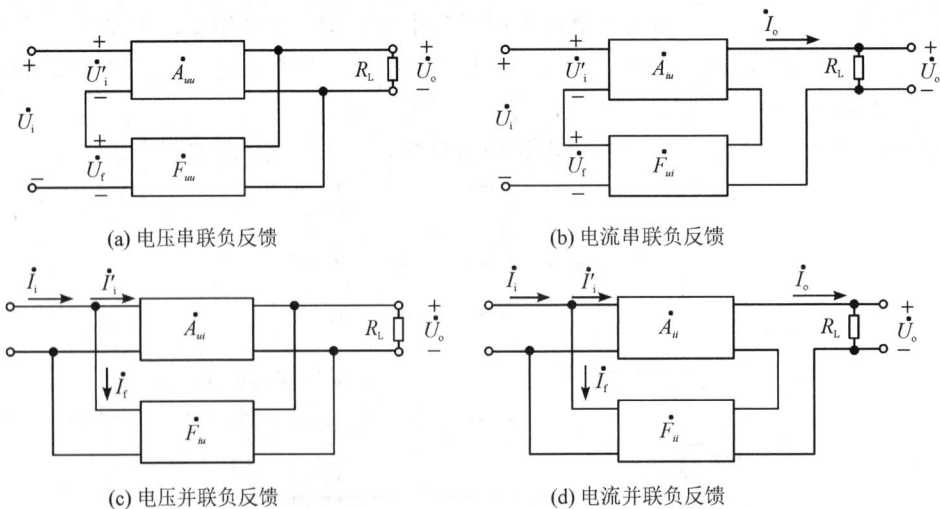

实际上，一个电路中反馈形式不是单一的，而是多种多样的。对于负反馈而言，按其连接方式来说，我们可以归结为如图 6-27 所示的 4 种基本组态：电压串联负反馈、电流串联负反馈、电压并联负反馈和电流并联负反馈。

负反馈放大电路
的基本组态

(a) 电压串联负反馈　　　　　　　　　(b) 电流串联负反馈

(c) 电压并联负反馈　　　　　　　　　(d) 电流并联负反馈

图 6-27　4 种负反馈组态方框图

　　我们在分析反馈放大电路时，一般可以按以下顺序进行：首先，找出连接放大电路的输出回路与输入回路的反馈网络，并用瞬时极性法判断反馈的极性（正反馈还是负反馈）；其次，从放大电路的输出回路分析反馈信号是取样输出电压还是取样输出电流，确定是电压反馈还是电流反馈；最后从放大电路的输入回路分析反馈信号与输入信号的连接方式，从而确定是并联反馈还是串联反馈。

　　对于 4 种负反馈组态，它们具有不同的特点。电压串联负反馈稳定输出电压、闭环电压放大倍数（表示引入反馈后放大电路的输出电压与外加输入电压之间总的放大倍数）和提高输入电阻；电压并联负反馈稳定输出电压、闭环互阻放大倍数（表示引入反馈后放大电路的输出电压与外加输入电流之间总的放大倍数）和降低输入电阻；电流串联负反馈稳定输出电流、闭环互导放大倍数（表示引入反馈后放大电路的输出电流与外加输入电压之间总的放大倍数）和提高输入电阻；电流并联负反馈稳定输出电流、闭环电流放大倍数（表示引入反馈后放大电路的输出电流与外加输入电流之间总的放大倍数）和降低输入电阻。

　　【例 6 - 6】　试判断图 6 - 28 所示各电路中的反馈属于何种组态。

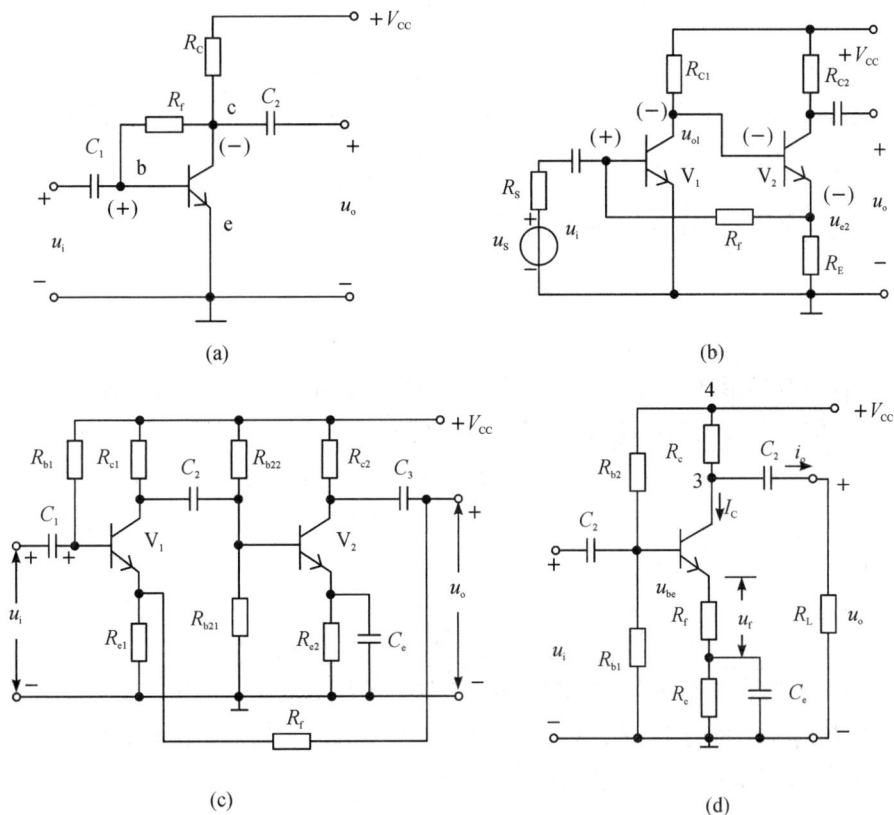

(a)　　　　　　(b)

(c)　　　　　　(d)

图 6 - 28　例 6 - 6 题图

　　解　图 6 - 28(a)所示电路通过 R_f 引回反馈，根据瞬时极性法很容易判断出此反馈为负反馈，然后假设短接负载，则不存在负反馈，故可判断为电压反馈。由于反馈点和输入点在同一点，故可判断为并联反馈，所以图 6 - 28(a)所示电路的反馈组态为并联电压负反馈。

　　同样方法可以判断图 6 - 28(b)所示电路是由 R_f 引起的并联电流负反馈；图 6 - 28(c)

所示电路是 R_f 引起的是串联电压负反馈;图 6-28(d)所示电路是串联电流负反馈。

6.5.3 负反馈对放大电路性能的影响

在放大电路中引入负反馈的目的就是希望改善放大电路的各项性能。但是要注意,不同类型的负反馈对放大电路性能的改善则不同。

负反馈放大电路
性能的影响

1. 提高放大倍数的稳定性

这里以图 6-24 所示反馈放大器组成框图为例。

在无反馈时,基本放大器的放大倍数(又称开环放大倍数)A 为

$$A = \frac{\dot{X}_o}{\dot{X}_i} \tag{6-31}$$

反馈信号量和输出信号量的比称为反馈系数 F,即

$$F = \frac{\dot{X}_f}{\dot{X}_o} \tag{6-32}$$

当反馈信号 $\dot{X}_f$ 加到放大器的输入端时,基本放大器的净输入信号量为

$$\dot{X}_{id} = \dot{X}_i - \dot{X}_f \tag{6-33}$$

则反馈时放大电路的放大倍数(闭环放大倍数)A_f 为

$$A_f = \frac{\dot{X}_o}{\dot{X}_i} = \frac{\dot{X}_o}{\dot{X}_f + \dot{X}_f} = \frac{\dot{X}_o}{\dot{X}_{id} + AF\dot{X}_i} = \frac{A}{1+AF} \tag{6-34}$$

对于不同的反馈形式,A 的意义则不同。式(6-34)中 AF 称为回路增益,表示在反馈放大电路中,信号沿放大网络和反馈网络组成的环路传递一周以后所得到的放大倍数;$1+AF$ 称为反馈深度,表示引入反馈后放大电路的放大倍数与无反馈时相比变化的倍数。根据式(6-34)可知 $A_f < A$,说明放大器引入负反馈后放大倍数下降了。我们对式(6-34)求导,整理得

$$\frac{\mathrm{d}A_f}{A_f} = \frac{1}{1+AF} \times \frac{\mathrm{d}A}{A} \tag{6-35}$$

式(6-35)表明,负反馈放大电路闭环放大倍数的相对变化量等于无反馈时放大电路放大倍数 A 的相对变化量的 $1/(1+AF)$。换句话说,引入负反馈后,放大倍数下降为原来的 $1/(1+AF)$,但放大倍数的稳定性提高了 $1+AF$ 倍。

2. 减小非线性失真和抑制干扰

放大电路的三极管是一个非线性器件,在放大信号时不可避免地会产生非线性失真。另外放大电路的静态工作点若选择不当,输入信号过大,则同样会引起信号波形的失真。在引入负反馈后,这种失真将会得到一定程度的改善。负反馈改善非线性失真示意图如图 6-29 所示,输入正弦波信号,经过放大电路后下半部分波形出现失真,因为引入了负反馈,所以净输入信号为输入信号与反馈信号相减,使输出信号的波形非线性失真减小。负

反馈得越深,则非线性失真改善得越好。另外放大电路中不可避免地存在噪声的干扰,若将噪声视为放大电路内部产生的谐波电压,那么根据加入负反馈后放大倍数下降为原来的 $1/(1+AF)$ 这一特性,噪声将会得到有效的抑制。

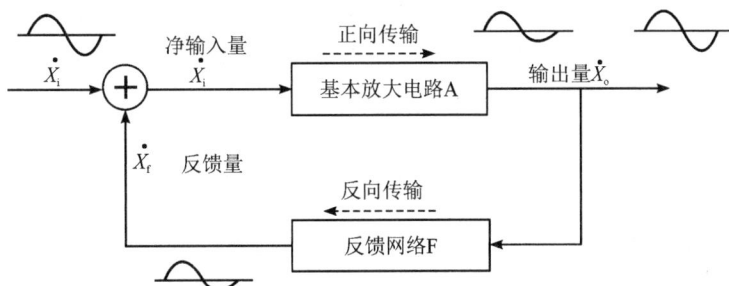

图 6-29 负反馈改善非线性失真示意图

3. 扩展放大电路的通频带

在放大电路中,由于放大倍数与频率有关,因此在高频频率段,我们通常规定,当放大倍数下降到中频率放大倍数的 0.707 倍时所对应的频率称为上限频率,同样在低频频率段,放大倍数下降到中频放大倍数的 0.707 倍时所对应的频率称为下限频率。上限频率与下限频率之差为通频带。由于负反馈可以提高放大电路的放大倍数的稳定性,所以在整个频段内,放大电路的中频放大倍数减小了,从而使上限频率提高,下限频率减小,进而使通频带展宽。

4. 改变输入电阻和输出电阻

负反馈放大电路对输入电阻的影响,主要取决于串联、并联反馈的类型,而与输出端取样的方式无关。通过计算可知,引入串联负反馈后,输入电阻可以提高 $1+AF$ 倍;引入并联负反馈后,输入电阻减小为开环输入电阻的 $1/(1+AF)$。

负反馈放大电路对输出电阻的影响,主要取决于输出端取样的方式,而与输入端连接方式无关。通过计算可知,引入电压负反馈后可使输出电阻减小到 $R_{o}/(1+AF)$;引入电流负反馈后可使输出电阻增大到 $(1+AF)R_{o}$。

由以上的分析可知,负反馈对放大器性能的影响是多方面的,且负反馈对放大器性能的改善均与反馈深度 $1+AF$ 有关。在电子技术课程中,因为负反馈放大器均处在深度负反馈的状态下,所以对负反馈放大器的定性分析比定量分析更重要。对负反馈放大器的定性分析主要是判断反馈的组态,熟悉各反馈组态对放大器性能改善的影响,为设计负反馈放大器提供参考。下面是设计电路时根据需要而引入负反馈的一般原则:

(1)引入直流负反馈是为了稳定放大器静态工作点;引入交流负反馈是为了改善放大电路的动态性能。

(2)引入串联反馈还是并联反馈主要由信号源的性质来确定。当信号源为恒压源或内阻很小的电压源时,增大放大器的输入电阻,可减小放大器对信号源的影响,放大器也可从信号源获得更大的输入电压信号,在这种情况下应选用串联负反馈;当信号源为恒流源或内阻很大的电压源时,减少放大器的输入电阻,可提高放大器从电流源吸收电流的大小,使放大器从信号源获得更大的输入电流信号，在这种情况下应选用并联负反馈。也就是说，要提高输入电阻，应引入串联负反馈；要减小输入电阻，应引入并联负反馈。

（3）根据放大器所带负载对信号源的要求来确定选用电压反馈还是电流反馈。当负载需要稳定的电压输入时，因电压反馈可稳定放大器的输出电压，所以应选用电压反馈；当负载需要稳定的电流输入时，因电流反馈可稳定放大器的输出电流，所以应选用电流反馈。

（4）根据信号变换的需要，选择合适的组态，在实施负反馈的同时，实现信号的转换。

任务实施

测量基本放大电路的电压放大倍数

工具材料： 示波器、万用电表、交流毫伏表、函数发生器、模拟实验箱。

目的： 掌握基本放大电路的电压放大倍数测量方法；掌握常用电子仪器的使用方法。

思考问题：

（1）在测量放大电路的电压放大倍数时，为什么不使用指针式万用表测量放大电路的输出值？

（2）在进行放大电路性能指标测试时，如果将函数发生器、交流毫伏表、示波器中任一设备的接地端不与其他设备连在一起，将出现什么问题？

参考电路： 如任务实施图 6 所示。

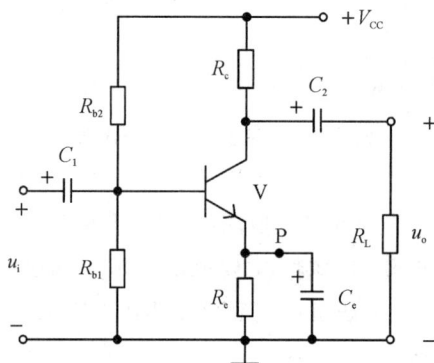

任务实施图 6

心得体会

通过本章的学习，你有哪些收获？请用简短的话语，将你自己的心得体会写出来吧。

本 章 小 结

（1）放大的概念。

在电路中，放大的本质是在输入信号的作用下，通过放大器件对直流电源的能量进行控制和转移，使负载从直流电源中获得能量，该能量比信号源向放大电路提供的能量大得多。因此放大电路实质上是能量控制电路，即在放大器件的控制之下把直流电能转换成交流电能输出。

设计放大电路的基本原则是：外加电源的极性应使三极管的发射结正向偏置，集电极反向偏置，以保证三极管工作在放大区；输入信号应能输入放大电路；放大了的信号应能从放大电路中输出。

（2）放大电路的分析方法。

图解法既能用于求放大电路的静态工作点，也能分析放大电路的动态工作情况。其优点为：直观、形象，分析静态工作点时，能看出静态点是否合适，动态分析时可看出输出信号幅值大小，以及可对非线性失真进行分析。其缺点为：作图误差大，只适用简单电路分析。

微变等效电路分析方法适用于小信号输入，放大器件基本上工作在线性范围内。微变等效电路分析放大电路动态特性过程为：首先计算静态工作点，然后用简化后的参数代替三极管，并画出放大电路其余部分的交流通路，即微变等效电路，最后计算放大电路的电压放大倍数、输入电阻和输出电阻。

（3）放大电路的主要技术指标。

电压放大倍数：输出电压与输入电压之比，它是衡量放大电路电压放大能力的指标。

输入电阻：从输入端看进去的等效电阻，是衡量放大电路向信号源索取电流大小的指标，输入电阻越大，放大电路从信号源索取的电流就越小。

输出电阻：从输出端看进去的等效电阻，是衡量放大电路带负载能力的指标，输出电阻越小，则输出电压越稳定，带负载能力越强。

（4）负反馈放大电路。

在电路中应用反馈电路是改善放大电路性能的重要手段，负反馈可提高放大电路放大倍数的稳定性，减小非线性失真和抑制干扰，扩展放大电路的通频带和改变输入电阻和输出电阻。

反馈的类型分为电压串联负反馈、电流串联负反馈、电压并联负反馈和电流并联负反馈4种。判断类型的方法为：采用"瞬时极性"法判断反馈极性；采用短接负载的方法判断电压反馈和电流反馈；根据定义判断并联反馈和串联反馈。

//// 思考题与习题

6-1 放大电路的核心部件是什么？放大电路的静态工作点的作用是什么？

6-2 图解法中交流、直流负载线有何区别？

6-3 试分析题图6-1所示各电路是否能够放大正弦交流信号，并简述理由。设图中所有电容对交流信号均可视为短路。

6-4 单管共射放大电路与共集放大电路有哪些特点？

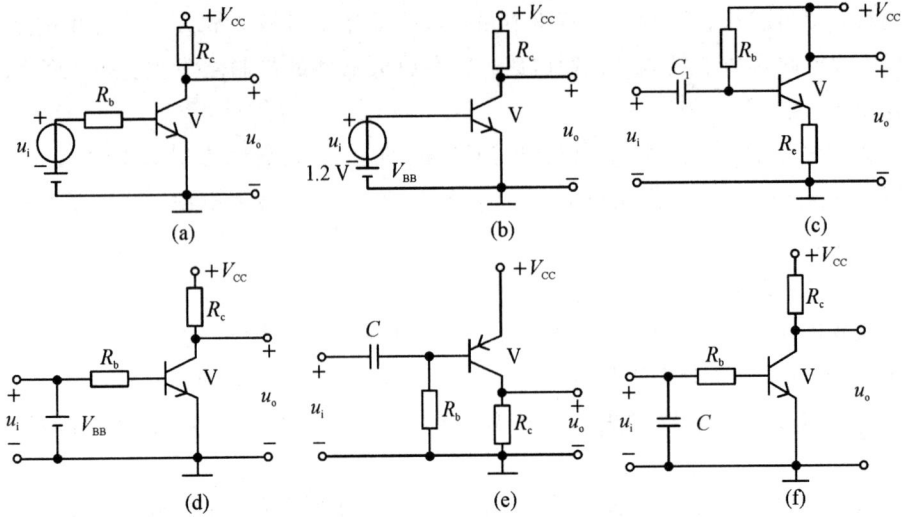

题图 6-1

6-5 电路如题图 6-2 所示,已知晶体管 $\beta=50$,若用直流电压表测晶体管的集电极电位,则应为多少?设 $V_{CC}=12$ V,晶体管饱和压降 $U_{CES}=0.5$ V。

6-6 在题图 6-3 所示电路中,已知晶体管的 $\beta=80$,$r_{be}=1$ kΩ,$\dot{U}_i=20$ mV,静态时 $U_{BEQ}=0.7$ V。求静态工作点和画出电路的微变等效电路,并分析电路的动态性能。

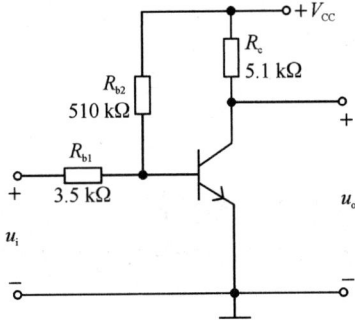

题图 6-2

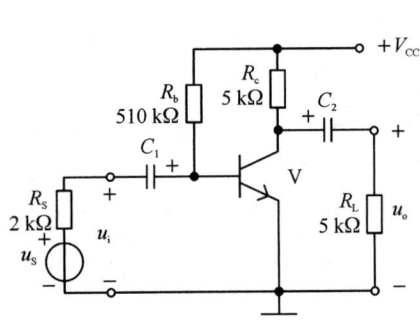

题图 6-3

6-7 电路如题图 6-4(a)所示,题图 6-4(b)所示是三极管的输出特性,已知 $V_{CC}=$

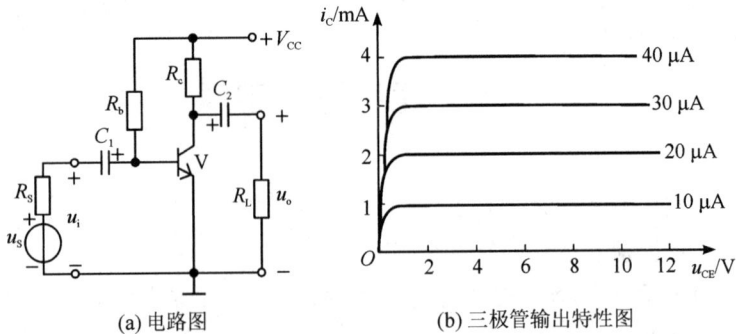

(a) 电路图

(b) 三极管输出特性图

题图 6-4

12 V，$R_b = 560$ kΩ，$R_c = 3$ kΩ，三极管 $\beta = 100$，静态时 $U_{BEQ} = 0.7$ V。利用估算法和图解法求静态工作点。

6-8 固定偏置共发射极放大电路如题图 6-5 所示，已知 $V_{CC} = 12$ V，$R_b = 300$ kΩ，$R_c = 3$ kΩ，$R_L = 3$ kΩ，三极管的电流放大系数为 $\beta = 60$，$r_{be} = 1.5$ kΩ。试计算：

（1）放大电路的静态工作点。

（2）接入 R_L 前后的电压放大倍数 A_u。

（3）输入电阻 R_i 和输出电阻 R_o。

6-9 在如题图 6-6 所示的分压偏置放大电路中，已知 $V_{CC} = 12$ V，$\beta = 50$，$R_{b1} = 20$ kΩ，$R_{b2} = 10$ kΩ，$R_e = R_c = 2$ kΩ，$R_L = 4$ kΩ，$r_{be} = 1$ kΩ。试求：（1）估算 Q 点；（2）电压放大倍数 $\dot{A}_u$、输入电阻 R_i 和输出电阻 R_o。

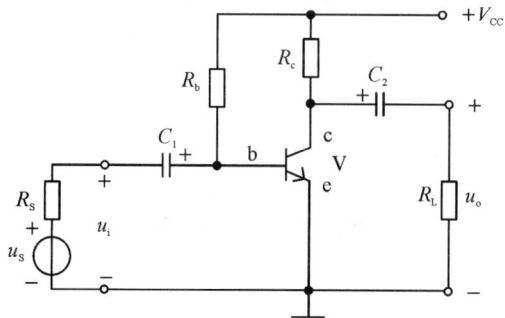
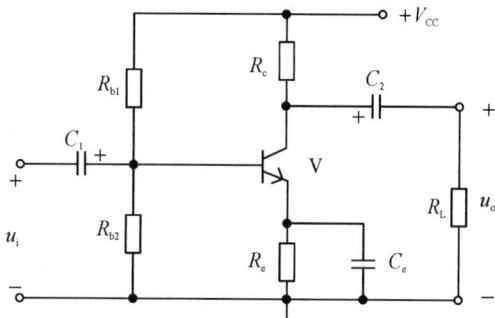

题图 6-5   题图 6-6

6-10 放大电路如题图 6-7 所示，已知 $R_b = 200$ kΩ，$R_S = 1$ kΩ，$R_e = 3$ kΩ，$R_L = 2$ kΩ，$V_{CC} = 12$ V，晶体管的 $\beta = 100$，$r_{be} = 1.2$ kΩ。

（1）求出 Q 点。

（2）分别求出 $\dot{A}_u$、R_i 和 R_o。

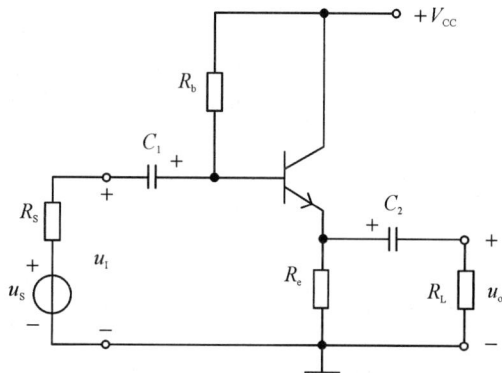

题图 6-7

6-11 什么是零点漂移？零点漂移对直接耦合放大电路会有什么影响？

6-12 试分析题图 6-8 所示电路中是否引入了反馈，若有反馈，则判断反馈的极性及组态。

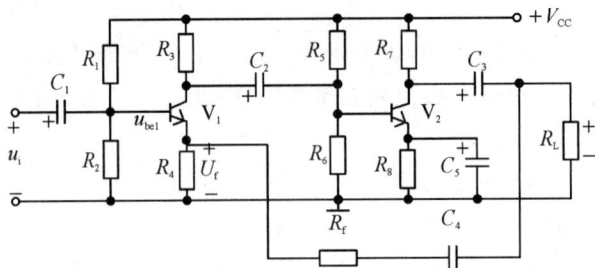

题图 6-8

6-13 反馈组态有哪几种，如何判断？判断题图 6-9 所示各电路中是否引入了反馈？若引入了反馈，则判断其属于何种反馈组态。设图中所有电容对交流信号均视为短路。

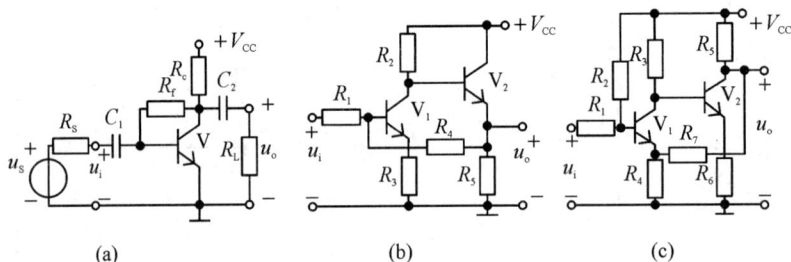

题图 6-9

6-14 为了稳定放大电路的输出电压，应引入_____负反馈；为了稳定放大电路的输出电流，应引入_____负反馈；为了增大放大电路的输入电阻，应引入_____负反馈；为了减小放大电路的输入电阻，应引入_____负反馈；为了增大放大电路的输出电阻，应该引入_____负反馈；为了减小放大电路的输出电阻，应引入_____负反馈。

第7章

集成运算放大器

知识重点

- 集成运算放大器的组成。
- 理想运算放大器。

知识难点

- 理想运算放大器参数的计算。
- 运算放大器的应用。

素质提升

在电路的搭建、检测及调试过程中，需要我们认真严谨、一丝不苟的科学素养和职业素养。本章内容较多，在学会必要的知识的同时，也能在心灵上有深刻的感悟，在认知上有较大的突破，从而才能够将理论与实际联系起来。

本章主要介绍了集成电路概述、集成运算放大器的主要参数和集成运算放大器的应用。

通过本章的学习，了解集成运算放大器的组成及各单元电路的作用，掌握理想运算放大器的特点、主要参数和基本应用电路。

7.1 // 集成电路概述

前面介绍的电路都是由三极管、电阻、电容等器件通过导线根据不同的连接方式组成的，这种电路称为分立元件电路。随着电子技术的高速发展，出现了以半导体技术为基础的集成电路。集成电路以半导体单晶硅为芯片，采用先进的半导体制作工艺，把晶体管、电阻、电容等器件以及它们的连接线组成的完整的电路制作在一起，封装后形成一个整体，使之具备某种特定的功能。

集成电路是 20 世纪 60 年代初期发展起来的一种新型电子器件，它的问世使电子技术有了新的飞跃，从而进入了微电子学时代，促进了各个科学技术领域的发展。今天，集成电路在各行各业中发挥着非常重要的作用，它是现代信息社会的基石。

1. 集成电路的分类

集成电路按集成度可分为小规模、中规模、大规模和超大规模集成电路(目前,超大规模集成电路能在几十平方毫米的硅片上集成几百万个元器件);按导电类型可分为双极性晶体管集成电路和单极性场效应管集成电路;按性能不同可分为通用型集成电路和专用型集成电路两大类;按电路功能可分为模拟集成电路和数字集成电路,模拟集成电路又分为集成运放放大电路、集成功率放大电路和集成稳压电路等多种。

2. 集成电路的特点

(1)集成电路中的元件是在同样的条件下用标准工艺制成的,因此同类元件的相对误差小,匹配性好,性能基本一致,因而特别适用于制作采用对称结构的电路。

(2)由集成电路工艺制造出来的电阻,其阻值范围有一定的局限性,一般在几十欧到几十千欧,由于在硅片上制作三极管比制作电阻容易,因此在集成电路中大量采用恒流源电路来代替大电阻,或者用来设置电路的静态电流。

(3)由于硅片上不可能制作大容量的电容,因此集成电路的内部电路结构只能采用直接耦合方式,在需要大容量电容和高阻值电阻的场合,常采用外接法。

(4)集成电路内部放大器所用的三极管通常采用复合管结构来改进单管的性能。

(5)直接耦合电路容易产生温漂,为了克服直接耦合电路的温漂,常采用补偿手段,典型的补偿型电路是差分放大电路,它是利用两个晶体管参数的对称性来抑制温漂的。

7.2 集成运算放大器的主要参数

为了能正确地选用和使用集成运算放大器(简称集成运放),必须了解集成运算放大器的有关性能参数。下面介绍几种常用参数的技术指标。

1. 开环差模电压放大倍数 A_{od}

A_{od} 指的是集成运算放大器在没有外接反馈电路的情况下的直流差模电压放大倍数,即

$$A_{od} = \frac{\Delta U_o}{\Delta U_+ - \Delta U_-} \tag{7-1}$$

常采用对数表示,单位为 dB,即

$$A_{od} = 20\lg \left| \frac{\Delta U_o}{\Delta U_+ - \Delta U_-} \right| \tag{7-2}$$

A_{od} 是决定集成运算放大器精度的重要因数。开环差模电压放大倍数 A_{od} 愈高,所构成的集成运算放大器愈稳定,集成运算放大器的精度也愈高。实际集成运算放大器 A_{od} 一般为 $80 \sim 140$ dB。

差模信号是指大小相等、极性相反的信号;而共模信号是指大小相等、极性相同的信号。

2. 共模抑制比 K_{CMR}

K_{CMR} 表示集成运算放大器开环差模电压放大倍数与开环共模电压放大倍数之比,一

般用对数表示，单位为分贝，即

$$K_{CMR} = 20\lg \left| \frac{A_{od}}{A_{oc}} \right| \tag{7-3}$$

这个指标用以衡量集成运算放大器抑制温漂的能力。多数集成运算放大器的共模抑制比在 80 dB 以上，高质量的可达 160 dB。

3. 最大输出电压 U_{OPP}（输出峰—峰电压）

U_{OPP} 表示集成运算放大器最大输出不失真时的最大输出电压值。

4. 最大差模输入电压 U_{Idmax}

U_{Idmax} 表示集成运放工作时，反相输入端与同相输入端之间能够承受的最大电压。若超过这个限度，输入级差分对管中的一个管子的发射结可能被反向击穿。

5. 差模输入电阻 r_{id}

r_{id} 的大小反映了集成运算放大器的输入端向信号源索取电流的能力。一般要求 r_{id} 越大越好，普通集成运算放大器的 r_{id} 可达到几百千欧到几兆欧。例如 F007 的 r_{id} 为 2 MΩ。

6. 输出电阻 r_o

输出电阻 r_o 的大小反映了集成运算放大器在输出信号时的带负载能力，有时也用最大输出电流 I_{omax} 来表示它的极限带负载能力。

除了以上介绍的几项主要技术指标外，集成运算放大器还有很多其他指标，如共模输入电阻、转换速率、通频带、温度漂移、输入失调电流等参数，使用时可从其使用手册上查到，这里不再赘述。

7.3 // 集成运算放大器的应用

利用集成运算放大器，引入各种不同的反馈，就可以构成具有不同功能的实用电路。在对运算放大器进行分析时，通常把它看成是一个理想的运算放大器，本节如果未特殊说明，集成运算放大器均视为理想的运算放大器。

7.3.1 理想运算放大器

用理想运算放大器代替实际运算放大器进行电路分析，可使分析过程大大简化。

1. 理想运算放大器的主要条件

（1）开环电压放大倍数 $A_{od} = \infty$。

（2）输入电阻 $R_{id} = \infty$。

（3）输出电阻 $R_o = 0$。

（4）共模抑制比 $K_{CMR} = \infty$。

除了上述几个主要的条件以外，理想运算放大器还有输入失调电压、失调电流以及温漂等条件。

理想运算放大器的特点

由于实际运算放大器的技术指标比较接近理想化的条件，因此在分析运算放大器的各种应用电路时，用理想运算放大器代替实际运算放大器所带来的误差并不严重，在工程上是允许的。在后面分析运算放大器的各种应用时，都将其理想化。

2. 理想运算放大器的特点

在分析运算放大器组成的各种应用电路时，要分析集成运算放大器是工作在线性区还是工作在非线性区。

当运算放大器工作在线性区时，其输出电压 u_o 和输入电压 u_N、u_P（如图 7-1 所示）之间必须满足

$$u_o = A_{ud}(u_P - u_N) \tag{7-4}$$

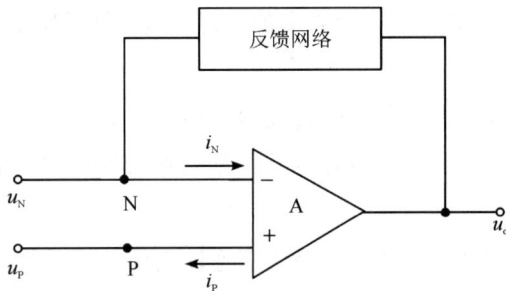

图 7-1 集成运放引入负反馈电路

由于 u_o 为有限值，以及理想运算放大器 $A_{ud} = \infty$，因此即使输入毫伏级以下的信号，也足以使输出电压达到正向饱和电压 U_{OM} 或负向饱和电压 $-U_{OM}$。因此，为了使运算放大器工作在线性区，需要引入负反馈，如图 7-1 所示。

理想运算放大器工作在线性区时，有下面两条重要结论。

（1）虚短。集成运算放大器工作在线性区，其输出电压 u_o 是有限值，而开环电压放大倍数 $A_{ud} \to \infty$，则集成运算放大器两个输入端的净输入电压为

$$u_{Id} = u_N - u_P = \frac{u_o}{A_{ud}} = 0$$

即

$$u_N = u_P \tag{7-5}$$

"虚短"绝不是将集成运算放大器的两个输入端真正短路，以及在实际电路中也绝不是 $u_{Id} = 0$，而是因为 A_{ud} 很大，只要加入一个微小信号，就能在输出端得到一个较大的输出信号，因此只是在分析、计算电路时，将集成运算放大器的反相输入端与同相输入端间的电位差视为零，通常称为"虚短路"，简称"虚短"。

（2）虚断。由于净输入电压为零，又由于理想运算放大器的输入电阻 $R_{id} = \infty$，故理想运算放大器的两个输入端电流均为零，即 $i_N = i_P = 0$。

"虚断"是指在分析运算放大器处于线性状态时，可以把运算放大器的两个输入端视为等效开路，这一特性称为"虚假开路"，简称"虚断"。显然不能将运算放大器的两个输入端真正断路。

"虚短"和"虚断"是非常重要的概念。对于工作在线性区的集成运算放大器来说，"虚短"和"虚断"是分析其输入信号和输出信号关系的两个基本出发点。

7.3.2 基本运算电路

集成运算放大器的应用电路很多，首先表现在它能构成各种的运算电路，并因此而得名。从运算电路实现的功能来看，运算电路除了具有信号的基本运算功能以外，还具有信号的处理和信号的产生等功能。在运算电路 **基本运算电路** 中，以输入电压作为自变量，以输出电压作为函数，当输入电压变化时，输出电压将按一定的数学规律变化，即输出电压反映了运算电路对输入电压某种运算的结果。这些数学运算包括比例、加、减、积分、微分、对数和指数等。在信号处理电路中，包括取样/保持、电压比较、有源滤波和精密整流等。在信号产生电路中，包括正弦波、方波和三角波等非正弦波。

1. 比例运算电路

1）反相比例运算电路

反相比例运算电路如图 7-2 所示，输入电压 u_i 通过电阻 R 加在运放的反相输入端，电阻 R_f 跨接在集成运放的输出端和反相输入端，引入电压并联负反馈，同相端通过 R' 接地。R' 是平衡电阻，以保证集成运算放大器输入级差分放大电路的对称性，其值为 $R'=R/\!/R_f$。

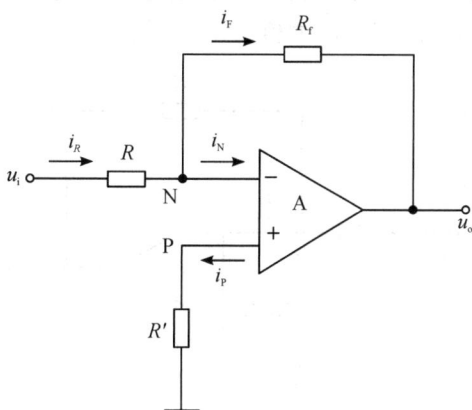

图 7-2　反相比例运算电路

理想运算放大器工作在线性区，由"虚短""虚断"的特点可知

$$u_N = u_P = 0 \tag{7-6}$$

$$i_N = i_P = 0 \tag{7-7}$$

式(7-6)表明，集成运算放大器的两个输入端的电位均为零，但由于它们并没有真正接地，故称之为"虚地"。

由式(7-7)可得节点 N 的方程为

$$i_R = i_F$$

即

$$\frac{u_i - u_N}{R} = \frac{u_N - u_o}{R_f}$$

整理可得

$$u_o = -\frac{R_f}{R} u_i \qquad\qquad (7-8)$$

式(7-8)表明，u_o 与 u_i 成比例关系，比例系数为 $-R_f/R$，负号表示 u_o 与 u_i 反相。比例系数又称为该电路的放大倍数，可以是大于 1、等于 1 或小于 1 的任何值。

当 $R = R_f$ 时，有 $u_o = -u_i$，电路实现了反相功能（又称为倒相）。图 7-3 所示为倒相电路。

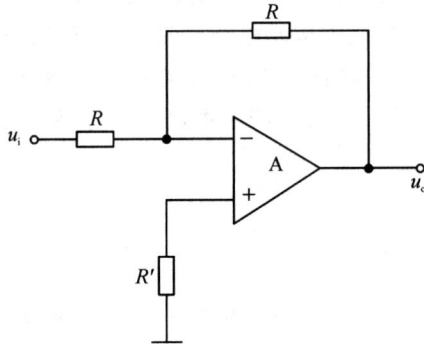

图 7-3　倒相电路

【例 7-1】 电路如图 7-4 所示，假设 A 为理想集成运算放大器，$u_i = 0.4$ V，$R = 20$ kΩ，$R_f = 100$ kΩ，试求输出电压 u_o 的值。

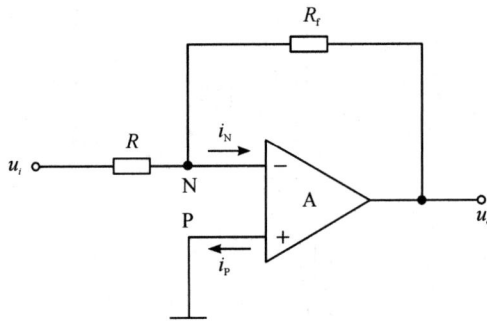

图 7-4　例 7-1 图

解 由"虚短""虚断"的概念，有

$$u_N = u_P = 0, \quad i_N = i_P = 0$$

节点 N 的方程为

$$\frac{u_i - u_N}{R} = \frac{u_N - u_o}{R_f}$$

则

$$u_o = -\frac{R_f}{R} u_i = -\frac{100 \text{ kΩ}}{20 \text{ kΩ}} \times 0.4 \text{ V} = -2 \text{ V}$$

所以该电路实现了反相比例运算功能。

2）同相比例运算电路

电路如图 7-5 所示，输入信号 u_i 经 R' 加到集成运算放大器的同相端，反相端经电阻 R 接地，R_f 为反馈电阻，引入的是电压串联负反馈。

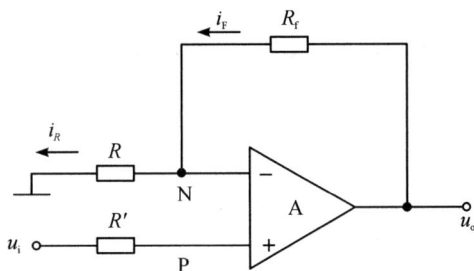

图 7-5 同相比例运算电路

理想运算放大器工作在线性区，由"虚短"的特点可知

$$u_N = u_P = u_i$$

由"虚断"的特点可得

$$i_R = i_F$$

即

$$\frac{u_N}{R} = \frac{u_o - u_N}{R_f}$$

整理可得

$$u_o = \left(1 + \frac{R_f}{R}\right)u_i \tag{7-9}$$

式(7-9)表明，输出电压 u_o 与输入电压 u_i 同相，且 u_o 大于 u_i。

当 $R=\infty$（断开 R）或 $R_f=0$ 时，$u_o=u_i$，此电路称为电压跟随器，如图 7-6 所示。

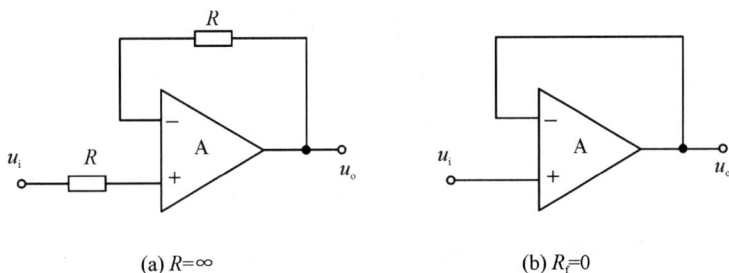

(a) $R=\infty$　　　　　　　(b) $R_f=0$

图 7-6 电压跟随器

【例 7-2】 电路如图 7-7 所示，设 A 为理想集成运算放大器，$R_1=15\ \text{k}\Omega$，$R_f=150\ \text{k}\Omega$，试求输出电压 u_o 与输入电压 u_i 之间的关系，并说明该电路实现了什么运算功能。

解 由"虚短""虚断"的概念，有

$$u_N = u_P = u_i, \quad i_N = i_P = 0$$

列写节点 N 的方程有

$$\frac{u_N}{R_1} = \frac{u_o - u_N}{R_f}$$

则

$$u_o = \left(1 + \frac{R_f}{R_1}\right)u_i = \left(1 + \frac{150\ \text{k}\Omega}{15\ \text{k}\Omega}\right)u_i = 11u_i$$

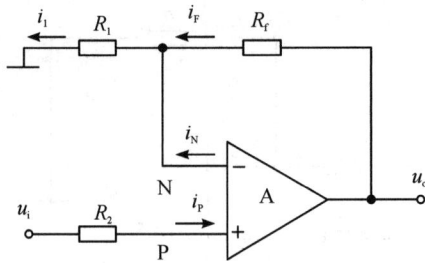

图 7-7 例 7-2 图

由此可知,该电路实现了同相比例运算功能。

2. 加法运算电路

当多个信号同时加到集成运算放大器的同一个输入端时,集成运算放大器能实现加法运算功能。

1) 反相加法运算电路

图 7-8 所示电路为反相加法运算电路,两个输入信号均作用于集成运算放大器的反相输入端。根据"虚短"概念,有 $u_N = u_P = 0$。

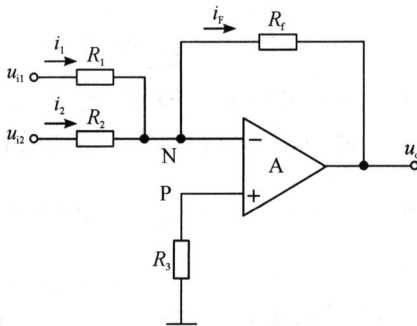

图 7-8 反相加法运算电路

由"虚断"概念可知,节点 N 的电流方程为

$$i_1 + i_2 = i_F$$

即

$$\frac{u_{i1}}{R_1} + \frac{u_{i2}}{R_2} = \frac{-u_o}{R_f}$$

整理可得输出电压为

$$u_o = -\left(\frac{R_f}{R_1}u_{i1} + \frac{R_f}{R_2}u_{i2}\right) \tag{7-10}$$

当 $R_1 = R_2 = R_f$ 时,则式(7-10)变为

$$u_o = -(u_{i1} + u_{i2}) \tag{7-11}$$

即输出电压取决于各输入电压之和的负值。式(7-11)中,负号是由于输入信号接在反相端引起的。若在图 7-8 的输出端再接一倒相器,则可消除负号,实现完全符合常规的算术加法运算。

2）同相加法运算电路

图 7-9 所示为同相加法运算电路。两个信号同时加到同相输入端，反相输入端通过 R 接地，电阻 R_f 引入电压串联负反馈。

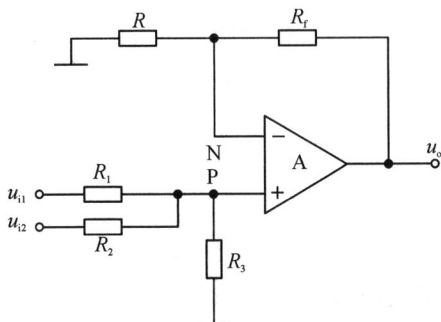

图 7-9 同相加法运算电路

根据"虚短""虚断"概念，运用叠加定理，求得同相输入端的电压 u_P，即有

$$u_P = u_{P1} + u_{P2}$$

上式中 u_{P1}、u_{P2} 分别为 u_{i1}、u_{i2} 单独作用于同相端时的输入电压，其中

$$u_{P1} = \frac{R_2 \mathbin{/\mkern-5mu/} R_3}{R_1 + R_2 \mathbin{/\mkern-5mu/} R_3} u_{i1} \quad （u_{i2}=0 \text{ 时}）$$

$$u_{P2} = \frac{R_1 \mathbin{/\mkern-5mu/} R_3}{R_2 + R_1 \mathbin{/\mkern-5mu/} R_3} u_{i2} \quad （u_{i1}=0 \text{ 时}）$$

利用同相比例运算电路的特性，可得

$$u_o = \left(1+\frac{R_f}{R}\right) u_P = \left(1+\frac{R_f}{R}\right)\left(\frac{R_2 \mathbin{/\mkern-5mu/} R_3}{R_1 + R_2 \mathbin{/\mkern-5mu/} R_3} u_{i1} + \frac{R_1 \mathbin{/\mkern-5mu/} R_3}{R_2 + R_1 \mathbin{/\mkern-5mu/} R_3} u_{i2}\right) \quad (7-12)$$

若 $R_1=R_2=R_3$，则

$$u_o = \frac{1}{3}\left(1+\frac{R_f}{R}\right)(u_{i1}+u_{i2}) \quad (7-13)$$

比较式(7-13)与式(7-11)可知，两者都实现了加法运算，只是输出电压的符号不同而已。若输入信号接在同相端，为同相加法电路，输出电压 u_o 符号为正；若输入信号加在反相端，为反相加法电路，输出电压 u_o 符号为负。

【例 7-3】 电路如图 7-10 所示，假设 A 是理想集成运算放大器，试求输出电压 u_o 的值。

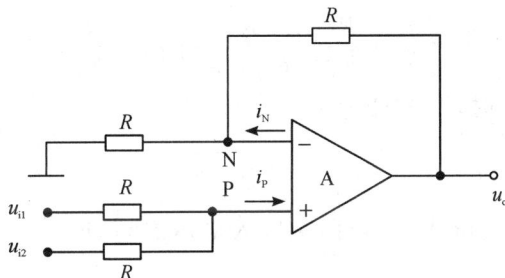

图 7-10 例 7-3 图

解 由"虚短""虚断"的概念，有

$$u_N = u_P, \quad i_N = i_P = 0$$

列写节点 N 的方程有

$$\frac{u_N}{R} = \frac{u_o - u_N}{R}$$

列写节点 P 的方程有

$$\frac{u_{i1} - u_P}{R} = \frac{u_P - u_{i2}}{R}$$

联立两个方程，可得

$$u_o = u_{i1} + u_{i2}$$

由此可知，该电路实现了同相加法运算功能。

3. 减法运算电路

减法运算电路如图 7-11 所示。从电路结构上看，集成运算放大器的反相输入端和同相输入端都接有信号，减数加到反相输入端，被减数加到同相输入端，电路实现减法运算。

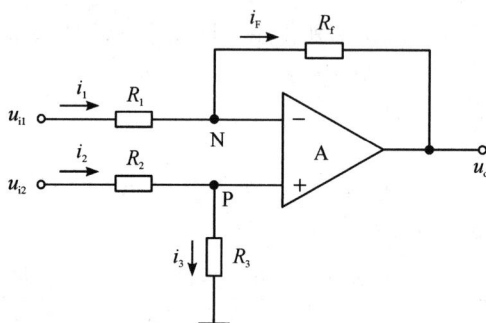

图 7-11 减法运算电路

由"虚短""虚断"的特点，再根据基尔霍夫电流定律，分别列出 N、P 节点的电流方程为

$$\frac{u_{i1} - u_N}{R_1} = \frac{u_N - u_o}{R_f}$$

及

$$\frac{u_{i2} - u_P}{R_2} = \frac{u_P}{R_3}$$

解上述方程组，即可得

$$u_o = \left(1 + \frac{R_f}{R_1}\right)\left(\frac{R_3}{R_2 + R_3}\right)u_{i2} - \frac{R_f}{R_1}u_{i1} \tag{7-14}$$

当 $R_1 = R_2$，$R_f = R_3$ 时，上式变为

$$u_o = \frac{R_f}{R_1}(u_{i2} - u_{i1}) \tag{7-15}$$

式(7-15)表明，输出电压 u_o 与两个输入电压之差 $(u_{i2} - u_{i1})$ 成比例，故称为减法电路。

【例 7 - 4】 电路如图 7 - 12 所示，已知 $R_1=R_2=R_{f1}=30$ kΩ，$R_3=R_4=R_5=R_6=R_{f2}=$ 10 kΩ，试求输出电压 u_o 与三输入电压 u_{i1}、u_{i2}、u_{i3} 之间的关系，并说明该电路实现了什么运算功能。

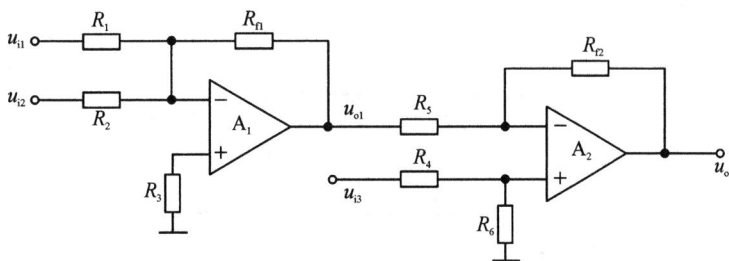

图 7 - 12 例 7 - 4 图

解 从电路图可知，运放电路的第一级为反相加法运算电路，第二级为减法运算电路，即有

$$u_{o1}=-\frac{R_{f1}}{R_1}u_{i1}-\frac{R_{f1}}{R_2}u_{i2}=-(u_{i1}+u_{i2})$$

$$u_o=\frac{-R_{f2}}{R_5}u_{o1}+\left(1+\frac{R_{f2}}{R_5}\right)\frac{R_6}{R_4+R_6}u_{i3}$$

$$=u_{i3}-[-(u_{i1}+u_{i2})]$$

$$=u_{i1}+u_{i2}+u_{i3}$$

由此可知，该电路实现了加法运算。

4. 积分运算电路

积分运算电路（积分电路）是控制和测量系统的重要组成部分，利用它可以实现延时、定时和产生各种波形。积分运算电路如图 7 - 13 所示，从图中可看出，积分运算电路是用电容 C 代替反馈电阻 R_f 而构成的反馈电路。

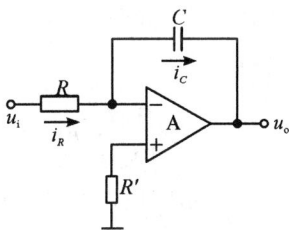

图 7 - 13 积分运算电路

利用"虚短"和"虚断"的概念，有 $u_N=0$，$i_C=i_R$，而

$$i_C=-C\frac{\mathrm{d}u_o}{\mathrm{d}t}, \ i_R=\frac{u_i}{R}$$

整理得

$$u_o=-u_C=-\frac{1}{RC}\int u_i\mathrm{d}t \tag{7-16}$$

式(7-16)表明，输出电压 u_o 为输入电压 u_i 对时间 t 的积分，即实现了积分运算。积分电路除了可进行积分运算外，还可用作波形变换，如将方波信号变换为三角波信号。积分电路输入、输出波形如图7-14所示。从图7-14中可以看出，当方波信号输入积分电路时，输出信号为三角波信号。

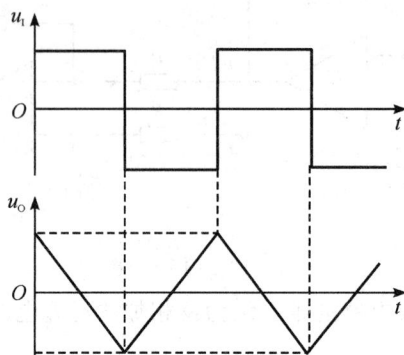

图7-14 积分电路的输入、输出波形

【**例7-5**】 在图7-15所示的积分电路中，已知 $R=20$ kΩ，$C=1$ μF，输入信号 u_i 为所示的阶跃电压，试求输入信号10 s后，输出电压 U_o 为多少？

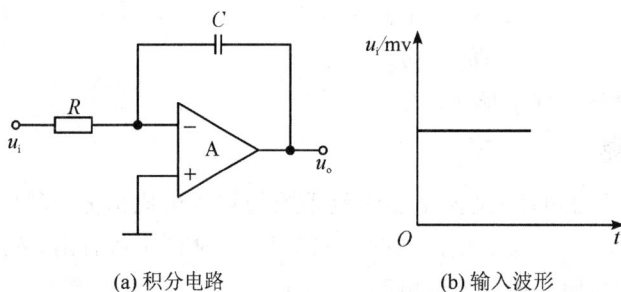

(a) 积分电路   (b) 输入波形

图7-15 例7-5图

解 由于积分电路的 u_o 与 u_i 的关系为

$$u_o = -\frac{1}{RC}\int u_i \mathrm{d}t$$

将已知条件 $R=20$ kΩ，$C=1$ μF，$u_i=1$ mV 代入上式，可得

$$u_o = -\frac{10^{-3}}{20 \times 10^3 \times 10^{-6}}t = -0.05t$$

当 $t=10$ s 时，该电路的输出电压

$$u_o = -0.05 \times 10 = -0.5 \text{ V}$$

5. 微分运算电路

微分运算电路(微分电路)是积分运算的逆运算，将积分电路中的电阻与电容的位置互换，就构成微分运算电路，如图7-16所示。

该电路同样存在"虚短"，即 $u_N=0$，"虚断"，即 $i_i=0$，故 $i_C=i_R$。而

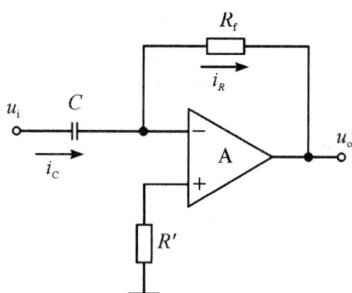

图 7-16 微分运算电路

$$i_C = C\frac{\mathrm{d}u_\mathrm{i}}{\mathrm{d}t}, \ i_R = -\frac{u_\mathrm{o}}{R}$$

整理可得

$$u_\mathrm{o} = -Ri_R = -RC\frac{\mathrm{d}u_\mathrm{i}}{\mathrm{d}t} \tag{7-17}$$

式(7-17)表明,输出电压 u_o 取决于输入电压 u_i 对时间 t 的微分,即实现了微分运算。

微分电路的应用是很广泛的,在线性系统中,除了可进行微分运算外,还在脉冲数值电路中常用作波形变换,如将方波信号变换为尖脉冲波。微分电路输入、输出波形如图7-17所示,从图中可以看出,当输入信号发生突变时,输出端将会出现尖脉冲电压,当输入电压不变时,输出电压为零。

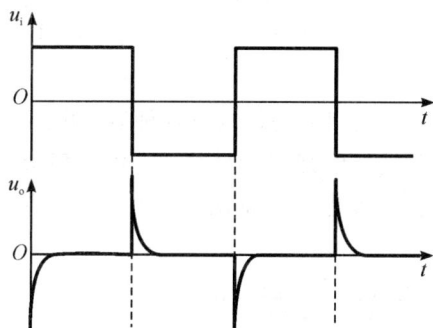

图 7-17 微分电路的输入、输出波形

任务实施

9 V 电池电压检测电路

工具材料: 6F22 电池(或直流可调稳压电源),电阻,稳压二极管,LED。

目的: 集成运算放大器用作电压比较器。

思考问题:

当运算放大器同相输入端电压高于反相输入端时,输出是什么状态?

参考电路: 如任务实施图 7 所示(当 6F22 电池电压低于 8 V 时,LED 会亮)。

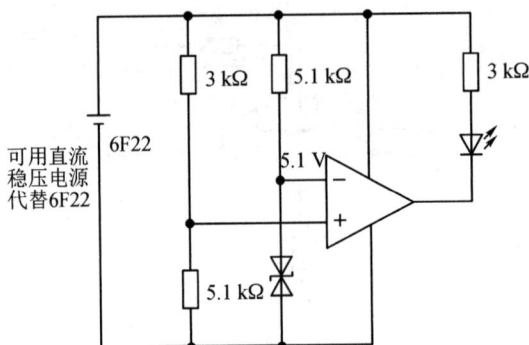

任务实施图 7

心得体会

通过本章的学习，你有哪些收获？请用简短的话语，将你自己的心得体会写出来吧。

本 章 小 结

本章主要介绍了集成电路概述及集成运算放大器的主要应用，归纳如下：

（1）集成运算放大电路是一个高增益、高输入电阻和低输出电阻的直接耦合放大电路。直接耦合放大电路的主要问题是零点漂移，克服零点漂移的最有效的电路形式是差分放大电路。

（2）集成运放电路最基本的应用电路是构成各种运算电路，如比例运算、加减运算、微分运算和积分运算等电路。在进行电路定量计算时，由于集成运放工作在线性区，可以利用"虚短"和"虚断"这两条重要的概念使其简化。具体求解运算电路输出电压与输入电压运算关系的基本方法有下列两种：

① 节点电流法：列出集成运算放大器同相输入端和反相输入端及其他关键节点的电流方程，利用"虚短"和"虚断"概念，求出运算关系。

② 叠加定理：集成运算放大器工作在线性区时，可以利用叠加定理，即对于多信号输入的电路，可以首先分别求出每个输入电压单独作用时的输出电压，然后将它们相加，所得值就是所有信号同时输入集成运算放大器时的输出电压，也就得到了集成运算放大器输出电压与输入电压的运算关系。

思考题与习题

7-1　零点漂移是指集成运算放大器输入端_____，输入信号时，输出端会出现电压忽大忽小、忽快忽慢变化的现象。

7-2　如果两个输入信号电压的大小_____，极性_____，就称为差模输入信号。

7-3 理想运算放大器的 $A_{od}=$_____；$R_{id}=$_____；$R_o=$_____；$K_{CMR}=$_____。

7-4 运算放大器的输出电阻愈小，它带负载能力_____；如果是恒压源，则其带负载的能力_____。

7-5 如果一个运算放大器的共模抑制比是 100 dB，这说明这个运算放大器的差模电压与共模电压放大倍数之比是_____。

7-6 理想集成运算放大器工作在线性区的两个基本特点可概括为_____和_____。

7-7 通常要求集成运算放大器带负载能力强，负载能力强是指( )。

A. 负载电阻 B. 负载功率大 C. 负载电压大

7-8 集成运算放大器电路采用直接耦合方式是因为( )。

A. 可获得很大的放大倍数

B. 可使温漂小

C. 集成工艺难于制造大容量电容

7-9 通用型集成运算放大器适用于放大( )。

A. 高频信号 B. 低频信号 C. 任何频率信号

7-10 为增大电压放大倍数，集成运算放大器的中间级多采用( )。

A. 共射放大电路 B. 共集放大电路 C. 共基放大电路

7-11 为了减小输出电阻，通用型多级集成运算放大器的输出级大多采用( )。

A. 互补对称型电路 B. 共集放大电路 C. 差分放大电路

7-12 直接耦合集成运算放大电路存在零点漂移的主要原因是( )。

A. 电阻阻值有误差 B. 电源电压不稳定 C. 晶体管参数受温度影响

7-13 集成运算放大器的输入失调电压 U_{IO} 是两输入端电位之差。 ( )

7-14 集成运算放大器的输入失调电流 I_{IO} 是两端电流之差。 ( )

7-15 集成运算放大电路只能对直流信号进行运算，不能对交流信号进行运算。

( )

7-16 有源负载可以增大放大电路的输出电流。 ( )

7-17 在输入信号作用时，偏置电路改变了各放大管的动态电流。 ( )

7-18 理想集成运算放大器电路中的"虚地"表示两输入端对地短路。 ( )

7-19 集成运算放大器工作在非线性区时，输出电压不是高电平，就是低电平。( )

7-20 题图 7-1 所示为反向比例运算电路，已知 $u_i=10$ V，$R_1=20$ Ω，$R_f=60$ Ω，求平衡电阻 R_2 和输出 u_o 的值。

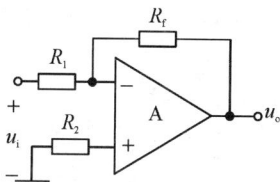

题图 7-1

7-21 电路如题图 7-2 所示，设 A 为理想集成运算放大器，$R_1=10$ kΩ，$R_f=200$ kΩ，试求输出电压 u_o 与输入电压 u_i 之间的关系，并说明该电路实现了什么运算功能。

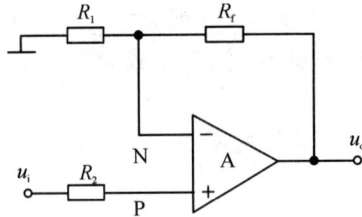

题图 7 - 2

7 - 22　在题图 7 - 3 所示运算电路中，已知 $u_i = 30$ V，$R_1 = 10$ Ω，$R_2 = 20$ Ω，$R_f = 20$ Ω，求 u_o 的值。

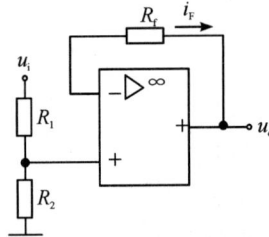

题图 7 - 3

7 - 23　在题图 7 - 4 所示运算电路中，已知 $u_{i1} = 20$ V，$u_{i2} = 10$ V，$R = 60$ Ω，求 u_o 的值。

7 - 24　在题图 7 - 5 所示运算电路中，已知 $u_{i1} = 20$ V，$u_{i2} = 10$ V，$R_1 = 30$ Ω，$R_2 = 30$ Ω，$R_3 = 60$ Ω，$R_4 = 20$ Ω，$R_f = 60$ Ω，求 u_o 的值。

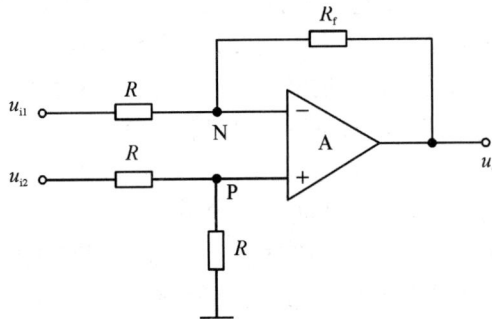

题图 7 - 4

7 - 25　试用集成运算放大器设计电路实现 $u_o = -5u_i$ 的比例运算，并画出电路图，建议电路中各电阻值在 10～100 kΩ 之间。

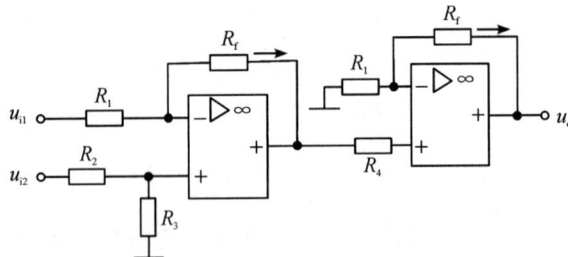

题图 7 - 5

7-26 试求题图 7-6 所示各电路输出电压与输入电压的运算关系式。

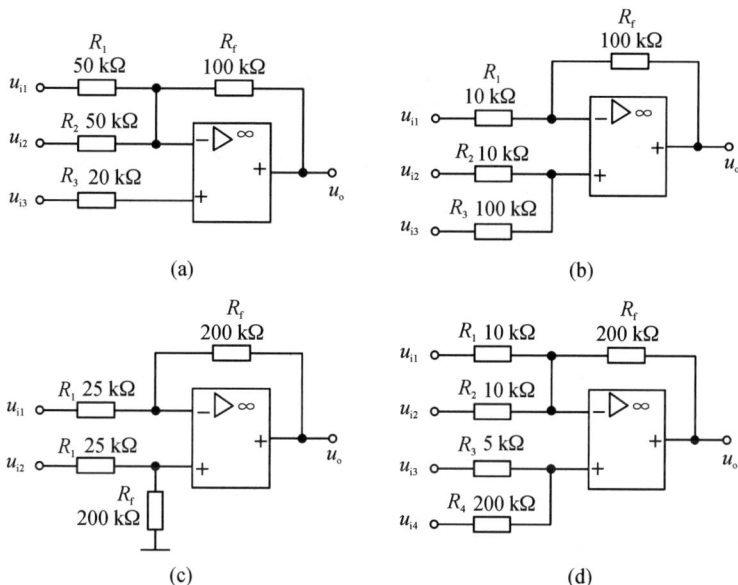

题图 7-6

7-27 试用集成运算放大器实现 $u_o=0.2u_i$ 的比例运算，并画出电路图，建议电路中各电阻值在 $10\sim100$ kΩ 之间。

7-28 在题图 7-7 所示电路中，已知 $R_1=10$ Ω，$R_2=20$ Ω，$C=0.1$ μF，试回答下面问题。

(1) 该电路完成了怎样的运算功能？写出 u_o 的函数表达式。

(2) 若输入端 $u_i=2$ V，电容上初始电压为 0，求经过 $t=2$ ms 后，电路输出电压 u_o 的值为多少伏？

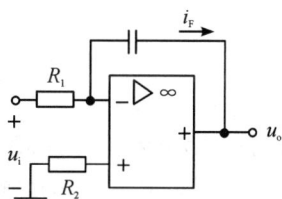

题图 7-7

7-29 在题图 7-8 所示电路中，已知 $R_1=20$ kΩ，$R_2=50$ kΩ，$U_Z=10$ V，求输出电压 u_o 与 u_i 的关系式，并画出其曲线。

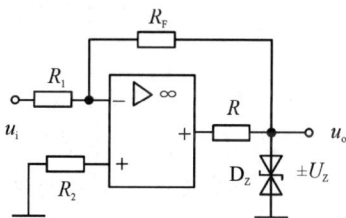

题图 7-8

第8章
数字电路基础

知识重点

- 数制、码制及相互转化。
- 基本逻辑运算和复合逻辑运算。
- 基本逻辑运算公式和规则。
- 逻辑函数的表示方法和化简。

知识难点

- 逻辑函数的运算公式和规则。
- 逻辑函数化简。

素质提升

通过小组互助、互相检查等活动形式可以看出，做事情要认真、专注，并且一个人只有融入集体才能充分发挥自己的才能。从而可知团结精神、奉献精神、拼搏奋斗的民族精神是一个团队的灵魂。

本章主要内容包括数字电路概述、数制和码制、逻辑代数、逻辑函数及其表示方法和逻辑函数的化简。

通过本章学习，了解数字电路的概念和特点；熟悉数制和数制的转换、码制及常见的码制等内容；掌握基本逻辑关系和复合逻辑关系、逻辑函数基本公式和定理、逻辑函数的表示方法和逻辑函数的化简。

8.1　　数字电路概述

随着数字电子技术的发展，数字计算机、数字移动手机、数码相机、数字电视、国际互联网等数字产品涌入了我们的生活，改变着我们的生活、学习和工作方式。其中数字电路则是这些数字产品的核心组成部分，能够完成数字信号的存储、传输、运算处理等功能，发挥着举足轻重的作用。

数字电路是处理数字信号的电路，包括组合逻辑数字电路和时序逻辑数字电路。组合逻辑数字电路没有记忆功能，电路的输出信号仅决定于当前的输入信号。时序逻辑电路具有记忆功能，电路的输出信号不但取决于当前输入的信号，还决定于电路当前的记忆状态。

8.1.1 数字信号与模拟信号

模拟信号是指物理量的变化在时间上和数值上都是连续的信号，并把工作在模拟信号下的电路称为模拟电路。人们一般把模拟信号表示的量称为模拟量，声音、温度、速度等都是模拟量。图 8-1 所示就是一种模拟信号。

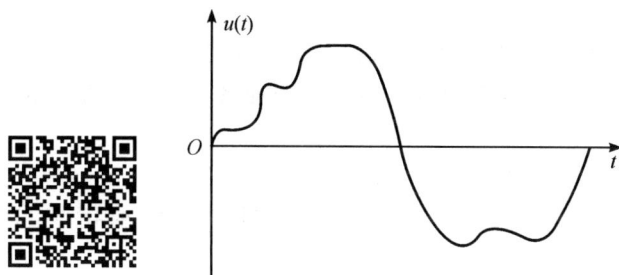

数字信号与模拟信号　　　　　图 8-1　模拟信号

数字信号是指物理量的变化在时间上和数值上都是不连续（或称为离散）的信号，并把工作在数字信号下的电路称为数字电路。人们把数字信号表示的量称为数字量，十字路口的交通信号灯状态、数字式电子仪表的显示数值、自动生产线上产品数量的统计数值等都是数字量。图 8-2 所示就是一种数字信号。

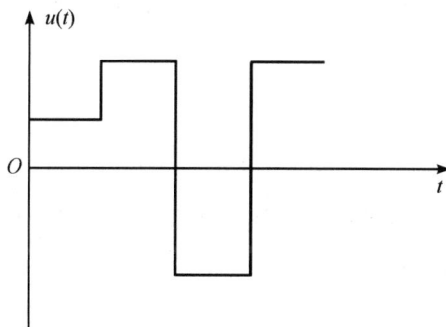

图 8-2　数字信号

由图 8-2 可以看出，数字信号的特点是突变和不连续。数字电路中的波形都是这类不连续的波形，通常将这类波形又统称为脉冲。

模拟信号在信号处理、传输的过程中容易造成信号的失真，并且这种失真是不能够纠正过来的。而数字信号由于在时间上和数值上不连续，因此需要传输的信息减少，需要的带宽也很小，并且可以通过添加纠检错信息，将处理和传输过程中出现的错误纠正过来。因此，数字信号应用越来越广泛。

8.1.2 数字信号及其特点

数字信号通常采用二值信号，用两个电平（高电平和低电平）分别来表示两个逻辑值

（逻辑 1 和逻辑 0）。其中正逻辑体制规定：高电平为逻辑 1，低电平为逻辑 0；负逻辑体制规定：低电平为逻辑 1，高电平为逻辑 0。本书不加特别说明，均采用正逻辑。

数字电路是处理数字信号的电路，用二进制数进行信息传输和处理，在电路上可以利用二极管或三极管的开、关状态来实现，即晶体管仅工作在饱和状态或截止状态即可，对元器件的参数要求很低，便于大规模集成、生产，产品成品率高。

数字电路的主要优点包括：

（1）基本单元电路简单，稳定性高。由于元件仅需要工作在开关状态，因此在电路设计上很容易实现。

（2）抗干扰能力强，精度高，保密性好。由于数字电路通常处理的信号仅有两个状态，因此电路的稳定性高，数字信号可以很容易实现加密，即便得到了加密后的信号也不能获取信号的内容。

（3）数字信号便于长期存储。数字信号采用二值信号表示，存储时采用的两种状态可以保存更长的时间，而且随着存储设备的容量不断增加（目前几十 TB 的硬盘已经问世），更便于存储。

（4）更适合传输和处理。数字信号传输需要更少的带宽，在传输的过程中可以进行纠检错，且数字电路很容易对其加密、压缩和编码。

数字电路的缺点主要是不能被人直接识别，需要将数字信号转化为模拟信号才能被人识别。

8.2 数制与码制

数制

8.2.1 数制

数制指的是多位数码中每位数码的构成方法及低位到高位的进位规则。数制数码的总数称为基数或底数。

1. 数制的类型

常见的数制包括十进制、二进制、八进制和十六进制。

（1）十进制（Decimal）。

十进制是日常生活和工作中使用最广泛的进位计数制。十进制数的基数是 10，每一位可使用 0～9 这 10 个数码，不同位置的数码代表不同的数值（称为权），遵循“逢十进一”的进位规律。利用数码和权，每个十进制数 N 均可表示成和的形式，如

$$152.37 = 1 \times 10^2 + 5 \times 10^1 + 2 \times 10^0 + 3 \times 10^{-1} + 7 \times 10^{-2}$$

所以任意十进制数 N 都可以展开为

$$(N)_{10} = \sum K_i \times 10^i \tag{8-1}$$

其中，K_i 是第 i 位的系数，是 0～9 这 10 个数码中的任意一个，10^i 是第 i 位的权。只要将 10 换成不同进制的基数，则任意进制的数均可展开成此形式。

（2）二进制（Binary）。

二进制是数字电路中应用最广泛的一种进制方法。二进制的基数为 2，每一位仅有 0 和 1 两个可能的数码，遵循"逢二进一"的进位规律，如二进制数（1011.1101）。利用数码和权，每个二进制数也可表示成和的形式，即任意二进制数 N 都可以展开为

$$(N)_2 = \sum K_i \times 2^i \tag{8-2}$$

（3）八进制（Octal）。

八进制是经常用到的另一种进制方法，其基数为 8，每位可使用 0～7 八个数码，遵循"逢八进一"的进位规律，如八进制数（137.26）。利用数码和权，每个八进制数可展开为

$$(N)_8 = \sum K_i \times 8^i \tag{8-3}$$

（4）十六进制（Hexadecimal）。

十六进制也是实际中应用比较广泛的一种进制方法，其基数为 16，数码包括 0～9、A、B、C、D、E、F 共 16 个，其中，英文字母 A～F 依次对应十进制数的 10～15，遵循"逢十六进一"的进位规律，如 16 进制数（4E8B.93E5）。利用数码和权，每个十六进制数可展开为

$$(N)_{16} = \sum K_i \times 16^i \tag{8-4}$$

二进制是数字电路中的基本数制，但用其表示的数位数较多，读写不便，因此，往往采用八进制或十六进制来表示。

2. 不同数制间的相互转换

1）其他进制数转换为十进制数

将其他进制数转换为十进制数只需利用其展开形式求和即可，即利用式（8-2）、式（8-3）、式（8-4）进行转换。例如：

二-十转换：
$$(101.01)_2 = 1 \times 2^2 + 0 \times 2^1 + 1 \times 2^0 + 0 \times 2^{-1} + 1 \times 2^{-2} = (5.25)_{10}$$

八-十转换：
$$(37.62)_8 = 3 \times 8^1 + 7 \times 8^0 + 6 \times 8^{-1} + 2 \times 8^{-2} = (31.78125)_{10}$$

十六-十转换：
$$(4E.28)_{16} = 4 \times 16^1 + E \times 16^0 + 2 \times 16^{-1} + 8 \times 16^{-2} = (78.15625)_{10}$$

为区分不同进制的数，上述各数分别采用了不同下标。下标也可采用各种进制对应的英文字母表示，其中，十进制对应 D，二进制对应 B，八进制对应 O，十六进制对应 H。

2）二进制与八进制之间的转换

3 位二进制数有 8 个状态，恰好和八进制数的 8 个数码相对应，其对应关系为

八进制：	0	1	2	3	4	5	6	7
二进制：	000	001	010	011	100	101	110	111

利用这种关系可方便地进行二-八进制之间的转换，其方法为：以小数点为界，二进制整数部分从低位开始向左，小数从高位开始向右，每 3 位分成一组，特别注意小数部分不足 3 位要在末尾补零，然后将每组的 3 位二进制数转换为 1 位八进制数。八进制数转换为

二进制数只需把每个八进制数用 3 位二进制数表示即可。

例如将二进制数 10101001000.1101 转换为八进制数过程为

$$(10101001000.1101)_2 = (10\ \ \ 101\ \ \ 001\ 000.110\ 100)_2$$
$$= (25\ \ \ 1\ \ \ 0.\ \ \ 6\ \ \ 4)_8$$

八进制数转为二进制数与上述过程相反。

3）二进制与十六进制之间的转换

4 位二进制数有 16 个状态，恰好和十六进制数的 16 个数码对应，其对应关系为

十六进制：　　　　 0～9　　 A　　 B　　 C　　 D　　 E　　 F

二进制：　　　 0000～1001　1010　1011　1100　1101　1110　1111

利用这种关系可方便地进行二-十六进制之间的转换，其方法与二-八进制转换相同，只不过需要每 4 位为一组。

4）十进制数转换为其他进制数

（1）十-二进制转换。

十进制数转换为二进制数方法为：整数部分采用除 2 取余法，其余数按逆序排列；小数部分采用乘 2 取整法，其整数按顺序排列；最后将两部分合起来即可。这里 2 是二进制数的基数。例如，将 $(23.8125)_{10}$ 化为二进制数可按如下方法实现，即

整数部分除2取余　　　　　　　　　小数部分乘2取整

因此，整数部分 $(23)_{10} = (10111)_2$，小数部分 $(0.8125)_{10} = (0.1101)_2$，将两部分加起来即可得 $(23.8125)_{10} = (10111.1101)_2$。

（2）十进制数转换为八或十六进制数。

十进制数化为八进制或十六进制数有两种方法：一种方法和十进制转换为二进制相同，只不过要用不同的基数，即 8 或 16；另一种方法是先把十进制数转换为二进制数，再把二进制数为八进制数或十六进制数。

3. 数制对应表

数制对应表见表 8-1 所示。

表 8 - 1 数 制 对 应 表

十进制	二进制	八进制	十六进制	BCD 码	十进制	二进制	八进制	十六进制	BCD 码
0	0000	0	0	0000	11	1011	13	B	00010001
1	0001	1	1	0001	12	1100	14	C	00010010
2	0010	2	2	0010	13	1101	15	D	00010011
3	0011	3	3	0011	14	1110	16	E	00010100
4	0100	4	4	0100	15	1111	17	F	00010101
5	0101	5	5	0101	16	0001 0000	20	10	00010110
6	0110	6	6	0110	17	0001 0001	21	11	00010111
7	0111	7	7	0111	18	0001 0010	22	12	00011000
8	1000	10	8	1000	19	0001 0011	23	13	00011001
9	1001	11	9	1001	20	0001 0100	24	14	00100000
10	1010	12	A	00010000	21	0001 0101	25	15	00100001

8.2.2 码制

各进制数的数码可用来表示数量的大小，也可用来表示不同的事物。表示事物时不再有数量的大小，只是不同事物的代号，这些代号称为代码。如学生的学号，已经没有数量大小的含义，仅代表某位学生。码制就是在编制代码时要遵循的规则。表 8 - 2 所示是我们常见的几种二-十进制代码，简称 BCD(Binary Coded Decimal)代码，它们是用 4 位二进制数码表示十进制数的 0~9，其编码规则各不相同。

码制

表 8 - 2 几种常见的 BCD 代码

十进制数	编 码 类 型					
	8421 码 （恒权）	余 3 码 （无权）	2421 码 （恒权）	5211 码 （恒权）	5421 码 （恒权）	格雷码 （变权）
0	0000	0011	0000	0000	0000	0010
1	0001	0100	0001	0001	0001	0110
2	0010	0101	0010	0100	0010	0111
3	0011	0110	0011	0101	0011	0101
4	0100	0111	0100	0111	0100	0100
5	0101	1000	1011	1000	1000	1100
6	0110	1001	1100	1001	1001	1101
7	0111	1010	1101	1100	1010	1111
8	1000	1011	1110	1101	1011	1110
9	1001	1100	1111	1111	1100	1010
位权	8421	—	2421	5211	5421	—

8421 码是应用最广泛的一种 BCD 码，其 4 位二进制数的权自左向右依次为十进制数

8、4、2、1，且这种权是固定不变的，故称为恒权。例如，8421BCD 码的 0101 代表 $0\times8+1\times4+0\times0+1\times1=5$。其他几种恒权码与此相同，只是位权不同。

余 3 码是由 8421 码加 3(0011)得到的，这种代码的 4 位二进制数正好比它所代表的十进制数多 3，故称余 3 码，是一种无权码。

格雷码是一种变权码，每一位的 1 在不同代码中并不代表固定的数值，其主要特点是相邻的两个代码之间仅有一位数码的状态不同。格雷码的编码方案有多种，表中所列只是一种，又称为余 3 循环码。

8.3 // 逻辑代数

数字电路研究更多的是输入和输出间的逻辑关系，所谓逻辑关系是指事物间的因果关系。1849 年，英国数学家乔治·布尔(George Boole)创立了一门用来研究客观事物逻辑关系的代数，称为布尔代数。后来，布尔代数广泛用于开关电路和数字逻辑电路的分析与设计，故又被称开关代数或逻辑代数。

8.3.1 3 种基本逻辑运算

逻辑代数的基本运算包括与、或、非 3 种，其他任何复杂的运算都可以通过这 3 种基本运算的组合实现。

基本逻辑运算

1. 与运算

与运算是指只有决定一件事情的条件全部具备之后，这件事情才会发生。这种因果关系称为逻辑与，也称逻辑乘。

如图 8-3 所示，只有当 A、B 两个开关同时闭合时，灯 F 才能亮，否则灯 F 不亮。灯 F 与 A、B 的关系即为逻辑与，把实现逻辑与功能的逻辑电路称为与门。

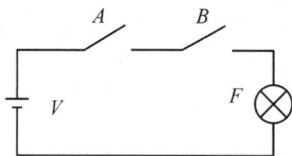

图 8-3 逻辑与示例电路图

把图 8-3 中开关 A、B 的状态作为输入逻辑变量，并以 1 表示开关闭合状态，0 表示开关断开状态，灯 F 的状态作为输出逻辑变量(也称为逻辑函数值)，以 1 表示灯亮，0 表示灯灭，则将所有输入逻辑变量的可能组合与其对应的输出逻辑函数值排列在一起组成的表称为真值表。表 8-3 即为图 8-3 逻辑与电路的真值表。

由表 8-3 可得逻辑与的运算规则为：有 0 出 0，全 1 出 1。

逻辑代数中，以符号"·"表示与运算，A 和 B 进行与逻辑运算可写成

$$F = A \cdot B \tag{8-5}$$

在不至于混淆情况下，可直接写作 $F=AB$。图 8-4 所示为与门的国标逻辑符号。

表 8 - 3　与运算真值表

A	B	F
0	0	0
0	1	0
1	0	0
1	1	1

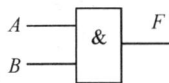

图 8 - 4　与门逻辑符号

2. 或运算

或运算是指决定一件事情的几个条件中，只要有一个或一个以上具备，这件事情就发生。这种因果关系称为逻辑或，也称逻辑加。

如图 8 - 5 所示，只要开关 A 或 B 或两者都闭合时，灯 F 就会亮，只有两个开关都断开时，灯 F 才灭。灯 F 与开关 A、B 的关系即为逻辑或，并把实现逻辑或功能的逻辑电路称为或门。

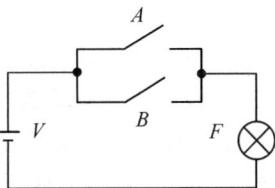

图 8 - 5　逻辑或示例电路图

表 8 - 4 即为或运算的真值表。由表可得或运算规则为：有 1 出 1，全 0 出 0。

逻辑代数中，以符号"+"表示**或**运算，A 和 B 进行**或**逻辑运算可写成

$$F = A + B \tag{8-6}$$

或门的逻辑符号如图 8 - 6 所示。

表 8 - 4　或运算真值表

A	B	F
0	0	0
0	1	1
1	0	1
1	1	1

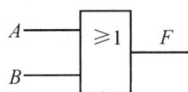

图 8 - 6　或门逻辑符号

3. 非运算

非运算是指一件事情条件具备时结果不发生，而条件不具备时结果反而发生。这种因果关系称为逻辑非，也称逻辑求反。

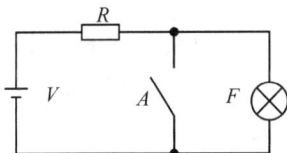

图 8 - 7　逻辑非示例电路图

如图 8-7 所示，开关 A 断开时灯 F 亮，A 闭合时灯反而不亮。灯 F 与开关 A 的关系即为逻辑反，并把实现逻辑反功能的逻辑电路称为非门（也称反相器）。表 8-5 即为非运算的真值表，由表可得非运算规则为：有 0 得 1，有 1 得 0。

表 8-5　非运算真值表

A	F
0	1
1	0

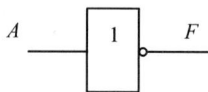

图 8-8　非门逻辑符号

逻辑代数中，以符号"‾"表示非运算，A 和 F 进行非逻辑运算可写成

$$F = \overline{A} \tag{8-7}$$

非门的逻辑符号如图 8-8 所示，图中的小圆圈表示"非"。

8.3.2　复合逻辑运算

以上 3 种基本逻辑运算比较简单，容易实现。但由于实际的逻辑问题要比基本逻辑运算复杂得多，以及有时实现基本逻辑运算的门电路（如二极管与门电路）也不是太理想，因此常把与、或、非 3 种基本逻辑运算合理地组合起来使用。这就是复合逻辑运算。与之对应的门电路称为复合逻辑门电路。常用的复合逻辑运算有与非运算、或非运算、与或非运算、异或运算、同或运算等。

1. 与非运算

与非运算是把与运算和非运算组合起来实现的，即先进行与运算，再把与运算的结果进行非运算。与非运算的真值表（以二变量为例）如表 8-6 所示，逻辑符号如图 8-9 所示。与非运算的逻辑表达式可以写成

$$Y = \overline{AB} \tag{8-8}$$

由表 8-6 得与非运算的规则为：有 0 出 1，全 1 出 0。

表 8-6　二变量与非运算真值表

A	B	Y
0	0	1
0	1	1
1	0	1
1	1	0

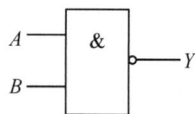

图 8-9　与非运算的逻辑符号

2. 或非运算

或非运算是把或运算和非运算组合起来实现的，即先进行或运算，再把或运算的结果再进行非运算。或非运算的真值表（以三变量为例）如表 8-7 所示，逻辑符号如图 8-10 所示。或非运算的逻辑表达式可以写成

$$Y = \overline{A + B + C} \tag{8-9}$$

由表 8-7 可得或非运算的规则为：有 1 出 0，全 0 出 1。

表 8 - 7 三变量或非运算真值表

A	B	C	Y
0	0	0	1
0	0	1	0
0	1	0	0
0	1	1	0
1	0	0	0
1	0	1	0
1	1	0	0
1	1	1	0

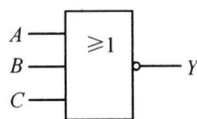

图 8 - 10 或非运算的逻辑符号

3. 与或非运算

与或非运算是把与运算、或运算和非运算组合起来实现的，即先进行与运算，再把与运算的结果进行或运算，最后进行非运算。与或非运算的真值表（以四变量为例）如表 8 - 8 所示，逻辑符号如图 8 - 11 所示。与或非运算的逻辑表达式可以写成

$$Y = \overline{AB + CD} \qquad\qquad (8-10)$$

表 8 - 8 四变量"与或非"运算真值表

A	B	C	D	Y
0	0	0	0	1
0	0	0	1	1
0	0	1	0	1
0	0	1	1	0
0	1	0	0	1
0	1	0	1	1
0	1	1	0	1
0	1	1	1	0
1	0	0	0	1
1	0	0	1	1
1	0	1	0	1
1	0	1	1	0
1	1	0	0	0
1	1	0	1	0
1	1	1	0	0
1	1	1	1	0

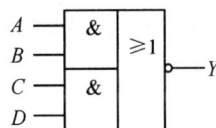

图 8 - 11 与或非运算的逻辑符号

4. 异或运算

异或运算的逻辑关系是：当 A、B 两个变量取值不相同时，输出 Y 为 1；当 A、B 两个

变量取值相同时，输出 Y 为 0。异或逻辑的真值表如表 8-9 所示，逻辑符号如图 8-12 所示。异或逻辑的表达式可以写成

$$Y = A \oplus B \qquad\qquad (8-11)$$

表 8-9　异或运算真值表　　**表 8-10　同或运算真值表**

A	B	Y
0	0	1
0	1	0
1	0	0
1	1	1

A	B	Y
0	0	0
0	1	1
1	0	1
1	1	0

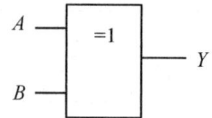

图 8-12　异或运算的逻辑符号

另外，异或运算的逻辑表达式也可以用与、或的形式表示，即写成 $Y = \overline{A}B + A\overline{B}$。在化简逻辑函数时，必须把异或运算的逻辑表达式写成 $Y = \overline{A}B + A\overline{B}$ 才能进行化简。

5. 同或运算

同或运算的逻辑关系是：当 A、B 两个变量取值相同时，输出 Y 为 1；当 A、B 两个变量取值不相同时，输出 Y 为 0。同或运算的真值表如表 8-10 所示，逻辑符号如图 8-13 所示。同或运算的逻辑表达式可以写成

$$Y = A \odot B \qquad\qquad (8-12)$$

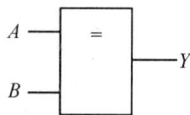

图 8-13　同或运算的逻辑符号

另外，同或运算的逻辑表达式也可以用与、或的形式表示，即写成 $Y = \overline{A}\,\overline{B} + AB$。在化简逻辑函数时，必须把同或运算的逻辑表达式写成 $Y = \overline{A}\,\overline{B} + AB$ 才能进行化简。

比较表 8-9 和表 8-10 可以看出，异或和同或互为求反运算，即 $\overline{A \oplus B} = A \odot B$。

$A \oplus B = \overline{A \odot B}$ 也可写成 $\overline{\overline{A}B + A\overline{B}} = \overline{A}\,\overline{B} + AB$ 或者 $\overline{\overline{A}\,\overline{B} + AB} = \overline{A}B + A\overline{B}$，化简逻辑函数时可以直接应用。

8.3.3　逻辑代数的常用公式及基本定理

逻辑代数是分析数字电路的重要工具，其常用的公式及基本定理是逻辑代数中的重要内容，应用非常广泛。

1. 基本公式

表 8-11 列出了逻辑代数的基本公式，这些公式的正确性可用真值表验证，若等式成立，则等式两边对应的真值表也必然相同。

表 8-11 中第 7 行的反演律即为著名的德·摩根(De·Morgan)定理，它提供了一种交换逻辑表达式的方法，在逻辑函数的化简和变换中经常被用到。

逻辑代数的常用
公式及基本定理

表 8-11 逻辑代数的基本公式

序号	名称	公式 1	公式 2
1	0-1律	$A \cdot 1 = A$；$A \cdot 0 = 0$	$A + 0 = A$；$A + 1 = 1$
2	重叠律	$AA = A$	$A + A = A$
3	互补律	$A\overline{A} = 0$	$A + \overline{A} = 1$
4	交换律	$AB = BA$	$A + B = B + A$
5	结合律	$A(BC) = (AB)C$	$A + (B + C) = (A + B) + C$
6	分配律	$A(B + C) = AB + AC$	$A + BC = (A + B)(A + C)$
7	反演律	$\overline{AB} = \overline{A} + \overline{B}$	$\overline{A + B} = \overline{A} \cdot \overline{B}$
8	还原律	$\overline{\overline{A}} = A$	

除去上述基本公式外，还有一些由基本公式导出的公式在逻辑函数化简中会经常被用到，简称"常用公式"，主要包括以下几个。

(1) $A + AB = A$

证明：$A + AB = A(1 + B) = A \cdot 1 = A$

引申：$A(A + B) = AA + AB = A + AB = A$

注意：上式中的 A、B 是泛指，它们可以是任何单个变量或多个变量的复合形式，如以 AC 代替 A、BD 代替 B，则上式仍然成立，即 $AC + (AC)(BD) = AC$。以下各式中的变量含义均与此相同。

(2) $A + \overline{A}B = A + B$

证明：$A + \overline{A}B = A + AB + \overline{A}B = A + B(A + \overline{A}) = A + B$

(3) $AB + \overline{A}C + BC = AB + \overline{A}C$

证明：$\begin{aligned} AB + \overline{A}C + BC &= AB + \overline{A}C + (A + \overline{A})BC \\ &= AB + \overline{A}C + ABC + \overline{A}BC \\ &= AB(1 + C) + \overline{A}C(1 + B) \\ &= AB + \overline{A}C \end{aligned}$

此公式说明，若两个乘积项中分别包含 A 和 $\overline{A}$ 两个因子，而由这两个乘积项的其余因子构成的第三个乘积项可以消去。

引申：上式中的第三个乘积项除包含两个乘积项的其余因子外还可包含其他因子，该式仍然成立，如以 $BCDE$ 代替 BC，仍有 $AB + \overline{A}C + BCDE = AB + \overline{A}C$，请读者自行证明。

(4) $A(\overline{A} + B) = AB$

证明：$A(\overline{A} + B) = A \cdot \overline{A} + AB = AB$

上述常用公式的共同特点是消去了某些项，所以又把它们称为吸收律。

2. 逻辑代数的基本定理

1）代入定理

代入定理是指对于任何一个逻辑等式，以某个逻辑变量或逻辑函数同时取代等式两端任何一个逻辑变量后，等式依然成立。利用代入定理可以很容易把以上的基本公式和常用公式推广到多变量逻辑运算。

【例 8 - 1】 用代入定理证明反演律适用于多变量逻辑运算。

解 现只证明反演律中的一个,另一个请读者自行证明。

已知

$$\overline{AB} = \overline{A} + \overline{B}$$

用 BC 代替等式中的 B,则得

$$\overline{ABC} = \overline{A} + \overline{BC} = \overline{A} + \overline{B} + \overline{C}$$

注意:在进行复杂的逻辑运算时,要遵守与普通代数相同的运算顺序,即首先计算括号内,然后计算乘法,最后计算加法。

2) 对偶定理

任何一个逻辑函数 F 中的"·"换成"+","+"换成"·",0 换成 1,1 换成 0,则所得新函数表达式叫作 F 的对偶式,用 F' 表示。F 和 F' 互为对偶式。

若两个逻辑函数表达式相等,则其对偶式也一定相等,此即为对偶定理。表 8 - 11 基本公式中的公式 1 和公式 2 就互为对偶式。

【例 8 - 2】 使用对偶定理证明:

$$(A + B)(\overline{A} + C)(B + C) = (A + B)(\overline{A} + C)$$

解 写出等式两边的对偶式,可得

$$AB + \overline{A}C + BC \text{ 和 } AB + \overline{A}C$$

由 8.3.3 节中常用公式(3) 可知,这两个对偶式是相等的,则由对偶定理可得原来的两式也是相等的。

注意:求对偶函数时要注意运算的优先顺序,且所有的反号均不得变动。在实际运算过程中在"·"换成"+"时,需要在原"·"两侧变量上加上括号,以保证运算顺序不变。

3) 反演定理

任何一个逻辑函数 F 中的"·"换成"+","+"换成"·"0 换成 1,1 换成 0,原变量换成反变量,反变量换成原变量,所得新函数即为 F 的反函数 $\overline{F}$,此规律称为反演定理。德·摩根定理即为反演定理的特例,因此称为反演律。

利用反演定理,可以非常方便地求得一个函数的反函数。

【例 8 - 3】 求以下函数的反函数。

$$F = A \cdot \overline{B + C} + \overline{\overline{DE}}$$

解 直接根据反演定理可得

$$\overline{F} = A + \overline{\overline{B} \cdot \overline{C}} \cdot \overline{\overline{D} + \overline{E}}$$

注意:

(1) 应用反演定理时要注意运算优先顺序,并保持结果的运算优先顺序不变,必要时在"·"换成"+"时,需要在原"·"两侧变量上加上括号,以保证运算顺序不变。

(2) 变换过程中,几个变量(两个及以上)的公共反号要保持不变,变化的只是单独变量的反号。

(3) 要注意对偶定理和反演定理的变换区别。

8.4 逻辑函数及其表示方法

数字电路研究的是输入与输出之间的逻辑关系，这些逻辑关系可以通过逻辑函数体现出来，逻辑函数的表现形式有真值表、表达式、逻辑图和卡诺图等。由于同一个逻辑函数可以同时用这些形式表示，因此，只要知道了其中的一种就可以转换成另外的形式。

8.4.1 逻辑函数

在数字电路的逻辑关系中，以逻辑变量作为输入，以运算结果作为输出，当输入变量的取值确定后，输出的结果也随之确定，因此，输出与输入之间是一种函数关系，称为逻辑函数。若以 A，B，C…为输入逻辑变量，Y 为输出，则逻辑函数可以写为

$$Y = F(A，B，C，\cdots) \tag{8-13}$$

逻辑函数与普通代数中的函数相比较，有其自己的特点，即有：

(1) 逻辑变量和逻辑函数的取值只有 0 和 1 两种，所以我们讨论的都是二值逻辑函数。

(2) 函数和变量之间的关系是由"与""或""非"3 种基本运算组成的。

8.4.2 逻辑函数的表示方法

1. 真值表

真值表是指将输入逻辑变量的各种可能取值和相应的函数值排列在一起组成的表格。真值表能清晰反映出输入值和输出值的对应关系。

逻辑函数及表示方法

【例 8-4】 三个人表决一件事情，结果按"少数服从多数"的原则来决定，列出该逻辑函数的真值表。

解 (1) 设定自变量和因变量。

要列函数真值表，首先需要设定自变量和因变量。设三个人的意见为输入变量，即自变量，设为 A、B、C；设表决结果为输出变量，即因变量，设为 F。

(2) 状态赋值。

对于已设定的自变量和因变量要明确其状态，即要进行状态赋值。对于自变量 A、B、C，设同意为逻辑"1"，不同意为逻辑"0"。对于因变量 F，设事情通过为逻辑"1"，没通过为逻辑"0"。

(3) 根据题意及上述规定即可列出函数的真值表。列写真值表通常将输入写在左边，输出写在右边；n 个输入变量有 2^n 个组合；输入变量通常按照二进制递加的顺序列出，可有效防止输入组合的遗漏。

本题的"少数服从多数"是指有两个或三个人同意则事情通过，因此，将所有因变量的可能取值和其相应的因变量的结果排列在表格内即得真值表，如表 8-12。

表 8 - 12　例 8 - 4 的真值表

输　入			输　出
A	B	C	F
0	0	0	0
0	0	1	0
0	1	0	0
0	1	1	1
1	0	0	0
1	0	1	1
1	1	0	1
1	1	1	1

2. 函数表达式

逻辑函数的输入与输出关系写成与、或、非等逻辑运算构成的表达式即为函数表达式。

函数表达式可由真值表得来，其方法是把真值表中每组函数值为 1 的变量写成一个乘积项，乘积项中取值为 1 的变量写成原变量的形式，取值为 0 的变量写成反变量的形式，最后将乘积项相加即可得到函数表达式。

例如，由表 8 - 12 所示的三人表决电路真值表可得出其函数表达式为

$$F = \overline{A}BC + A\overline{B}C + AB\overline{C} + ABC \qquad (8-14)$$

根据函数表达式也可得到函数真值表，其方法是把输入变量取值的所有组合状态逐一代入表达式求出函数值，列成表即可得到真值表。

3. 逻辑图

逻辑图是由逻辑符号及它们之间的连线构成的图形。

逻辑图可根据函数表达式画出，即把表达式所表示的逻辑变量之间的关系用对应的逻辑符号表现出来，并添加必要的连线即可得出函数逻辑图。例如由式(8 - 14)可以画出其逻辑图，如图 8 - 14 所示。

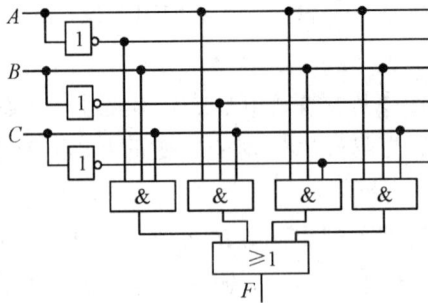

图 8 - 14　三人表决逻辑图

根据逻辑图也可写出其函数表达式，即逻辑图中的所有逻辑符号体现的逻辑功能用表达式写出来。

上述 3 种形式是逻辑函数常用的表示方法,而且它们之间是可以互相转换的。对于另一种常用的卡诺图形式将在后面详细介绍。

8.4.3 逻辑函数的最小项表示形式

1. 最小项的概念

在 n 个变量的逻辑函数中,若某乘积项 m 包含 n 个因子,且这 n 个变量必须以原变量或反变量的形式出现,并且仅出现一次,则该乘积项 m 称为最小项。n 变量逻辑函数的全部最小项共有 2^n 个。

输入变量的每组取值都会使一个对应的最小项的值为 1,如在三变量 A、B、C 的最小项中,若 $A=1$、$B=0$、$C=0$,则 $A\bar{B}\bar{C}=1$。实际中为使用方便,常把 $A\bar{B}\bar{C}$ 的取值 100 看作二进制数,则其表示的十进制数为 4,记作 m_4,称为此最小项的编号,依此类推可得其他最小项的编号,如表 8-13 所示。

表 8-13 三变量逻辑函数的最小项及其编号

最小项	变量取值			对应的十进制数	编号
	A	B	C		
$\bar{A}\ \bar{B}\ \bar{C}$	0	0	0	0	m_0
$\bar{A}\ \bar{B}\ C$	0	0	1	1	m_1
$\bar{A}\ B\ \bar{C}$	0	1	0	2	m_2
$\bar{A}\ B\ C$	0	1	1	3	m_3
$A\ \bar{B}\ \bar{C}$	1	0	0	4	m_4
$A\ \bar{B}\ C$	1	0	1	5	m_5
$A\ B\ \bar{C}$	1	1	0	6	m_6
$A\ B\ C$	1	1	1	7	m_7

2. 最小项的性质

(1) 对任何一个最小项,只有一组变量的取值组合使其值为 1。

(2) 全体最小项之和恒等于 1。

(3) 任意两个不同最小项的乘积恒等于 0。

(4) 具有逻辑相邻性的两个最小项之和可合并成一项并消去一对因子。

若两个最小项中只有一个变量以原、反状态相区别,而其他项均相同,则称它们为逻辑相邻。逻辑相邻的项可以合并,并能够消去一个因子。例如 $A\bar{B}\bar{C}$ 和 $\bar{A}\bar{B}\bar{C}$ 两个最小项,除其第一项是以原、反状态出现,其他两项完全相同,因此这两个最小项逻辑相邻,且有

$$A\bar{B}\bar{C}+\bar{A}\bar{B}\bar{C}=(A+\bar{A})\bar{B}\bar{C}=\bar{B}\bar{C}$$

3. 最小项表达式

任何一个逻辑函数表达式都可以转换为一组最小项和的标准形式,称为最小项表达式。最小项表达式是一种与或形式。这种形式在逻辑函数化简和数字电路设计中应用非常广泛。

把一般表达式转化为最小项表达式通常采用添加 $A+\overline{A}=1(A$ 是泛指)的方法。

【例 8-5】 将以下逻辑函数转换为最小项表达式。

$$F=AB\overline{C}+BC$$

解 将每项中所缺的变量采用 $A+\overline{A}=1$ 添加上去展开，即有

$$
\begin{aligned}
F &= AB\overline{C}+BC \\
&= AB\overline{C}+(A+\overline{A})BC \\
&= AB\overline{C}+ABC+\overline{A}BC \\
&= m_6+m_7+m_3 \\
&= \sum_i m_i(i=3,6,7)
\end{aligned}
$$

为书写简便，上述结果有时写成 $\sum m(3,6,7)$ 或 $\sum(3,6,7)$ 的形式。

8.5 // 逻辑函数的化简

在逻辑电路设计时，为了节省成本，通常需要将逻辑函数化简，以减少元器件的使用。在进行逻辑关系分析时，通常要将逻辑关系简化，以得到简单的运算关系，使逻辑运算变得简单。因此，通常需要对逻辑函数进行化简。常用的化简方法有公式法和卡诺图法。

8.5.1 逻辑函数的公式法化简

1. 逻辑函数的最简形式

同一逻辑函数的表达式形式可能有多个，例如下面的逻辑函数 F 就有不同的逻辑表达式，即

$$
\begin{aligned}
F &= AC+\overline{A}B & \text{与-或表达式} \\
&= \overline{\overline{A+B}+\overline{\overline{A}+C}} & \text{或非-或非表达式} \\
&= \overline{\overline{AC}\cdot\overline{\overline{A}B}} & \text{与非-与非表达式} \\
&= \overline{A\overline{C}+\overline{A}\cdot\overline{B}} & \text{与-或-非表达式} \\
&= (A+B)(\overline{A}+C) & \text{或-与表达式}
\end{aligned}
$$

一个逻辑函数一般有上面的 5 种表达式，其中最简表达式有以下规则：

(1) 逻辑函数式必须是与-或式。

(2) 逻辑函数式中与式最少，即乘积项最少。

(3) 每个与项中的变量数最少，即乘积项中的因子最少。

在进行逻辑函数化简时，应当按照上述规则去衡量、判断逻辑函数是否化简到最简形式。

2. 公式法化简

公式法化简主要就是利用逻辑代数的基本公式、常用公式及基本定理消去函数式中多

余的乘积项和因子，从而得到逻辑函数的最简形式。经常使用的方法有以下几种：

（1）并项法。运用公式 $A+\bar{A}=1$ 或 $AB+A\bar{B}=A$，将两项合并为一项，可以消去一个变量。

【例 8-6】 用并项法化简逻辑函数 $F=A\bar{B}+ACD+\bar{A}\bar{B}+\bar{A}CD$。

解
$$F=A\bar{B}+ACD+\bar{A}\bar{B}+\bar{A}CD$$
$$=A(\bar{B}+CD)+\bar{A}(\bar{B}+CD)$$
$$=\bar{B}+CD$$

由代入定理可知，A 和 B 可以是任何复杂的逻辑式。

（2）吸收法。运用吸收律 $A+AB=A$，可以消去逻辑函数多余的与项。A 和 B 同样也可以是任何复杂的逻辑式。

【例 8-7】 用吸收法化简逻辑函数 $F=AB+AB(C\bar{D}+DE)$。

解
$$F=AB+AB(C\bar{D}+DE)$$
$$=(AB)+(AB)(C\bar{D}+DE)$$
$$=AB$$

（3）消项法。利用公式 $AB+\bar{A}C+BC=AB+\bar{A}C$ 及 $AB+\bar{A}C+BCD=AB+\bar{A}C$ 可将 BC 或 BCD 消去，A、B、C、D 同样也可以是任何复杂的逻辑式。

【例 8-8】 用消项法化简逻辑函数 $F=AC+A\bar{B}+\overline{B+C}$。

解
$$F=AC+A\bar{B}+\overline{B+C}$$
$$=AC+A\bar{B}+\bar{B}\bar{C}$$
$$=AC+\bar{B}\bar{C}$$

（4）消去互补因子法。利用消去互补因子公式 $A+\bar{A}B=A+B$ 可将 $\bar{A}$ 消去，A 和 B 也可是任何复杂的逻辑式。

【例 8-9】 用消去互补因子法化简逻辑函数 $F=AB+\bar{A}C+\bar{B}C$。

解
$$F=AB+\bar{A}C+\bar{B}C$$
$$=AB+(\bar{A}+\bar{B})C$$
$$=AB+\overline{AB}C$$
$$=AB+C$$

（5）配项法。根据公式 $A+A=A$ 在函数式中重复写入某一项，或根据 $A+\bar{A}=1$ 在函数式中的某一项上乘以 $(A+\bar{A})$，这样就增加了必要的乘积项，然后再利用以上方法进行化简。对于同或相加或者异或相加的形式通常适合用配项法化简。

【例 8-10】 用配项法化简下列逻辑函数 $F=A\bar{B}+\bar{A}B+B\bar{C}+\bar{B}C$。

解
$$F=A\bar{B}+\bar{A}B+B\bar{C}+\bar{B}C$$
$$=A\bar{B}+\bar{A}B(C+\bar{C})+B\bar{C}(A+\bar{A})+\bar{B}C$$
$$=A\bar{B}+\bar{A}BC+\bar{A}B\bar{C}+AB\bar{C}+\bar{A}B\bar{C}+\bar{B}C$$
$$=A\bar{B}(1+C)+\bar{A}C(B+\bar{B})+B\bar{C}(1+\bar{A})$$
$$=A\bar{B}+\bar{A}C+B\bar{C}$$

综上所述，利用公式法化简逻辑函数不受变量数目的限制，也没有固定的步骤可循，而是需要熟练掌握各种公式和定理，尤其在化简一些较为复杂的逻辑函数时还需要一定的技巧和经验。

8.5.2　逻辑函数的卡诺图法化简

1. 卡诺图概念

利用卡诺图化简逻辑函数的方法是由美国工程师卡诺(Karnaugh)提出的，相对于公式法化简逻辑函数，卡诺图化简方法简捷明了，能直接得到最简与或表达式，更容易掌握，是逻辑函数化简必不可少的工具。

将 n 个输入变量的全部最小项用小方块阵列图表示，一个小方块代表一个最小项，并将这些最小项按照逻辑相邻性排列起来，即逻辑相邻的最小项放在相邻的几何位置(小方块在阵列图中的具体位置)上，所得到的阵列图就是 n 变量的卡诺图。先把对应的输入组合注明在阵列图的上方和左方，接着把这些组合的二进制代码对应的二进制数转换为十进制数，恰好是每个小方块所代表的最小项的编号，如图 8-15 所示。

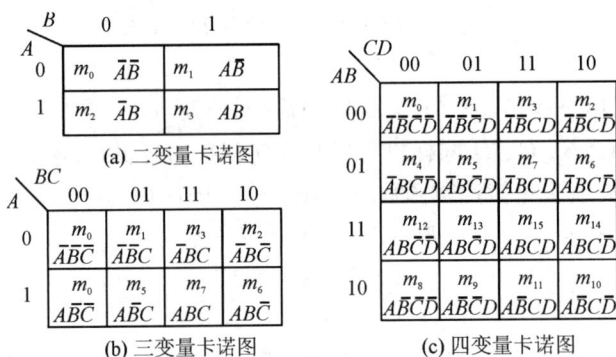

图 8-15　二、三、四变量卡诺图

从图 8-15 可以看到，卡诺图具有很强的逻辑相邻性。

(1) 直观相邻性，只要小方块在几何位置上相邻(不管上下左右)，它所代表的最小项在逻辑上一定是相邻的。如图 8-15(c)中的最小项 m_5 分别与上下左右 m_1、m_{13}、m_4、m_7 在几何位置上相邻，在逻辑上也相邻。

(2) 对边相邻性，即与中心轴对称的左右两边和上下两边的小方块也具有相邻性。如图 8-15(b)中的 m_0 和 m_2，尽管在几何位置上不相邻，但其在逻辑上是相邻的，m_4 和 m_6 也是如此，也即图 8-15(b)的左右两边也具有相邻性。图 8-15(c)中的左右两边、上下两边同样也是几何位置不相邻，但逻辑上是相邻的。因此，整个卡诺图在几何位置上是上下、左右闭合的图形。

2. 用卡诺图表示逻辑函数

本书所讲卡诺图中的小方块均表示最小项，且 n 变量卡诺图包含了所有最小项的组合，如图 8-15 所示。由于任何一个逻辑函数均可以表示成最小项的形式，因此，必然可以用卡诺图表示逻辑函数。

1) 由真值表得到卡诺图

前面已经讲到，真值表包含了输入变量的所有组合状态，若这些组合状态都以最小项形式表示，则由真值表可以直接写出逻辑函数的卡诺图形式。其方法是：将输出为 1 的最小项在卡诺图对应的位置上填写 1，其余位置上写 0，则可得到此逻辑函数的卡诺图。

【例 8 - 11】 某逻辑函数的真值表如表 8 - 14 所示，用卡诺图表示该逻辑函数。

解 该函数包括 3 个变量，先画出三变量卡诺图，再根据真值表将 8 个最小项的取值 0 或者 1 填入卡诺图中对应的 8 个小方块中即可，如图 8 - 16 所示。

表 8 - 14 例 8 - 11 逻辑函数真值表

A	B	C	F
0	0	0	0
0	0	1	1
0	1	0	0
0	1	1	1
1	0	0	1
1	0	1	0
1	1	0	0
1	1	1	1

A\\BC	00	01	11	10
0	0	1	1	0
1	1	0	1	0

图 8 - 16 例 8 - 11 的卡诺图

2）由逻辑表达式得到卡诺图

由逻辑表达式也可以得到卡诺图。若表达式为最小项和的形式，则在卡诺图上将与这些最小项对应的位置填入 1，其余位置填入 0 即可得此函数的卡诺图。若表达式不是最小项和的形式，则需先变换成最小项和的形式，再用同样方法得出卡诺图。

【例 8 - 12】 用卡诺图表示逻辑函数 $F = A\overline{B} + BCD$。

解 此函数包括 4 个变量，由于不是最小项表达形式，因此首先要将其转换为最小项和的形式，可通过配项方法实现，即

$$F = A\overline{B} + BCD$$
$$= A\overline{B}(C+\overline{C})(D+\overline{D}) + BCD(A+\overline{A})$$
$$= A\overline{B}CD + A\overline{B}C\overline{D} + A\overline{B}\overline{C}D + A\overline{B}\overline{C}\overline{D} + ABCD + \overline{A}BCD$$
$$= m_{11} + m_{10} + m_9 + m_8 + m_{15} + m_7$$

然后将表达式中出现的最小项在卡诺图相应位置上写 1，其余写 0，即得到该函数的卡诺图，如图 8 - 17 所示。

AB\\CD	00	01	11	10
00	0	0	0	0
01	0	0	1	0
11	0	0	1	0
10	1	1	1	1

图 8 - 17 例 8 - 12 的卡诺图

实际上，若用卡诺图表示逻辑函数比较熟练后，类似本题形式也可直接得到卡诺图，其方法就是在卡诺图上将包含某乘积项的所有最小项全部填写 1，如本例中 $m_8 \sim m_{11}$ 这 4 个最小项都包含有 $A\overline{B}$，则直接把这 4 个方块填写 1 即可。不过需要注意的是不要遗漏某

些项。

3. 卡诺图法化简逻辑函数

利用卡诺图化简逻辑函数的基本依据就是具有逻辑相邻性的最小项可以消去一对因子。由于卡诺图具有很强的相邻性，因此通过卡诺图可以很容易地找到具有相邻特性的最小项并将其合并后化简。

1）合并最小项的基本规则

（1）两个相邻的最小项结合，可以消去 1 个取值不同的变量而合并为 1 项，保留的是公共因子，如图 8-18 所示。

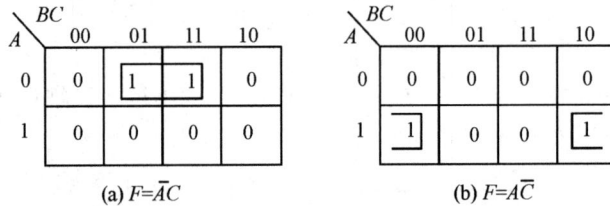

图 8-18　两个最小项相邻

（2）4 个相邻的最小项结合，可以消去两个取值不同的变量而合并为 1 项，保留的也是公共因子，如图 8-19 所示。

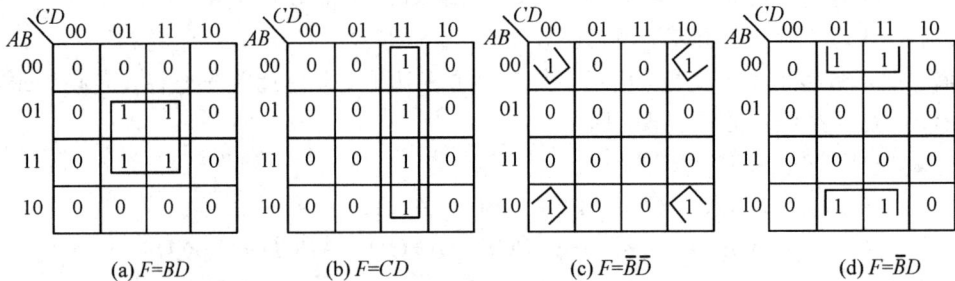

图 8-19　4 个最小项相邻

（3）8 个相邻的最小项结合，可以消去 3 个取值不同的变量而合并为 1 项，保留的仍是公共因子，如图 8-20 所示。

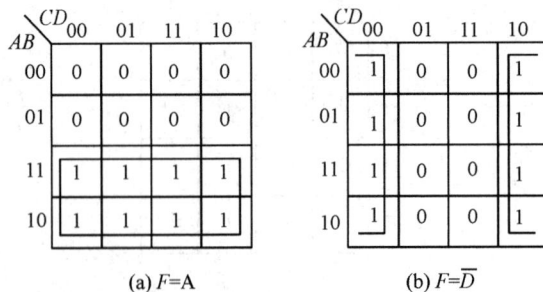

图 8-20　8 个最小项相邻

综上所述，可以归纳出卡诺图化简逻辑函数的一般规则为：若相邻最小项的个数是 2^n 个，则利用卡诺图化简逻辑函数时，可以消去 n 个取值不同的变量而合并为 1 项，保留的是公共因子。

注意：相邻单元必须是 2^n 个，即必须是 2 的整数次幂，且相邻单元必须组成矩形才能合并，如图 8-21 画法是错误的。

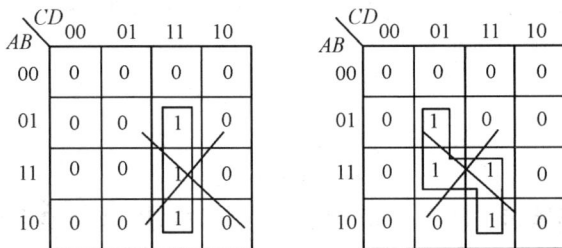

图 8-21 错误的卡诺图画法

2）卡诺图法化简逻辑函数的步骤

（1）将函数化为最小项之和的形式。

（2）根据最小项形式表达式或真值表画出逻辑函数的卡诺图。

（3）合并相邻的最小项。选取最小项的原则为：

① 尽量画大圈，圈大即矩形包含的最小项多，每个圈对应一个矩形，每个圈内只能含有 2^n 个相邻项，特别要注意对边相邻性和四角相邻性。

② 卡诺图中所有取值为 1 的方块均要被圈过，即不能漏掉取值为 1 的最小项。

③ 各最小项可以重复使用，但在新画的圈中至少要含有 1 个未被圈过的 1 方块，否则该圈是多余的。

④ 画圈时，应选择用最少的圈画完所有的 1。

⑤ 检查画的圈是否最少，以及检查是否存在没有圈入新 1 的圈。

（4）写出化简后的表达式。首先每一个圈写一个最简与项，规则是圈内所有的 1 对应的最小项的公共部分保留下来，即对应的卡诺图标注不同的部分被化简消去，相同的部分即为此部分的化简结果，相同部分的标注取值为 1 的变量用对应变量的原变量表示，取值为 0 的变量用对应变量的反变量表示，然后将这些变量相与得到这个圈的最简式，最后将所有圈化简后的与项进行逻辑加，即可得到卡诺图的最简表达式。

【例 8-13】 用卡诺图化简逻辑函数 $F = \overline{A}\overline{B}\overline{C} + \overline{A}\overline{B}C + A\overline{B}C + ABC$。

解 （1）首先画出逻辑函数 F 的卡诺图，如图 8-22(a) 所示。

（2）找出可以合并的最小项并用圈画出，如图 8-22(a) 所示，合并最小项可得

$$F = \overline{A}\overline{B} + AC$$

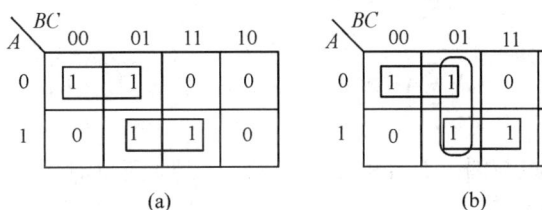

(a)   (b)

图 8-22 例 8-13 的卡诺图

从图 $8-22(a)$ 可看到，除去两个矩形圈住的最小项外，还有两个最小项是相邻的，即图 $8-22(b)$ 中圆角矩形所画的两个最小项。但这两个最小项在实际的化简中并没有被选择再单独画圈，其原因在于这两个最小项分别被划进了两个直角矩形中。所以圆角矩形画出的包围圈中不含有未被圈过的 1 方块，因而这个圈是多余的。事实上，对于图 $8-22(b)$，我们也可以写出逻辑表达式观察，即有

$$F = \overline{A}\,\overline{B} + AC + \overline{B}C$$

由常用基本公式可得

$$F = \overline{A}\,\overline{B} + AC$$

因此可见，由圆角矩形圈起来的两个最小项合并得到的 $\overline{B}C$ 确实是多余的。

【例 $8-14$】　用卡诺图化简逻辑函数 $F(A, B, C, D) = \sum (m_0, m_2, m_5, m_7, m_8, m_9, m_{10}, m_{11}, m_{12}, m_{13}, m_{14}, m_{15})$。

　　解　（1）首先画出逻辑函数 F 的卡诺图，如图 $8-23(a)$ 所示。

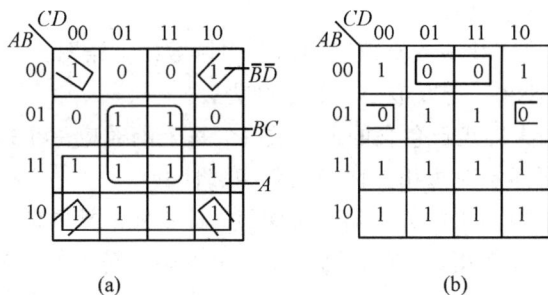

图 $8-23$　例 $8-14$ 的卡诺图

（2）找出可以合并的最小项并用圈画出，合并最小项可得

$$F = A + BD + \overline{B}\,\overline{D}$$

（3）观察图 $8-23(a)$ 可见，图中 0 的个数要远少于 1 的个数。对于此类题目，还有另外一种化简方法，即通过圈 0 的方法进行化简。最小项的一个性质就是全部最小项的和为 1，卡诺图中填 1 的最小项之和为 1，计作 F，则卡诺图中填 0 的最小项的和为 0，必为 $\overline{F}$，因此，通过圈 0 化简后可求出 $\overline{F}$，再求反即可得到 F。由图 $8-23(b)$ 可得

$$\overline{F} = \overline{A}B\overline{D} + \overline{A}\,\overline{B}D$$

通过求反可得

$$
\begin{aligned}
F &= \overline{\overline{F}} = \overline{\overline{A}B\overline{D} + \overline{A}\,\overline{B}D} \\
&= \overline{\overline{A}B\overline{D}} \cdot \overline{\overline{A}\,\overline{B}D} \\
&= (A + \overline{B} + \overline{D})(A + \overline{B} + D) \\
&= A + A\overline{B} + AD + AB + BD + A\overline{D} + \overline{B}\,\overline{D} \\
&= A + BD + \overline{B}\,\overline{D}
\end{aligned}
$$

由此可见，化简结果与圈 1 合并的结果相同。另外，还可看到，通过合并 0 可以很容易得到逻辑函数的与或非形式。

【例 $8-15$】　已知某逻辑函数的真值表如表 $8-15$，用卡诺图化简此逻辑函数。

　　解　（1）首先画出逻辑函数 F 的卡诺图，如图 $8-24$ 所示。

（2）找出可以合并的最小项并用圈画出，分析卡诺图可见，本例的卡诺图有两种画圈方法，分别如图 8-24(a)和图 8-24(b)所示。

① 由图 8-24(a)可得

$$F = \overline{A}B + AC + B\overline{C}$$

② 由图 8-24(b)可得

$$F = \overline{A}\overline{C} + \overline{B}C + AB$$

表 8-15　例 8-15 真值表

A	B	C	F
0	0	0	1
0	0	1	1
0	1	0	1
0	1	1	0
1	0	0	0
1	0	1	1
1	1	0	1
1	1	1	1

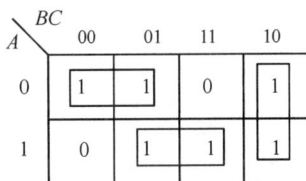

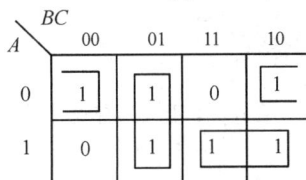

图 8-24　例 8-15 卡诺图

由此例可以看出，一个逻辑函数的真值表是唯一的，卡诺图也是唯一的，但化简结果有时候不是唯一的。

8.5.3　具有无关项的逻辑函数及其化简

在有些逻辑函数中，输入变量的某些取值组合不会出现，这样的取值组合所对应的最小项取值始终为 0，这些最小项称为无关项、任意项或约束项。

由于无关项的含义是指在某种输入情况下恒为 0 的最小项，因此这些最小项既可以写入逻辑函数也可以不写入逻辑函数，在卡诺图中与这些最小项对应的位置既可填入 1 也可填入 0，在卡诺图中常用符号×或 ϕ 表示。在化简逻辑函数时，如果能合理利用无关项，一般都可得到更简化的结果。

一般来说，无关项在卡诺图中的表现比在表达式中更为明显。至于把无关项看作 1 还是 0，主要看它是否有利于得到更大的矩形组合，或者能够得到更少的矩形组合，即能够使逻辑函数更简。不利于原有 1 得到最大矩形的无关项，可以取 0 不进行化简。只要确定了无关项的取值，其化简方法和一般卡诺图的化简方法是相同的。

【例 8-16】　用卡诺图化简具有无关项的逻辑函数 $F(A, B, C, D) = \sum(m_2, m_3, m_7, m_8, m_{11}, m_{14})$，给定约束条件为 $m_0 + m_5 + m_{10} + m_{15} = 0$。

解　（1）根据题意画出卡诺图如图 8-25 所示。

约束条件即为给定的无关项，由卡诺图可以看到，本题中的无关项在卡诺图中有的看作了 1，有的看作了 0。由于无关项看作 1，可得到了更大的矩形，从而使函数更简，因此所

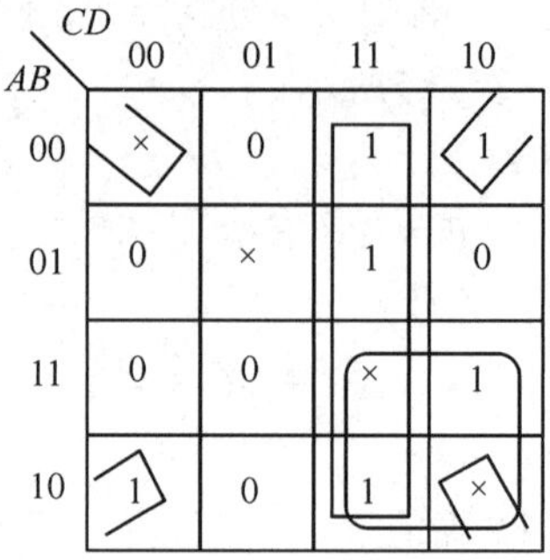

图 8-25　例 8-16 卡诺图

得函数为

$$F = AC + CD + \overline{B}\,\overline{D}$$

心得体会

通过本章的学习，你有哪些收获？请用简短的话语，将你自己的心得体会写出来吧。

本 章 小 结

(1) 本章为数字电路的基础知识，介绍了数字信号及其特点、二进制数与十进制数及其相互转换、最常用编码 8421BCD 码，以及把十进制数转换成 8421 码的方法等。

(2) 逻辑代数的基本知识中有 3 种基本逻辑关系与、或、非。把它们合理地组合起来就是复合逻辑关系，常用的有与非、或非、与或非、异或、同或等。同一种逻辑关系可以用真值表、逻辑表达式、逻辑图和卡诺图 4 种方法表示，每一种表示方法都有优点和缺点，使用时要合理选择，扬长避短。逻辑函数 4 种表示方法之间的转换是本章的重点之一。

(3) 基本公式和常用公式是为化简逻辑函数服务的，灵活掌握并熟练地应用这些公式可以把逻辑函数简化到最简。这是设计电路所必需的一步。

(4) 常用的逻辑函数化简方法有公式法和卡诺图法两种，这两种方法都要求能够熟练掌握并且灵活运用。公式法化简不受变量个数的限制，因此适用于比较复杂的逻辑函数。但是这种方法没有固定的方法和步骤，要求能够熟练应用所有的公式而且还要有一定的技巧，且试探性强，有时不能确定是否化简到了最简。卡诺图法化简简单、直观，只要按照规则去做就一定能够得到最简单的逻辑函数表达式。但是，多于 4 个变量时卡诺图太庞大，所以多于四变量时一般不使用。

思考题与习题

8-1　将下列二进制数转换为等值的十进制数。

(1) $(10100)_2$　(2) $(0.0111)_2$　(3) $(110.101)_2$

8-2 将下列二进制数转换为等值的八进制数和十六进制数。

(1) $(1110.0111)_2$ (2) $(1001.1101)_2$

8-3 将下列十进制数转换为等值的二进制数和十六进制数。要求二进制数保留小数点以后 4 位有效数字。

(1) $(25.7)_{10}$ (2) $(188.875)_{10}$

8-4 完成下列数制、码制的转换。

$(00011000)_{8421BCD} = ($ $)_{10}$

$(01110011)_2 = ($ $)_{10}$

$(37)_{10} = ($ $)_{8421BCD}$

$(812)_{10} = ($ $)_{8421BCD}$

8-5 证明下列逻辑恒等式(方法不限)。

(1) $A\bar{B} + B + \bar{A}B = A + B$ (2) $(A + \bar{C})(B + D)(B + \bar{D}) = AB + B\bar{C}$

8-6 将下列各逻辑函数式化为最小项之和的形式。

(1) $F = \bar{A}BC + AC + \bar{B}C$ (2) $F = A\bar{B}\bar{C}D + BCD + \bar{A}D$

8-7 用逻辑代数的基本公式和常用公式化简下列各式。

(1) $AC\bar{D} + \bar{D}$ (2) $A\bar{B}(A + B)$ (3) $A\bar{B} + AC + BC$ (4) $AB(A + \bar{B}C)$

8-8 用逻辑代数的基本公式和常用公式将下列逻辑函数化为最简与或形式。

(1) $F = A\bar{B} + B + \bar{A}B$ (2) $F = A\bar{B}C + \bar{A} + B + \bar{C}$ (3) $F = \overline{\overline{\bar{A}BC} + \overline{A\bar{B}}}$

8-9 写出下图中各卡诺图所表示的逻辑函数式。

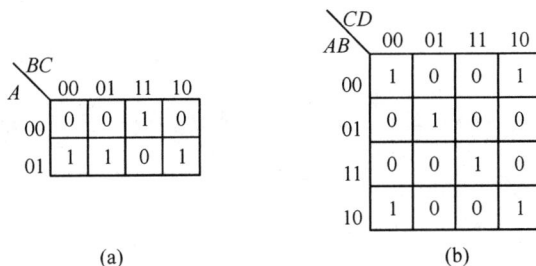

A\BC	00	01	11	10
00	0	0	1	0
01	1	1	0	1

(a)

AB\CD	00	01	11	10
00	1	0	0	1
01	0	1	0	0
11	0	0	1	0
10	1	0	0	1

(b)

题图 8-1

8-10 用卡诺图化简法将下列逻辑函数化为最简与或形式。

$F = ABC + ABD + \bar{C}D + A\bar{B}C + \bar{A}C\bar{D} + A\bar{C}D$ (2) $F = A\bar{B} + \bar{A}C + BC + \bar{C}D$

第9章
逻 辑 门 电 路

知识重点

- TTL 门电路的逻辑功能及其正确使用。
- MOS 门电路的逻辑功能及其正确使用。

知识难点

- 晶体三极管的开关特性。
- MOS 管的开关特性。
- 几种特殊门电路的应用。

素质提升

通过对电路分析特点的研究与讨论，可以提升我们科学严谨、求真务实的工程素养和独立自主解决问题的能力。

9.1 概　述

逻辑门电路是组成数字电路的基本单元电路，因此掌握门电路的构成和基本特性是学好数字电路的基础。

逻辑门电路是用以实现逻辑关系的电子电路，简称门电路。门电路包括分立元件门电路和集成门电路。其中分立元件门电路结构简单，但性能较差，目前多用作集成电路内部的逻辑单元。而集成门电路种类比较多，功能和性能也比分立元件门电路强大，因此使用方便，应用十分广泛。

除了掌握门电路的逻辑功能以外，还要了解门电路的外特性也很重要。只有正确使用门电路，才能实现它应有的逻辑功能。

9.2 逻辑门电路

9.2.1 晶体二极管门电路

1. 晶体二极管的开关特性

二极管的开关特性是指二极管在导通和截止两种稳定状态下的特性。由于二极管具有单向导电性，因此在数字电路中经常把它当作开关使用。

图 9-1 给出了二极管组成的开关电路图，其中图(a)为原理电路，图(b)为二极管导通状态下的等效电路，图(c)为二极管在截止状态下的等效电路，且图中二极管为理想的二极管，忽略了正向导通压降和反向电流。

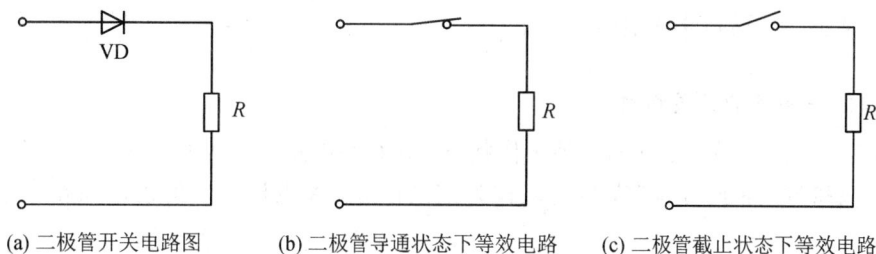

(a) 二极管开关电路图　　(b) 二极管导通状态下等效电路　　(c) 二极管截止状态下等效电路

图 9-1　二极管组成的开关电路及其等效电路

2. 二极管与门

由二极管组成的与门电路如图 9-2(a)所示，图 9-2(b)为其逻辑符号。

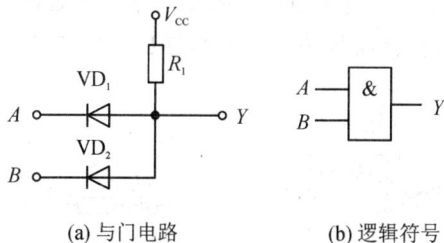

(a) 与门电路　　　　　(b) 逻辑符号

图 9-2　二极管与门电路及其逻辑符号

图 9-2 中 A、B 为两个输入端，Y 为输出端，R_1 为限流电阻，设 VD_1、VD_2 为理想二极管。当输入端有 1 个低电平输入时，VD_1、VD_2 至少有一个是导通的，所以 Y 输出低电平；当输入端都为高电平时，两个二极管均截止，Y 输出高电平。输出与输入之间的关系为"有 0 出 0，全 1 出 1"，所以图 9-2(a)所示电路实现的是"与"的逻辑关系，逻辑函数表达式为 $Y=AB$。

3. 二极管或门

由二极管组成的或门电路如图 9-3(a)所示，图 9-3(b)为其逻辑符号。

图 9-3 中 A、B 为两个输入端，Y 为输出端，R 为限流电阻，设 VD_1、VD_2 为理想二

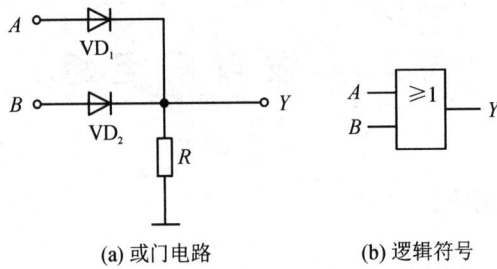

(a) 或门电路　　　　　(b) 逻辑符号

图 9-3　二极管或门电路及其符号

极管。当输入端有高电平输入时，VD_1、VD_2 至少有一个是导通的，所以 Y 输出高电平；当输入端都为低电平时，两二极管均截止，Y 输出低电平。输出与输入之间的关系为"有 1 出 1，全 0 出 0"，所以图 9-3(a)所示电路实现的是"或"的逻辑关系，逻辑函数表达式为 $Y = A + B$。

9.2.2　晶体三极管门电路

1. 晶体三极管的开关特性

三极管有截止、放大、饱和三种工作状态。在数字电路中三极管作为开关元件使用时，只工作在饱和与截止两种状态，即基极作为控制信号，集电极与发射极之间相当于一个无触点开关。

(1) 当输入高电平时，三极管饱和，$u_{BE} > 0$，发射结、集电结均为正偏，$i_B \geqslant I_{BS} \approx V_{CC}/\beta R_c$（$I_{BS}$ 为临界饱和基极电流），此时 $i_C = I_{CS} \approx V_{CC}/R_c$（$I_{CS}$ 为临界饱和集电极电流），此时 $u_o \approx 0$，相当于开关的"闭合"。如图 9-4(a)所示是三极管饱和状态下的等效电路。

(2) 当输入低电平时三极管截止，$u_{BE} < 0$，发射结、集电结均反偏，$i_B \approx 0$，$i_C \approx 0$，$u_o \approx V_{CC}$，相当于开关的"断开"。如图 9-4(b)所示是三极管截止时的等效电路。

晶体三极管在截止与饱和这两种稳态下的特性称为三极管的静态开关特性。

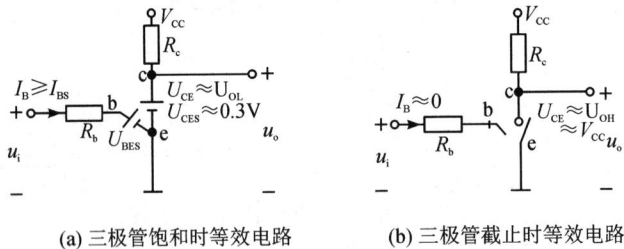

(a) 三极管饱和时等效电路　　　(b) 三极管截止时等效电路

图 9-4　晶体三极管的等效电路

2. 三极管非门

三极管非门电路如图 9-5(a)所示，图 9-5(b)为其逻辑符号。

图 9-5 中只有一个输入端 A，一个输出端 Y。当输入高电平时，三极管导通，输出低电平；当输入低电平时，三极管截止，输出高电平。输出与输入之间的关系为"是 1 出 0，是 0 出 1"，所以图 9-5(a)实现的是"非"的逻辑关系，逻辑函数表达式为 $Y = \overline{A}$。

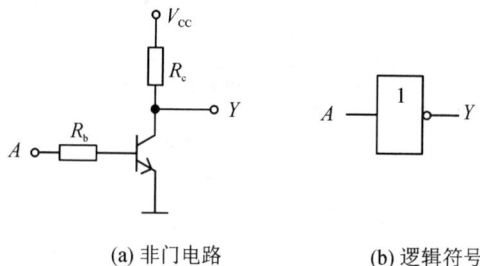

(a) 非门电路　　　　　　　　(b) 逻辑符号

图 9 - 5　三极管非门电路及其逻辑符号

9.2.3　复合逻辑门电路

在实际的逻辑问题中，逻辑关系往往要比与、或、非逻辑关系复杂的多，因此需要将与、或、非门电路适当组合起来形成复合逻辑门电路，常用的有与非，或非，与或非，异或等门电路，如图 9 - 6 所示。因为复合逻辑门电路比较复杂，所以用集成电路来实现。

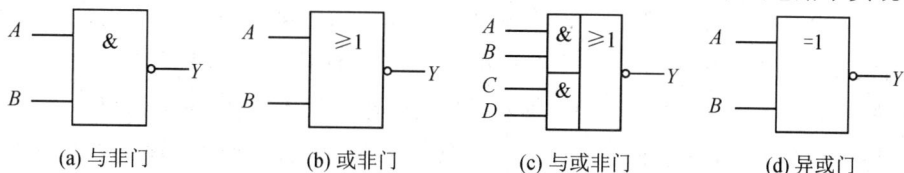

(a) 与非门　　　　　(b) 或非门　　　　　(c) 与或非门　　　　　(d) 异或门

图 9 - 6　复合逻辑门

1. 与非门

与非门是把与门和非门组合起来，逻辑符号如图 9 - 6(a)所示，表达式为 $Y=\overline{AB}$。

2. 或非门

或非门是把或门和非门组合起来，逻辑符号如图 9 - 6(b)所示，表达式为 $Y=\overline{A+B}$。

3. 与或非门

与或非门是把与门、或门和非门组合起来，逻辑符号如图 9 - 6(c)所示，表达式为 $Y=\overline{AB+CD}$。

4. 异或门

异或门的特点是两个输入不同时输出为 1，相同时输出 0，逻辑符号如图 9 - 6(d)所示，表达式为 $Y=A\overline{B}+\overline{A}B$。

9.3 // 集成逻辑门电路

9.3.1　TTL 非门和与非门的工作原理

1. TTL 非门(又称反相器)的工作原理

TTL 反相器由输入级、中间级和输出级三部分组成，典型电路如图 9 - 7(a)所示，逻辑符号如图 9-7(b)所示。

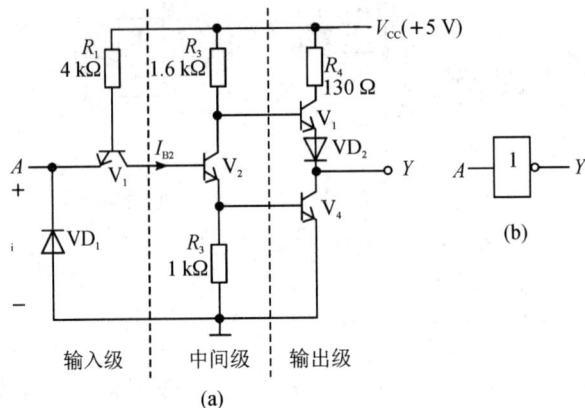

图 9-7　TTL 非门内部结构电路及逻辑符号

(1) 输入电压 u_i 为低电平时，V_1 管的发射结由于有正向偏压而导通，通过 R_1 的偏流大部分流到 V_1 管的发射极，V_2 管因基极电流 I_{b2} 很小而截止，此时 V_2 管集电极的高电位使 V_3 管和二极管 VD_2 同时导通；V_2 管发射极的低电位使 V_4 管截止，输出高电平。

(2) 输入电压 u_i 为高电平时，V_1 管因发射结反偏而截止，而 V_1 管的集电结由于正偏而导通，通过 R_1 的电流流向 V_1 管的集电极，为 V_2 管提供基极电流 I_{b2}，使 V_2 管饱和导通，进而使 V_4 管饱和导通；由于 V_2 的集电极为低电位，V_3 和 VD_2 管同时截止，输出低电平。

综上所述，图 9-7(a)所示的 TTL 反相器输入低电平时，输出高电平；输入高电平时，输出低电平，起到了反相的作用。

2. TTL 与非门的内部结构及工作原理

因为 TTL 与非门是在 TTL 反相器的基础上加以改进而成的，所以工作原理和 TTL 非门相似，此处不再赘述。TTL 与非门进行了以下两个方面改进：改进之一，将 V_1 改用多发射极三极管，起"与"的逻辑功能；改进之二，将输出端的 V_3、VD_2 用一个复合三极管 V_3 与 V_4 代替，与输出管组成推拉式输出级，且对内部电阻的阻值进行了相应的调整。改进的主要目的是进一步减小功耗，提高 TTL 与非门的工作速度和带负载能力。二输入端 TTL 与非门内部结构电路及其逻辑符号如图 9-8 所示。

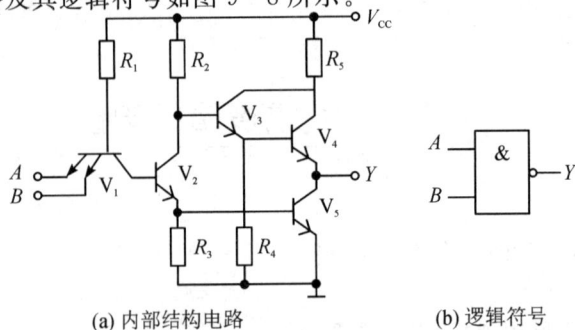

(a) 内部结构电路　　　　(b) 逻辑符号

图 9-8　二输入端 TTL 与非门内部结构电路及其逻辑符号

9.3.2 TTL 非门和与非门的主要特性

1. TTL 非门主要特性

（1）电压传输特性：表示反相器输出电压与输入电压之间的关系，如果用曲线表示称为电压传输特性曲线。TTL 反相器的电压传输特性曲线如图 9-9 所示。

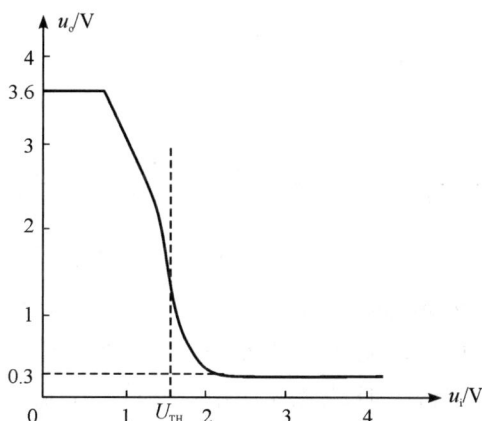

图 9-9　TTL 反相器的电压传输特性曲线

由图 9-9 可以看出：当输入电压 u_i 较小时，输出电压为高电平（理论值为 3.6 V）；输入电压 u_i 大于 U_{TH}（称为门槛电压或阈值电压，约 1.4 V）后，输出电压为低电平（理论值 0.3 V 以下）。所以门槛电压（阈值电压）U_{TH} 是决定反相器输出端状态的关键值。

（2）输入特性：表示反相器输入电流 i_i 与输入电压 u_i 之间的关系，如果用曲线表示称为电压输入特性曲线。TTL 反相器的输入特性曲线如图 9-10 所示。

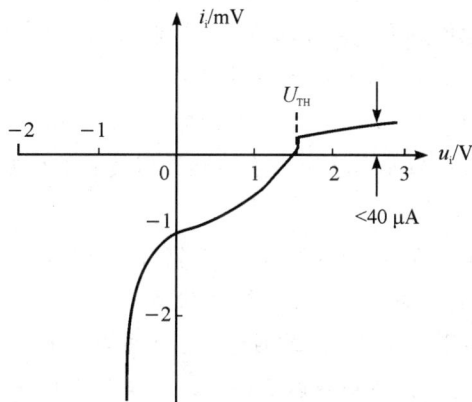

图 9-10　TTL 反相器的输入特性曲线

TTL 反相器的输入特性曲线上电流 i_i 为负值时表示反相器输入端流出电流，i_i 为正值时表示电流流入反相器的输入端。此特性曲线表明：当输入电压 u_i 小于门槛电压时，反相器截止，输入端流出电流；当输入电压 u_i 大于门槛电压时，反相器导通，输入端流入电流。

（3）输出特性：表示反相器输出电压 u_o 与输出电流 i_o 的关系曲线，称为输出特性曲线，简称输出特性。TTL 反相器的输出特性曲线如图 9-11 所示。

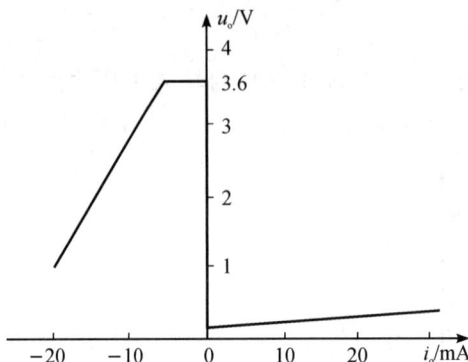

图 9-11　TTL 反相器的输出特性曲线

TTL 反相器的输出特性曲线的右边部分为输出低电平的特性，反映了 TTL 反相器的输出为低电平时，由负载电阻 R_L 流入输出端的电流 i_o 增加时，输出电压上升缓慢；曲线的左边部分为输出高电平的特性，反映输出为高电平时，当负载电阻 R_L 减小，流出输出端的电流 i_o 增大时，输出电压 u_o 随之下降。当 $R_L=0$ 时，即输出端对地短路时的输出电流叫作输出短路电流。一般规定，TTL 反相器输出为高电平时，输出端对地短路时间不得超过 1 s，否则器件会因过热而损坏。

2. TTL 与非门主要特性

TTL 与非门的电压传输特性、输入特性、输出特性与 TTL 非门相似，这里不再重复。

TTL 与非门的主要指标参数如下：

（1）输出高电平 U_{OH}：TTL 与非门至少有一个输入端接低电平时的输出电平。U_{OH} 的典型值是 3.4 V，产品规范值为 $U_{OH} \geqslant 2.4$ V，74LS00 的指标为 $U_{OH} > 2.7$ V。

（2）输出低电平 U_{OL}：TTL 与非门输入全为高电平时的输出电平。U_{OL} 的典型值是 0.3 V，产品规范值为 $U_{OL} \leqslant 0.4$ V，74LS00 的指标为 $U_{OL} < 0.5$ V。

（3）扇出系数 N_o：TTL 与非门输出端连接同类门负载的个数。此参数反映了 TTL 与非门的带负载能力，一般 $N_o \geqslant 8$。

（4）扇入系数 N_i：TTL 与非门允许的输入端数目，一般为 2～5，最多不超过 8。

扇入系数和扇出系数是反映门电路互连性能的指标。

（5）空载功耗 P：当 TTL 与非门空载时电源总电流 I_{CC} 和电源电压 V_{CC} 的乘积。TTL 与非门输出低电平时的功耗称为空载导通功耗 P_{ON}，输出高电平时的功耗称为空载截止功耗 P_{OFF}。P_{ON} 总比 P_{OFF} 大，平均功耗 $P=(P_{ON}+P_{OFF})/2$，一般 $P < 50$ mW。

9.3.3　其他功能的逻辑门电路

1. 集电极开路与非门(简称 OC 门)

普通 TTL 与非门电路不允许输出端直接并联使用，这是因为每个 TTL 与非门输出级的三极管都带有负载电阻 R_L，输出电阻较小。若多个 TTL 与非门的输出端并联，将产生较大的电流，该电流流入输出低电平的与非门，就会造成功耗较大，甚至会损坏门电路。把一般 TTL 与非门电路的推拉式输出级改为三极管集电极开路输出，并取消集电极负载电阻 R_L 使集电极开路，集电极开路后，输出端可以直接并联使用，这样构成的特殊逻辑门，称为集电极开路与非门，简称 OC 门。OC 门的逻辑符号如图 9-12 所示。

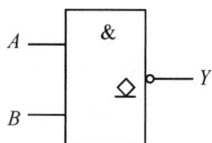

图 9-12 集电极开路与非门的逻辑符号

OC 门由于结构特殊，所以具有特殊的用途。集电极开路与非门在计算机中应用很广泛，可以用它实现"线与"逻辑、电平转换，也可直接驱动发光二极管、干簧继电器等。OC 门的应用主要有：

（1）线与。图 9-13（a）所示逻辑电路其逻辑表达式为 $Y = \overline{AB} \cdot \overline{CD} \cdot \overline{EF} = \overline{AB+CD+EF}$，由表达式可以看出，此逻辑电路实现的是"与或非"的逻辑功能。

注意： 使用时为保证 OC 门正常工作，必须在集成逻辑门电路的输出端外接一个负载电阻 R_L，只有外接入负载电阻 R_L 和电源 V'_{cc} 后 OC 门才能正常工作。

（2）电平转移。一般 TTL 门路的输出高电平为 3.6 V，在需要更高电平输出的情况下，可利用图 9-13(b)所示的电路将 OC 门的输出经负载电阻 R_L 接 +10 V 的电源电压。这样，当电路输入低电平时，输出管截止，输出为高电平 10 V。

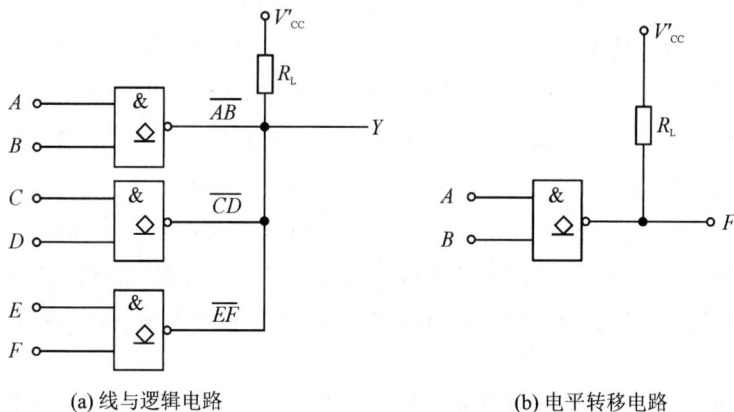

(a) 线与逻辑电路   (b) 电平转移电路

图 9-13 OC 门的应用

2. CMOS 传输门

1）CMOS 电路简介

采用 MOS 场效应晶体管作为开关元件的门电路称为 MOS 门电路。MOS 型集成门电路具有制造工艺简单、集成度高、功耗小、抗干扰能力强等优点。由于 MOS 管导通时的漏源电阻 r_{DS} 比晶体三极管的饱和电阻 r_{CES} 要大得多，漏极外接电阻 R_D 也比晶体管集电极

电阻 R_c 大，因此 MOS 管的充、放电时间较长，也因此 MOS 管的开关速度比晶体三极管的开关速度低。不过，在 CMOS(利用 NMOS 和 PMOS 连接成互补结构)电路中，由于充电电路和放电电路都是低阻电路，因此充、放电过程都比较快，从而使 CMOS 电路有较高的开关速度。目前高速 CMOS 集成逻辑门可以与 TTL 门相媲美。所以 CMOS 逻辑门电路是目前应用较普遍的逻辑电路之一。

2) CMOS 传输门

CMOS 传输门(Transmission Gate，简称 TG)是一个由传输信号控制的开关，由一个增强型 NMOS 管 V_1 和增强型 PMOS 管 V_2 并联而成。V_2 接正电源，V_1 接地，两个 MOS 管源极相连作为输入端，漏极相连作为输出端，两管栅极分别作为控制端，用一对幅度相等、相位相反的控制信号 C 和 $\overline{C}$ 去控制传输门的导通和截止。CMOS 传输门逻辑图如图 9-14(a)所示，逻辑符号如图 9-14(b)所示。

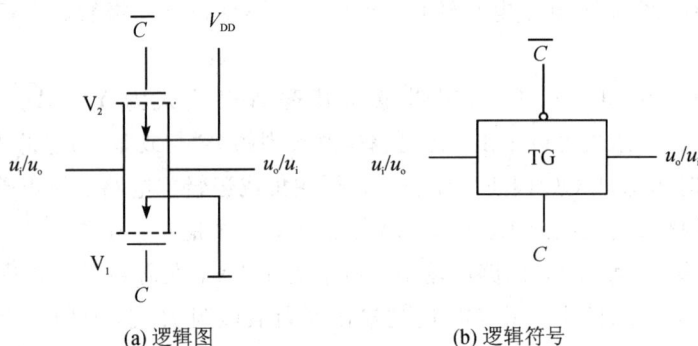

(a) 逻辑图　　　　　　　(b) 逻辑符号

图 9-14　CMOS 传输门逻辑图与逻辑符号

在图 9-14(a)中，设 V_1、V_2 的开启电压 $|U_{TH}| > 3$ V，$U_{IH} = V_{DD} = 10$ V，$V_{IL} = 0$ V。

(1) C 端加高电平 10 V，$\overline{C}$ 端加低电平 0 V。若 $u_i = 10$ V，则 $U_{GS1} = 0$ V，V_1 管截止，$U_{GS2} = -10$ V，V_2 管导通，$u_o = u_i = 10$ V；若 $u_i = 0$ V，则 $U_{GS1} = 10$ V，V_1 管导通，$U_{GS2} = 0$ V，V_2 管截止，$u_o = u_i = 0$ V。这说明，当控制端 C 为高电平，$\overline{C}$ 为低电平，输入信号在 0~10 V 之间时，至少有一个管子是导通的(称为传输门导通)，输入信号能够传送到输出端，即 $u_o = u_i$。同时，由于 MOS 管的结构是对称的，即源极和漏极可以互换使用，因此，传输门的输入端和输出端可以互换使用，以实现信号双向传输，即 CMOS 传输门具有双向性，故又称为可控双向开关。

(2) C 端加低电平，$\overline{C}$ 端为高电平时，V_1 管、V_2 管同时截止，相当于开关断开。这时即使 u_i 在 0~10 V 变化，输出电压始终是 0，信号无法传输到输出端，称为传输门截止。

传输门导通时其导通电阻很小(几百欧)，截止时其断开电阻很大(大于 10 MΩ)，有较理想的开关特性，因此使用极为广泛。

3) CMOS 传输门的应用

CMOS 模拟开关作为 CMOS 传输门的应用，现介绍如下。如图 9-15(a)所示为 CMOS 模拟开关的逻辑图，图 9-15(b)为 CMOS 模拟开关的逻辑符号。

如图 9-15(a)所示，利用一个 CMOS 传输门和一个反相器可以组成模拟开关，反相器使

(a) 逻辑图　　　　　　　　　　(b) 逻辑符号

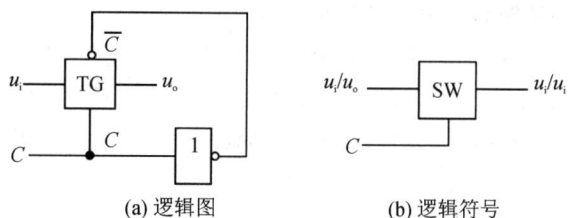

图 9 - 15　CMOS 模拟开关逻辑图及其逻辑符号

传输门得到两个相反的控制信号。当 C 端加低电平，$\overline{C}$ 端为高电平时，传输门截止；当 C 端加高电平，$\overline{C}$ 端为低电平时，传输门导通，$u_o = u_i$，而且可以双向使用。

可见，变换 CMOS 两个控制端的互补信号，可以使 CMOS 传输门接通或断开，从而决定其输入端的模拟信号($0\,\mathrm{V} \sim V_{DD}$ 之间的任意电平)是否能够传送到输出端。所以，CMOS 传输门实质上是一种传输模拟信号的压控开关。

9.3.4　实用集成门电路简介

1. TTL74LS00 四 2 输入与非门

74LS00 四 2 输入与非门集成电路内部有 4 个同样的与非门，每一个与非门有两个输入端和一个输出端，其引脚排列如图 9 - 16 所示，其中 V_{CC} 引脚为电源电压的正极，GND 为公共端。

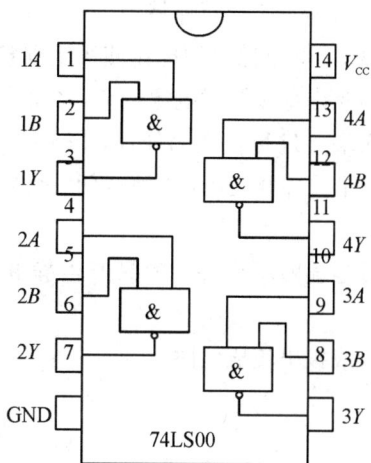

实用集成门电路简介

图 9 - 16　TTL 与非门 74LS00 引脚排列

2. CC4011 四 2 输入与非门

集成 CMOS 与非门 CC4011 和 TTL74LS00 与非门功能完全一样，但是工作电源电压不同。74LS00 电源电压是 5 V，而 CC4011 工作电源电压是 3～18 V。

CC4011 集成电路内部中有 4 个完全相同的与非门,每一个与非门有两个输入端和一个输出端。其引脚图如图 9 - 17,$1A$、$1B$、$1Y$ 为第一个与非门,$2A$、$2B$、$2Y$ 为第二个与非门,$3A$、$3B$、$3Y$ 为第三个与非门,$4A$、$4B$、$4Y$ 为第四个与非门,V_{DD} 为电源的正极,V_{SS} 为电源的负极。可见它的引脚排列方式与 74LS00 不同。因此虽然二者功能相同,但是不能直接代换使用。

TTL 门电路电源电压正端常用 V_{CC} 表示,负端用 GND 表示。CMOS 电路电源正端则用 V_{DD} 表示,负端用 V_{SS} 表示。

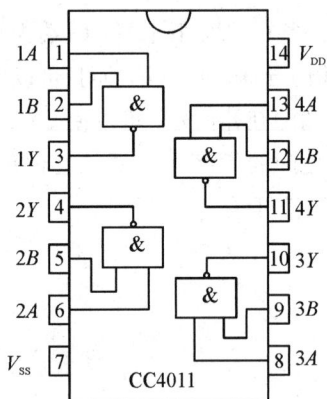

图 9 - 17　CMOS 与非门 CC4011 引脚排列

3. 集成门电路使用注意事项

(1) TTL 门电路对电源电压要求较高,要保持 +5 V(±10%),过低不能正常工作,过高则易损坏器件。CC4000 系列的 CMOS 电路电源电压使用范围较宽,3~18 V 均可。

(2) 集成门电路的输出端不允许直接接正电源或地,否则,将损坏器件。

(3) 集成门电路多余的输入端要进行合理的处理,以免造成逻辑状态混乱。故通常将与门、与非门多余的输入端接高电平或并联使用,而将或门、或非门多余的输入端接地或并联使用。

(4) CMOS 集成电路贮存或运输时不允许与容易产生静电的材料相接触。也不要用手直接触摸 CMOS 器件的引线端子。

(5) 在通电状态下不准插入或拔出集成电路。

任务实施

设计四工位的报警系统,要求只要有一个工位按下报警按键,报警灯亮。

工具材料:直流稳压电源、或门、非门、LED 灯、开关、电阻。

目的:理解逻辑门电路功能。

思考问题:

下面两个电路图中,哪个 LED 的连接方式更合理?

参考电路:如任务实施图 9 所示。

提示:所用器件越少越好,有多个门电路集成在一个芯片上的。

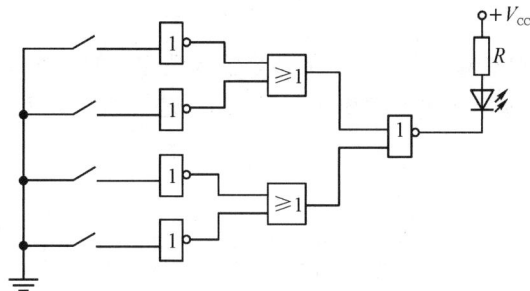

(a) 方法1逻辑图

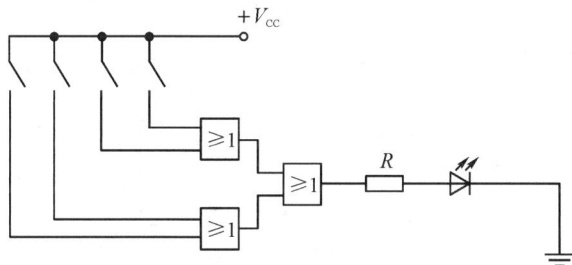

(b) 方法2逻辑图

任务实施图 9

心得体会

通过本章的学习,你有哪些收获?请用简短的话语,将你自己的心得体会写出来吧。

本章小结

(1) 本章以二极管、三极管、MOS 管的开关特性为基础,介绍了基本逻辑门电路的逻辑特点,讲述了 TTL 及 MOS 管逻辑门电路的基本工作原理及其使用的注意事项。

(2) 在数字电路中,利用二极管的"导通""截止"和三极管"饱和""截止"状态所对应的通、断状态,可将其用作逻辑开关器件。

(3) N 沟道和 P 沟道增强型 MOS 管也具有更独特的开关特性。逻辑门电路可以由分立元件构成,也可由集成电路来实现,常用的集成门电路有 TTL 和 CMOS 两种。高速 CMOS 电路其工作速度已可与 TTL 相比拟,因此 CMOS 集成电路在数字电路中已占据了主导地位。

思考题与习题

9-1 二极管导通和截止相当于开关的通断,其对应的条件是什么?

9-2 三极管用作开关时,工作在哪两个区域?三极管饱和时要符合什么条件?三极管截止时要符合什么条件?

9-3 简述能否将与非门、或非门、异或门当作反相器使用?如果可以,各输入端应如何连接?

9-4 多输入端与门和多输入端或门中的多余输入端应该如何处理?

9-5 分析题图 9-1 所示各电路的接法是否正确,若有错,说明正确的接法。

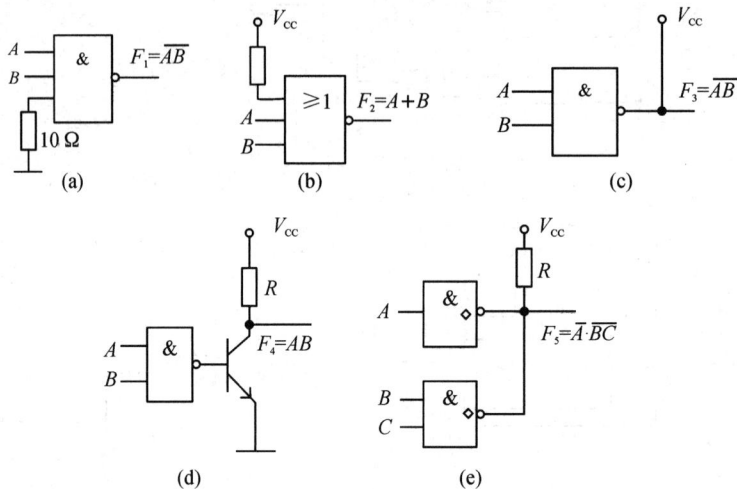

题图 9-1

第 10 章

组合逻辑电路

知识重点

- 组合逻辑电路的分析方法。
- 组合逻辑电路的设计方法。
- 常见集成组合逻辑电路。

知识难点

- 组合逻辑电路的分析方法。
- 组合逻辑电路的设计方法。

素质提升

在环境的搭建和工程的创建过程中，一个按钮或一根导线的误触都可能带来很严重的后果。精工致品质，细节致匠心，因此在实验操作时，必须将安全意识牢记于心，做事要脚踏实地、精益求精。

本章主要介绍组合逻辑电路的概念和特点、组合逻辑电路的分析和设计方法，以及常见的组合逻辑电路的基本原理、功能和应用。

10.1 // 组合逻辑电路的基本知识

在数字系统中，按照结构和逻辑功能的不同将数字逻辑电路分为两大类：一类称作组合逻辑电路，简称组合电路，是指电路任一时刻的输出状态只决定于该时刻各输入的状态，电路没有记忆功能；另一类称作时序逻辑电路，简称时序电路，是指输出状态不但与当前时刻的输入有关，还与电路原来的状态有关，电路具有记忆功能。

组合逻辑电路在电路结构上的特点是：

（1）单纯由各类逻辑门电路组成，逻辑电路中不含存储元件。

（2）逻辑电路输出到前级的输入之间无反馈通路。

10.1.1　组合逻辑电路的分析方法

组合逻辑电路分析就是根据已知的逻辑图找出输入与输出之间的逻辑关系，从而确定电路的逻辑功能。这也是分析组合逻辑电路的目的所在，而且，通过对组合逻辑电路的分析可以评价其电路设计是否合理，方案是否最佳。

组合逻辑电路的分析步骤一般包括以下几步：

（1）根据给定的逻辑图由输入向输出逐级写出逻辑函数表达式。

（2）利用公式法或卡诺图法化简逻辑函数表达式。

（3）根据逻辑表达式列出输入、输出真值表。

（4）根据真值表分析、确定组合逻辑电路的逻辑功能。

【例 10-1】　分析图 10-1 所示逻辑图的逻辑功能。

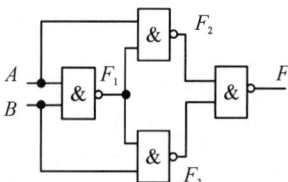

组合逻辑电路的
分析方法

图 10-1　例 10-1 逻辑图

解　（1）首先根据给定的逻辑图从输入端逐级写出逻辑表达式，即有

$$F_1=\overline{AB},\ F_2=\overline{F_1A},\ F_3=\overline{F_1B}$$

$$F=\overline{F_2F_3}=\overline{\overline{F_1A}\ \overline{F_1B}}=F_1A+F_1B=\overline{AB}A+\overline{AB}B$$

（2）化简逻辑函数表达式，即

$$F=\overline{AB}(A+B)=(\overline{A}+\overline{B})(A+B)=\overline{A}B+A\overline{B}$$

（3）列出真值表。

根据化简以后的逻辑函数表达式，列出输入输出关系真值表，如表 10-1 所示。

表 10-1　例 10-1 真值表

A	B	F
0	0	0
0	1	1
1	0	1
1	1	0

（4）分析逻辑函数功能。

根据真值表分析逻辑函数的功能，由真值表可得：当 A、B 取值相同时，输出 F 的值为 0；当 A、B 取值不同时，输出 F 的值为 1。因此，此逻辑函数实现的是异或功能。

分析逻辑函数的功能关键在于找到输入和输出之间的逻辑关系。对于比较简单或比较熟悉的逻辑函数，我们可以直接从逻辑表达式了解逻辑函数功能，而对于比较复杂或我们不熟悉的逻辑函数，往往要根据真值表分析其功能。

10.1.2 组合逻辑电路的设计方法

组合逻辑电路设计是电路分析的逆过程，即就是根据给定的逻辑功能设计出能够实现这些功能的最简或最佳逻辑电路。

组合逻辑电 路的设计方法

组合逻辑电路的设计步骤如下：

（1）对给定的实际问题进行逻辑抽象，确定输入、输出变量，并分别进行状态赋值，即确定 0 和 1 代表的意义。

（2）根据题意列出真值表。

（3）根据真值表列出逻辑表达式。

（4）对逻辑表达式进行化简以得到最简逻辑表达式。

（5）根据逻辑表达式画出逻辑图。

【例 10-2】 设计一个 3 人表决电路，每人一个按键，如果同意则按下，不同意则不按。有两人或两人以上同意则表明事件通过，且 3 个人中有一人拥有一票否决权。结果用指示灯表示，指示灯亮表明所需表决事件通过，不亮表明表决事件没有获得通过。

解 （1）首先进行逻辑抽象。有 3 个按键说明有 3 个输入变量，设为 A、B、C，并设 B 有否决权，且按键按下时为"1"，不按下时为"0"。输出变量为 F，事件表决获得通过指示灯亮，此状态设为"1"，反之设为"0"。

（2）根据题意列出真值表，如表 10-2 所示。

表 10-2 例 10-2 真值表

A	B	C	F
0	0	0	0
0	0	1	0
0	1	0	0
0	1	1	1
1	0	0	0
1	0	1	0
1	1	0	1
1	1	1	1

（3）根据真值表写出逻辑表达式并进行化简，如式 10-1 所示。

$$F = \overline{A}BC + AB\overline{C} + ABC \qquad (10-1)$$

化简后可得 $F = AB + BC$。

（4）画逻辑图。根据逻辑表达式画出逻辑电路图，如图 10-2 所示，该图是由与门和或门组成的。

（5）如果要求全部用与非门实现此逻辑电路，则还需把所得的与-或表达式转换成与非-与非的形式，即

$$F = AB + BC = \overline{\overline{AB + BC}} = \overline{\overline{AB}\,\overline{BC}}$$

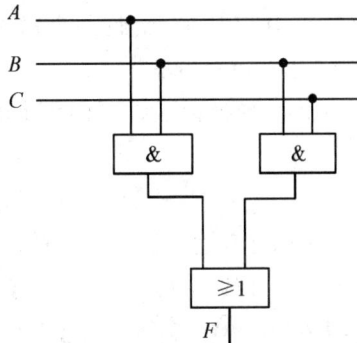

图 10-2 例 10-2 用与非门实现的逻辑图

根据表达式可画出由与非门组成的逻辑电路图，如图 10-3 所示。

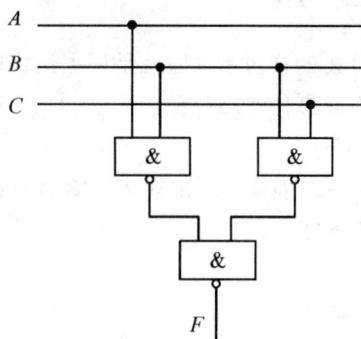

图 10-3　例 10-2 用与门和或门实现的逻辑图

10.2 // 编码器和译码器

实际应用中，很多逻辑电路是经常用到的，如编码器、译码器、加法器、数据选择器、数据比较器等，如果每次都要设计电路则显得太烦琐且不方便。针对这种情况，人们设计、生产出了能实现各种逻辑功能的集成电路，具有体积小、功耗低等优点，并且可以方便地进行功能扩展，因此应用广泛。下面将介绍几种常用的集成电路。

10.2.1　编码器

所谓编码，就是将特定的逻辑信号（文字、数字、符号等）编为一组二进制代码。能够实现编码功能的逻辑部件称为编码器。常用的编码器有二进制编码器、二-十进制编码器、优先编码器等。

编码器

1. 二进制编码器

将一系列逻辑信号的状态编制成二进制代码的逻辑部件称为二进制编码器。其特点有：

（1）任何时刻只允许一个输入信号有效，不允许两个或两个以上的有效信号同时出现，否则会出现逻辑错误。

（2）一般而言，N 个不同的信号，至少需要 n 位二进制数编码，且 N 和 n 之间满足下列关系，即

$$2^n \geqslant N \tag{10-2}$$

例如，3 位二进制编码器有 8 个输入端，3 个输出端，称为 8 线-3 线编码器，常用的编码器有 4 线-2 线、8 线-3 线、16 线-4 线等。

【例 10-3】　用或门组成 3 位二进制编码器。

解　设计编码器的过程与设计一般的组合逻辑电路相同，即首先要列出真值表，然后写出逻辑表达式并进行化简，最后画出逻辑图。

（1）3 位二进制编码器即为 8 线 - 3 线编码器，有 8 个输入端，设为 $I_0 \sim I_7$，与之对应的输出设为 F_2、F_1、F_0，共 3 位二进制数。列出其真值表如表 10 - 3 所示，信号为高电平有效。

表 10 - 3　例 10 - 3 真值表

输　　入								输　　出		
I_0	I_1	I_2	I_3	I_4	I_5	I_6	I_7	F_2	F_1	F_0
1	0	0	0	0	0	0	0	0	0	0
0	1	0	0	0	0	0	0	0	0	1
0	0	1	0	0	0	0	0	0	1	0
0	0	0	1	0	0	0	0	0	1	1
0	0	0	0	1	0	0	0	1	0	0
0	0	0	0	0	1	0	0	1	0	1
0	0	0	0	0	0	1	0	1	1	0
0	0	0	0	0	0	0	1	1	1	1

（2）根据真值表写出逻辑表达式并进行化简。

由二进制编码器特点可知，输入信号是互斥的，即有一个信号有效时，其他信号都是无效的。这些无效信号在进行逻辑表达式化简时作为无关项，可使化简更简单。

根据真值表可得函数表达式为

$$F_2 = I_4 + I_5 + I_6 + I_7$$
$$F_1 = I_2 + I_3 + I_6 + I_7$$
$$F_0 = I_1 + I_3 + I_5 + I_7$$

（3）根据表达式画出逻辑图，逻辑图可以用四输入端或门实现，如图 10 - 4 所示。

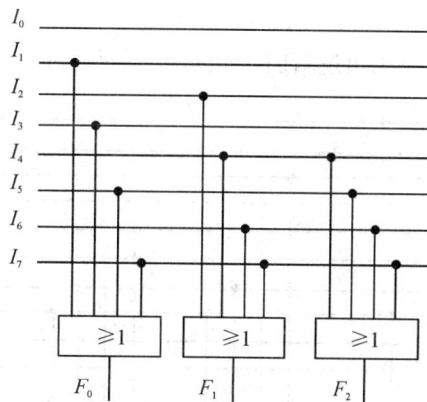

图 10 - 4　例 10 - 3 8 线 - 3 线编码器逻辑图

2. 二-十进制编码器

二-十进制编码器是指把 10 个状态(对应于十进制的 10 个代码)编制成 BCD 码,最常见的是编制成 8421BCD 码。二-十进制编码器需要 10 个输入端、4 个输出端,故此编码器又称为 10 线-4 线编码器。其真值表如表 10-4 所示,表中输入以低电平有效。

表 10-4 二-十进制编码器功能表

输 入										输 出			
I_0	I_1	I_2	I_3	I_4	I_5	I_6	I_7	I_8	I_9	F_3	F_2	F_1	F_0
0	1	1	1	1	1	1	1	1	1	0	0	0	0
1	0	1	1	1	1	1	1	1	1	0	0	0	1
1	1	0	1	1	1	1	1	1	1	0	0	1	0
1	1	1	0	1	1	1	1	1	1	0	0	1	1
1	1	1	1	0	1	1	1	1	1	0	1	0	0
1	1	1	1	1	0	1	1	1	1	0	1	0	1
1	1	1	1	1	1	0	1	1	1	0	1	1	0
1	1	1	1	1	1	1	0	1	1	0	1	1	1
1	1	1	1	1	1	1	1	0	1	1	0	0	0
1	1	1	1	1	1	1	1	1	0	1	0	0	1

由真值表可得出与或表达式,若要求用与非门实现,则需转换成与非式表达式,其方法是对与或式两次取反,即有

$$F_3 = \overline{I_8} + \overline{I_9} = \overline{\overline{\overline{I_8} + \overline{I_9}}} = \overline{I_8 I_9}$$

$$F_2 = \overline{I_4} + \overline{I_5} + \overline{I_6} + \overline{I_7} = \overline{\overline{\overline{I_4} + \overline{I_5} + \overline{I_6} + \overline{I_7}}} = \overline{I_4 I_5 I_6 I_7}$$

$$F_1 = \overline{I_2} + \overline{I_3} + \overline{I_6} + \overline{I_7} = \overline{\overline{\overline{I_2} + \overline{I_3} + \overline{I_6} + \overline{I_7}}} = \overline{I_2 I_3 I_6 I_7}$$

$$F_0 = \overline{I_1} + \overline{I_3} + \overline{I_5} + \overline{I_7} + \overline{I_9} = \overline{\overline{\overline{I_1} + \overline{I_3} + \overline{I_5} + \overline{I_7} + \overline{I_9}}} = \overline{I_1 I_3 I_5 I_7 I_9}$$

根据以上逻辑表达式可以画出逻辑图,如图 10-5 所示。

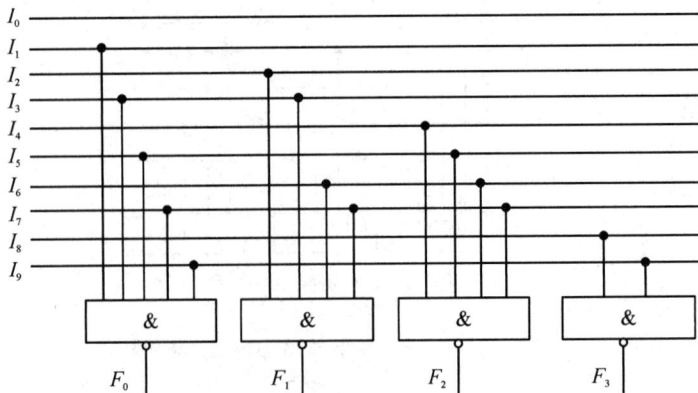

图 10-5 二-十进制编码器逻辑图

3. 优先编码器

二进制编码器和二-十进制编码器都属于普通编码器，它们在同一时刻只允许一个输入信号有效。而优先编码器允许同时输入两个以上有效信号，但在某一时刻按照某种优先级别规则只对优先级别最高的输入信号编码。常用的中规模优先编码器有 10 线-4 线（如 TTL 型的 74LS147、CMOS 型的 CC40147 等）、8 线-3 线（如 TTL 型的 74LS148、CMOS 型的 74HC148 等）优先编码器，其中 TTL 和 CMOS 型的逻辑器件在功能上没有区别，只是电参数不同。

1）优先编码器 74LS148

74LS148 是 8 线-3 线优先编码器，其输入端和输出端均是低电平有效，其级联电路不需要外加电路即可进行八进位扩展，还可用于 N 位编码、代码转换和产生，以及用于自动控制装置和电子计算机系统。图 10-6(a)所示为其引脚图，封装形式为双列直插 16 脚，图 10-6(b)所示为其在电路图中经常使用的方框图。逻辑功能表见表 10-5。

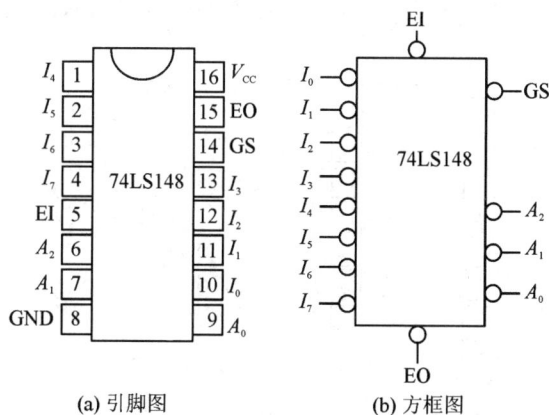

(a) 引脚图   (b) 方框图

图 10-6 74LS148 引脚图和方框图

表 10-5 74LS148 逻辑功能

	输 入								输 出				
EI	I_7	I_6	I_5	I_4	I_3	I_2	I_1	I_0	A_2	A_1	A_0	GS	EO
1	×	×	×	×	×	×	×	×	1	1	1	1	1
0	1	1	1	1	1	1	1	1	1	1	1	1	0
0	0	×	×	×	×	×	×	×	0	0	0	0	1
0	1	0	×	×	×	×	×	×	0	0	1	0	1
0	1	1	0	×	×	×	×	×	0	1	0	0	1
0	1	1	1	0	×	×	×	×	0	1	1	0	1
0	1	1	1	1	0	×	×	×	1	0	0	0	1
0	1	1	1	1	1	0	×	×	1	0	1	0	1
0	1	1	1	1	1	1	0	×	1	1	0	0	1
0	1	1	1	1	1	1	1	0	1	1	1	0	1

注：表中"×"表示取值为任意值。

EO 和 GS 为使能输出端和优先标志输出端，主要用于级联和扩展，两者配合使用。当 EO

=0，GS＝1 时，标志可编码，但输入信号处于无效状态，无码可编；当 EO＝1，GS＝0 时，标志允许编码，并且正在编码；当 EO＝GS＝1 时，标志禁止编码。

编码器的各个引脚均为低电平有效，在方框图中以小圆圈表示，各引脚功能如下：

（1）控制信号 EI 为使能输入端，当 EI＝0 时，电路允许编码，反之电路禁止编码，且输出均为高电平时，称编码器为封锁状态。

（2）优先标志输出端 GS 为扩展端，低电平有效。

（3）EI 为选通输入端，低电平有效。

（4）$I_0 \sim I_7$ 为信号输入端，低电平有效，以 I_7 优先级别最高，并依次降低。

（5）$A_2 \sim A_0$ 为信号输出端，其 3 位二进制输出信号是以反码形式对输入信号进行编码的。

2）优先编码器 74LS147

74LS147 是 10 线-4 线优先编码器，其输入端和输出端均是低电平有效，可将十进制数转换成 8421 BCD 码。图 10-7(a)所示为其引脚图，封装形式为双列直插 16 脚，图 10-7(b)所示为其方框图。逻辑功能表见表 10-6。

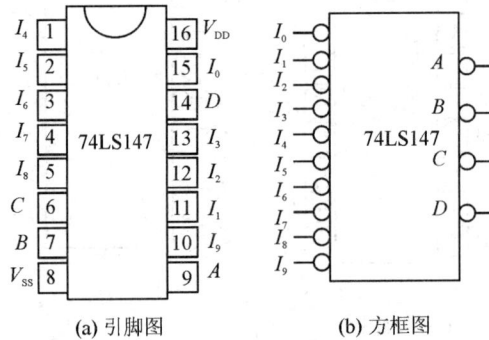

图 10-7　74LS147 引脚图和方框图

表 10-6　74LS147 逻辑功能表

十进制数	I_0	I_1	I_2	I_3	I_4	I_5	I_6	I_7	I_8	I_9	D	C	B	A
0	0	1	1	1	1	1	1	1	1	1	1	1	1	1
1	×	0	1	1	1	1	1	1	1	1	1	1	1	0
2	×	×	0	1	1	1	1	1	1	1	1	1	0	1
3	×	×	×	0	1	1	1	1	1	1	1	1	0	0
4	×	×	×	×	0	1	1	1	1	1	1	0	1	1
5	×	×	×	×	×	0	1	1	1	1	1	0	1	0
6	×	×	×	×	×	×	0	1	1	1	1	0	0	1
7	×	×	×	×	×	×	×	0	1	1	1	0	0	0
8	×	×	×	×	×	×	×	×	0	1	0	1	1	1
9	×	×	×	×	×	×	×	×	×	0	0	1	1	0

3）优先编码器的应用

用 74LS148 优先编码器可以多级连接进行扩展，如可以用两片 74LS148 优先编码器串行扩展实现 16 线-4 线优先编码器，如图 10-8 所示。

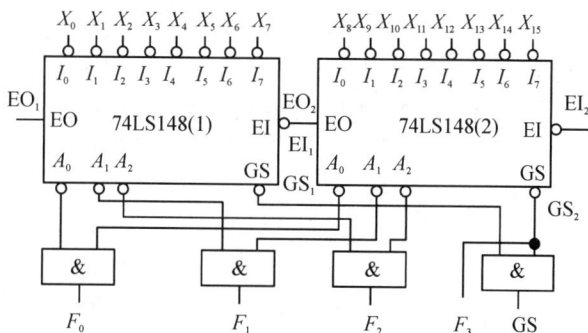

图 10-8 74LS148 扩展为 16 线-4 线优先编码器

在图 10-8 中，74LS148(1) 为低 8 位编码器，74LS148(2) 为高 8 位编码器。工作过程为：若 $EI_2 = 0$，则允许对输入 $X_8 \sim X_{15}$ 编码，此时若高位编码器有有效输入信号，则开始编码，同时高位编码器的 EO 端 $EO_2 = 1$，GS 端 $GS_2 = 0$，$EO_2 = 1$ 输入到低位编码器的 EI 端，则低位编码器禁止编码；若此时高位编码器无有效输入信号，即高位编码器输入均为高电平信号，则高位编码器状态为允许编码但并无编码要求，则 EO 端 $EO_2 = 0$，GS 端 $GS_2 = 1$，$EO_2 = 0$ 输入到低位编码器的 EI 端，则低位编码器允许编码。可以看出，高位编码器的编码级别确实高于低位编码器。

74LS148 只有 3 个数据输出端，因此，若要实现 4 线输出，则必须找到另外一个输出端。从图 10-8 可看到，当高位编码器允许编码且有编码时，$GS_2 = 0$，当其允许编码且无有效输入时，$GS_2 = 1$，恰好可以作为第 4 个输出端，从而实现 16 线-4 线优先编码器。

10.2.2 译码器

译码是编码的逆过程，即将某个二进制代码翻译成电路的某种状态，也就是将输入代码转换成特定的输出信号。实现译码功能的逻辑部件称为译码器。译码器分为变量译码器和显示译码器两种。变量译码器包括常见的二进制译码器和二-十进制译码器，显示译码器主要用来显示文字、数字或符号，常见的有荧光、发光二极管译码器、液晶显示器等。

假设译码器有 n 个输入信号和 N 个输出信号，如果 $N = 2^n$，则称为全译码器，常见的有 2 线-4 线译码器、3 线-8 线译码器、4 线-16 线译码器等。若 $N < 2^n$，则称为部分译码器，如二-十进制译码器等。

1. 二进制译码器

将 n 种输入的组合译成 2^n 种电路状态电路称为二进制译码器，也叫作 $n - 2^n$ 线译码器，即其输入是一组二进制代码，输出是一组高低电平信号。常用的集成电路二进制译码器有 TTL 的 74LS138 和高速 CMOS 的 74HC138。

1）2 线-4 线译码器电路结构和工作原理

2 线-4 线译码器功能表如表 10-7 所示。由表可知，当 EI=1 时，无论输入 A、B 为何值，输出全为 1，此时译码器为封锁状态；当 EI=0 时，根据功能表可写出以下逻辑表达

式，即

$$F_0 = \overline{\overline{EI}\,\overline{A}\,\overline{B}}, \ F_1 = \overline{\overline{EI}\,\overline{A}B}, \ F_2 = \overline{\overline{EI}A\overline{B}}, \ F_3 = \overline{\overline{EI}AB}$$

根据表达式可画出其逻辑电路图，如图 10-9 所示。

表 10-7 2 线-4 线译码器功能表

输 入			输 出			
EI	A	B	F_0	F_1	F_2	F_3
1	×	×	1	1	1	1
0	0	0	0	1	1	1
0	0	1	1	0	1	1
0	1	0	1	1	0	1
0	1	1	1	1	1	0

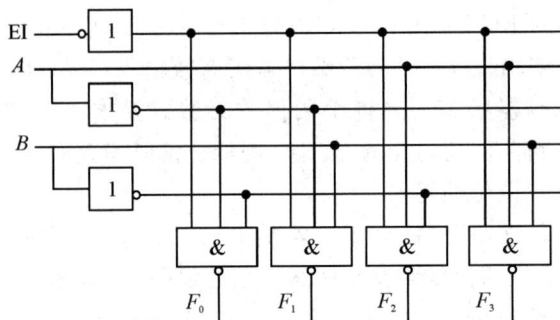

图 10-9 2 线-4 线译码器逻辑电路

2）二进制集成译码器 74LS138

74LS138 是 3 线-8 线全译码器，按照 3 位输入码和使能输入条件，可以从 8 个输出端中只译出一个低电平输出。其引脚图如图 10-10(a)所示，封装形式为双列直插 16 脚，方框图如图 10-10(b)所示。

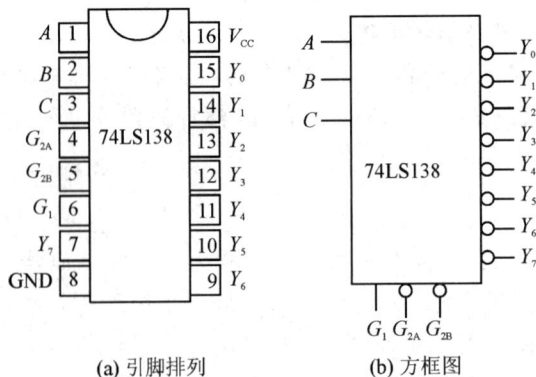

(a) 引脚排列　　　(b) 方框图

图 10-10 74LS138 引脚排列及方框图

注：图 10-10(b)中的"o"表示低电平有效。

在 74LS138 的输入端中，G_1、G_{2A}、G_{2B} 是使能端，控制译码器是否进行译码，其中 G_1 高电平有效，G_{2A}、G_{2B} 都是低电平有效。只有所有使能端都有效($G_1 G_{2A} G_{2B} = 100$)时，译码器才对输入信号 C、B、A 译码，相应输出端为低电平，即输出信号低电平有效，反之，译码器所有输出端均输出高电平。74LS138 功能表见表 10-8 所示。

表 10-8　74LS138 功能表

输　入						输　出							
G_1	G_{2A}	G_{2B}	C	B	A	Y_0	Y_1	Y_2	Y_3	Y_4	Y_5	Y_6	Y_7
$\times$	1	$\times$	$\times$	$\times$	$\times$	1	1	1	1	1	1	1	1
$\times$	$\times$	1	$\times$	$\times$	$\times$	1	1	1	1	1	1	1	1
0	$\times$	$\times$	$\times$	$\times$	$\times$	1	1	1	1	1	1	1	1
1	0	0	0	0	0	0	1	1	1	1	1	1	1
1	0	0	0	0	1	1	0	1	1	1	1	1	1
1	0	0	0	1	0	1	1	0	1	1	1	1	1
1	0	0	0	1	1	1	1	1	0	1	1	1	1
1	0	0	1	0	0	1	1	1	1	0	1	1	1
1	0	0	1	0	1	1	1	1	1	1	0	1	1
1	0	0	1	1	0	1	1	1	1	1	1	0	1
1	0	0	1	1	1	1	1	1	1	1	1	1	0

根据功能表可以写出每个输出的逻辑表达式，即

$$Y_0 = \overline{\overline{C}\,\overline{B}\,\overline{A}} = \overline{m_0}$$

$$Y_1 = \overline{\overline{C}\,\overline{B}A} = \overline{m_1}$$

$$Y_2 = \overline{\overline{C}B\overline{A}} = \overline{m_2}$$

$$Y_3 = \overline{\overline{C}BA} = \overline{m_3}$$

$$Y_4 = \overline{C\overline{B}\,\overline{A}} = \overline{m_4}$$

$$Y_5 = \overline{C\overline{B}A} = \overline{m_5}$$

$$Y_6 = \overline{CB\overline{A}} = \overline{m_6}$$

$$Y_7 = \overline{CBA} = \overline{m_7}$$

由于 3 个输入变量全部最小项均能被译码输出，因此称 74LS138 为最小项译码器。

2. 二-十进制译码器

二-十进制译码器常用的型号有 TTL 系列的 54/74LS42，CMOS 系列的 54/74HC42、54/74HCT42 等。这些译码器都是 4 线-10 线部分译码器，能够把 BCD 码(4 位)输入进行译码后输出。

现以 74LS42 为例进行介绍，其引脚图如图 10-11(a)所示，为双列直插 16 脚封装，图 10-11(b)为其方框图。

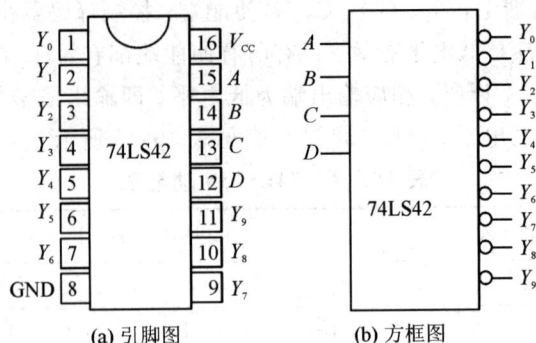

(a) 引脚图   (b) 方框图

图 10 - 11   74LS42 引脚图和方框图

表 10 - 9 为 74LS42 功能表，其输入信号是高电平有效，输入一个 BCD 码时，会在其表示的十进制数的对应输出端产生一个信号，且输出信号是低电平有效。

表 10 - 9 的最后 6 个 BCD 是非法码，若输入的是这些码中的任一个，则输出端均为高电平，拒绝译码，故此电路具有拒绝非法码的功能。

表 10 - 9   74LS42 功能表

输 入				输 出									
D	C	B	A	Y_0	Y_1	Y_2	Y_3	Y_4	Y_5	Y_6	Y_7	Y_8	Y_9
0	0	0	0	0	1	1	1	1	1	1	1	1	1
0	0	0	1	1	0	1	1	1	1	1	1	1	1
0	0	1	0	1	1	0	1	1	1	1	1	1	1
0	0	1	1	1	1	1	0	1	1	1	1	1	1
0	1	0	0	1	1	1	1	0	1	1	1	1	1
0	1	0	1	1	1	1	1	1	0	1	1	1	1
0	1	1	0	1	1	1	1	1	1	0	1	1	1
0	1	1	1	1	1	1	1	1	1	1	0	1	1
1	0	0	0	1	1	1	1	1	1	1	1	0	1
1	0	0	1	1	1	1	1	1	1	1	1	1	0
1	0	1	0	1	1	1	1	1	1	1	1	1	1
1	0	1	1	1	1	1	1	1	1	1	1	1	1
1	1	0	0	1	1	1	1	1	1	1	1	1	1
1	1	0	1	1	1	1	1	1	1	1	1	1	1
1	1	1	0	1	1	1	1	1	1	1	1	1	1
1	1	1	1	1	1	1	1	1	1	1	1	1	1

3. 显示译码器

在数字系统中，常常需要将运算结果用人们习惯的十进制显示出来，这就要用到显示译码器。其工作过程是：首先把输入信号进行二-十进制编码，然后送到显示译码器，显示译码器根据规定把译码后的信号送到显示器件显示。常用的数码显示器有多种类型，按显示方式分，有点阵式、分段式等；按发光物质分，有发光二极管显示器（LED）、荧光显示器、液晶显示器(LCD)、辉光管显示器等。目前应用最广泛的是由发光二极管构成的七段数码显示器(有的加上小数点构成为八段数码显示器,也称为七段数码显示器),如图10-12所示。

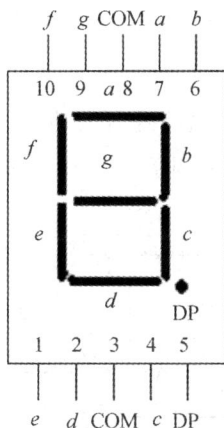

图 10-12 七段数码显示器

所谓七段数码显示器,就是指 a、b、c、d、e、f、g 这七段发光二极管,按一定方式排列起来,利用各个发光二极管的不同组合,显示不同的数字。图 10-13 为七段数码显示器可显示的数字和字母。

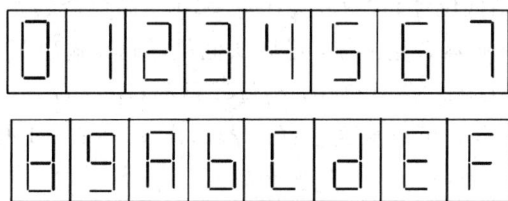

图 10-13 七段数码显示器可显示的数字和字母

七段数码显示器有共阳极和共阴极两种接法:如图 10-14(a)所示为共阳极接法,即各发光二极管的阳极接在一起作为公共端,使用时要接高电平,阴极经限流电阻接低电平;图 10-14(b)所示为共阴极接法,即各二极管的阴极接在一起作为公共端,使用时要接低电平,阳极经限流电阻接高电平。

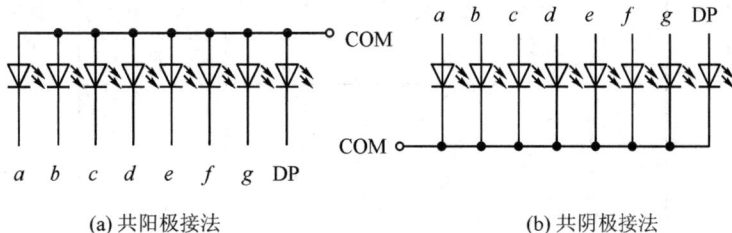

(a) 共阳极接法　　　　　　　　　　　(b) 共阴极接法

图 10-14 七段数码显示器两种接法

这种由半导体二极管构成的七段数码显示器的优点是工作电压比较低,只有 1.5～3 V,而且其体积小,寿命长,亮度高,响应速度较快,可靠性较高,因而应用广泛。缺点就是工作电流较大。

目前已有多种集成显示译码器应用于实际当中，如 54/74LS47 共阳极系列、54/74LS48 共阴极系列等。

4. 译码器的应用

1）扩展译码器的功能

利用集成译码器可以很方便地实现译码器的功能扩展，例如用两片 3 线-8 线译码器 74LS138 可扩展为 4 线-16 线译码器，如图 10-15 所示。

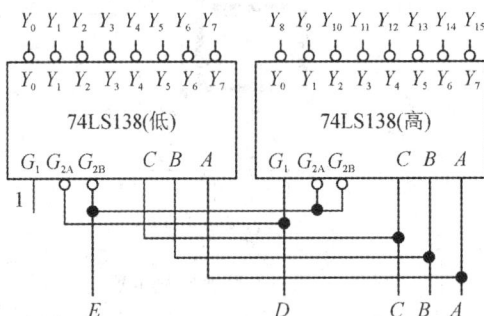

图 10-15　将两片 74LS138 扩展为 4 线-17 线译码器

当 $E=1$ 时，两片 74LS138 控制端均输入无效信号，因此，两片译码器都不工作。当 $E=0$ 时，若 D 输入 0，则低位译码器 $G_1 G_{2A} G_{2B}=100$，高位译码器 $G_1 G_{2A} G_{2B}=000$，因此，低位译码器译码而高位译码器禁止工作，可以从低位译码器输出 $Y_0 \sim Y_7$（0000~0111）；若 D 输入 1，则低位译码器 $G_1 G_{2A} G_{2B}=110$，高位译码器 $G_1 G_{2A} G_{2B}=100$，因此，高位译码器译码而低位译码器禁止工作，可以从高位译码器输出 $Y_8 \sim Y_{15}$（1000~1111），从而实现 4 线-16 线译码。

2）实现组合逻辑电路

这里以具体例题为例介绍如何利用译码器实现组合逻辑电路。

【例 10-4】　某逻辑函数真值表如表 10-10 所示，试用译码器和门电路实现此逻辑函数。

表 10-10　例 10-4 真值表

输　入			输　出
A	B	C	F_0
0	0	0	0
0	0	1	1
0	1	0	0
0	1	1	1
1	0	0	0
1	0	1	1
1	1	0	0
1	1	1	1

解 首先根据真值表写出表达式，然后转换成与非-与非形式，即有

$$F_0 = \overline{A}\overline{B}C + \overline{A}BC + A\overline{B}C + ABC = m_1 + m_3 + m_5 + m_7 = \overline{\overline{m_1}\,\overline{m_3}\,\overline{m_5}\,\overline{m_7}}$$

根据表达式可以画出逻辑电路图，如图 10-16 所示，用一片 74LS138 加一个四输入与非门 74LS20 和一个三输入与非门 74LS10 就可实现该组合逻辑电路。

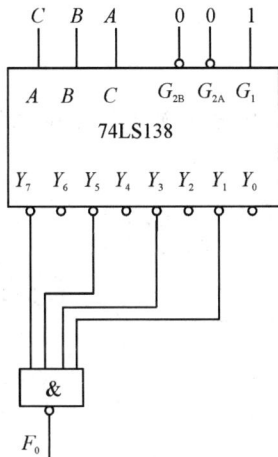

图 10-16 例 10-4 逻辑电路图

可见，用译码器可以更加灵活、方便地实现多输出逻辑函数，而且优点更明显，实际应用也比较广泛。因此，译码器也是我们要重点掌握的一种集成电路。

【例 10-5】 试用一个 3 线-8 线译码器和少量门电路实现逻辑函数 $Y = \overline{A}\overline{B}C + \overline{A}B\overline{C} + A\overline{B}\overline{C} + ABC$。

解 该逻辑函数有 $n = 3$ 个输入变量，一片 3 线-8 线译码器能产生 3 个变量的 8 个最小项，所以，可以用一片 74LS138 译码器和 1 个与非门电路实现。

将输入变量 A、B、C 分别用 74LS138 的输入 A_2、A_1、A_0 代替，最小项表达式转换为与非形式，即有

$$Y = \overline{A}\overline{B}C + \overline{A}B\overline{C} + A\overline{B}\overline{C} + ABC = \overline{A}_2\overline{A}_1A_0 + \overline{A}_2A_1\overline{A}_0 + A_2\overline{A}_1\overline{A}_0 + A_2A_1A_0$$

$$= Y_1 + Y_2 + Y_4 + Y_7 = \overline{\overline{Y}_1\overline{Y}_2\overline{Y}_4\overline{Y}_7}$$

利用 74LS138 实现的逻辑函数接线图如图 10-17 所示。

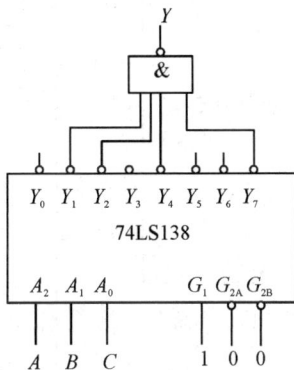

图 10-17 74LS138 实现逻辑函数接线图

10.3　数据选择器和数据分配器

数据选择器

10.3.1　数据选择器

数据选择器是根据地址选择码从多路输入数据中选择一路送到输出,其示意图如图 10 - 18 所示。

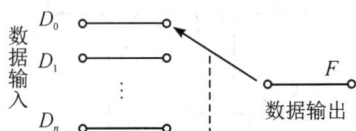

图 10 - 18　数据选择器示意图

1. 集成数据选择器

常用的集成数据选择器有 4 选 1、8 选 1 及 16 选 1 等。对于 4 选 1 的集成数据选择器有 54/74LS153 系列等,此系列为双 4 选 1,即一片集成数据选择器能够完成两个 4 选 1 的功能。8 选 1 的集成数据选择器有 54/74LS151 等,而 16 选 1 数据选择器往往由 8 选 1 或 4 选 1 数据选择器扩展得到。

下面以 8 选 1 的 74LS151 集成数据选择器为例。如图 10 - 19 所示为 74LS151 引脚图和方框图,它有一个低电平有效的选通输入控制端 S,8 个数据输入端($D_0 \sim D_7$),两个互补的输出端 $\overline{Y}$、Y。当选通控制端 S 为高电平 1 时,强迫 $\overline{Y}$ 输出端处于高电平,而使 Y 输出端处于低电平,电路无效。当选通控制端 S 为低电平 0 时,74LS151 正常工作,能够从 8 个数据中选择一个数据输出。表 10 - 11 为其功能表。

表 10 - 11　74LS151 功能表

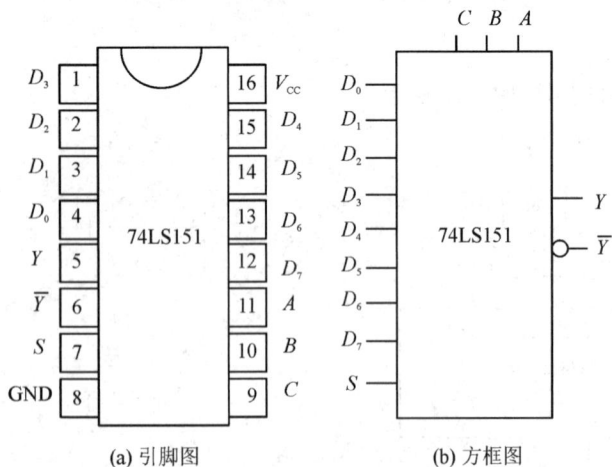

输　入				输　出	
控制端	地址选择			Y	$\overline{Y}$
S	C	B	A		
1	×	×	×	0	1
0	0	0	0	D_0	$\overline{D_0}$
0	0	0	1	D_1	$\overline{D_1}$
0	0	1	0	D_2	$\overline{D_2}$
0	0	1	1	D_3	$\overline{D_3}$
0	1	0	0	D_4	$\overline{D_4}$
0	1	0	1	D_5	$\overline{D_5}$
0	1	1	0	D_6	$\overline{D_6}$
0	1	1	1	D_7	$\overline{D_7}$

(a) 引脚图　　　(b) 方框图

图 10 - 19　74LS151 引脚图和方框图

2. 数据选择器的应用

1）功能扩展

利用集成数据选择器可实现功能扩展，如 16 选 1 数据选择器可以由两个 8 选一 74LS151 数据选择器扩展得到，如图 10-20 所示。

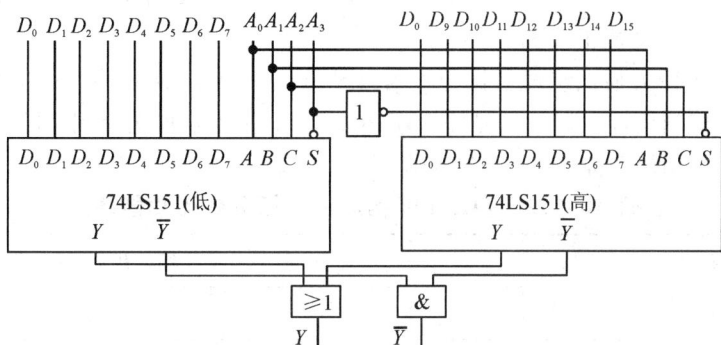

图 10-20 由两个 74LS151 扩展得到 16 选 1 数据选择器

从图 10-20 可见，两个选通控制端 S 通过非门连接起来作为地址端的最高位 A_3，两片 74LS151 的其余 3 个地址端直接并联作为低 3 位地址输入端 A_2、A_1、A_0，这样就构成了 16 选 1 数据选择器需要的 4 位地址输入端。例如，$A_3A_2A_1A_0 = 0101$ 时，则 D_5 位被选中输出；当 $A_3 = 1$ 时，高位数据选择器的选通有效，低位数据选择器被禁止，则可以选择高 8 位中的某一个输入端信号。

2）实现组合逻辑函数

这里也以例题为例介绍如何利用数据选择器实现组合逻辑函数。

【例 10-5】 试用 8 选 1 数据选择器 74LS151 实现逻辑函数 $F = AB + BC$。

解 首先把函数变换为最小项形式，即

$$F = AB + BC = AB(C + \bar{C}) + BC(A + \bar{A})$$
$$= ABC + AB\bar{C} + \bar{A}BC$$
$$= m_7 + m_6 + m_3$$

然后将变量 A、B、C 看作 74LS151 的地址端，则函数相当于选择了 7、6、3 三项，即选择出了 D_7、D_6、D_3，也就是 $D_7 = D_6 = D_3 = 1$，其余项为 0。最后画出逻辑图如图 10-21 所示。

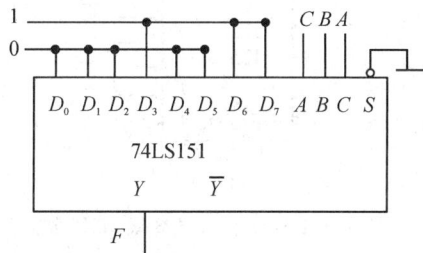

图 10-21 例 10-5 逻辑图

10.3.2　数据分配器

数据分配器将一路输入数据根据地址选择码分配给多路数据输出中的某一路输出,类似我们常见的单刀多掷开关,如图 10 - 22 所示。将图 10 - 32 与图 10 - 18 对比可知,数据选择器的逻辑功能与数据分配器的逻辑功能正好相反。

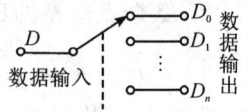

图 10 - 22　单刀多掷开关

利用译码器可以方便地组成数据分配器。图 10 - 23 所示为由 74LS138 构成的 3 线 - 8 线数据分配器,即利用译码器的信号输入端 A、B、C 作为地址选择端,利用控制端 G_{2B} 作为数据输入端,其功能表如表 10 - 12 所示。

表 10 - 12　74LS138 构成的数据分配器功能表

输　　入						输　　出							
G_1	G_{2A}	G_{2B}	C	B	A	Y_0	Y_1	Y_2	Y_3	Y_4	Y_5	Y_6	Y_7
$\times$	1	$\times$	$\times$	$\times$	$\times$	1	1	1	1	1	1	1	1
$\times$	$\times$	1	$\times$	$\times$	$\times$	1	1	1	1	1	1	1	1
0	$\times$	$\times$	$\times$	$\times$	$\times$	1	1	1	1	1	1	1	1
1	0	D	0	0	0	D	1	1	1	1	1	1	1
1	0	D	0	0	1	1	D	1	1	1	1	1	1
1	0	D	0	1	0	1	1	D	1	1	1	1	1
1	0	D	0	1	1	1	1	1	D	1	1	1	1
1	0	D	1	0	0	1	1	1	1	D	1	1	1
1	0	D	1	0	1	1	1	1	1	1	D	1	1
1	0	D	1	1	0	1	1	1	1	1	1	D	1
1	0	D	1	1	1	1	1	1	1	1	1	1	D

从功能表 10 - 12 分析可知:当 $D=0$ 时,译码器正常译码,若选择 $CBA=011$ 地址输出,则 $Y_3=D=0$;当 $D=1$ 时,译码器被封锁,禁止译码,输出全为 1,当然 $Y_3=1$。

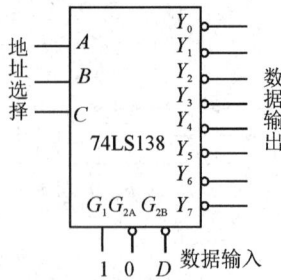

图 10 - 23　由 74LS138 构成的 3 线 - 8 线数据分配器

若选择 $CBA=110$ 地址输出,则 $Y_6=D=1$,因此,译码器构成了数据分配器,能够把数据分配到指定的地址上。

注意：74LS138 的 3 个控制端 G_1、G_{2A}、G_{2B} 都能够用作数据输入端，不过 G_{2A}、G_{2B} 输出的是数据本身，而 G_1 输出的是数据的反码，应用时要注意，具体分析请读者自行分析。

10.4 // 加法器和数值比较器

10.4.1 加法器

加法器用来完成两个二进制数的加法运算。利用加法器进行二进制数加法运算时必须遵守以下运算规则：① 逢二进一，② 两数相加会产生两个结果数，即本位和（也称为和数）、向高位的进位（也称为进位数）。

加法器

加法器有半加器和全加器两种，下面分别介绍。

1. 半加器

所谓半加器是指只进行本位被加数、加数的加法运算而不考虑低位进位的加法器。因此可列出半加器的真值表，如表 10-13 所示。

表 10-13 半加器真值表

输 入		输 出	
被加数 (A)	加数 (B)	和数 (S)	进位数 (CO)
0	0	0	0
0	1	1	0
1	0	1	0
1	1	0	1

根据真值表可以写出半加器的逻辑表达式为

$$S = A\bar{B} + \bar{A}B = A \oplus B$$
$$CO = AB$$

半加器的和函数 S 是其输入 A、B 的异或函数，进位函数 CO 是 A 和 B 的逻辑乘，所以用一个异或门和一个与门即可实现半加器功能。逻辑图请读者自行画出，其逻辑符号如图 10-24 所示。

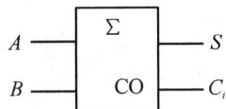

图 10-24 半加器逻辑符号

2. 全加器

全加器完成被加数 A_i 和加数 B_i 及相邻低位的进位 C_{i-1} 的加法运算，这 3 个数相加产生全加器两个输出结果，即和 S_i 及向高位的进位 C_i。根据全加器功能可得到其真值表，如表 10-14 所示。

表 10 - 14　全加器真值表

输　　入			输　　出	
A_i	B_i	C_{i-1}	S_i	C_i
0	0	0	0	0
0	0	1	1	0
0	1	0	1	0
0	1	1	0	1
1	0	0	1	0
1	0	1	0	1
1	1	0	0	1
1	1	1	1	1

根据真值表可以写出全加器的逻辑表达式，经过化简可得

$$S_i = A_i \oplus B_i \oplus C_{i-1}$$
$$C_i = A_i B_i + (A_i \oplus B_i) C_{i-1}$$

注意：化简过程中，进位 C_i 并未化成最简与或式，主要是为了利用和 S_i 的共同项。
全加器逻辑电路可以由异或门和与或门构成，其逻辑符号如图 10 - 25 所示。

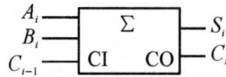

图 10 - 25　全加器逻辑符号

10.4.2　数值比较器

在数字电路系统中，用来比较两个二进制数大小或者是否相等的电路称为数值比较器。

1. 1 位数值比较器

1 位数值比较器是多位数值比较器的基础。图 10 - 26 所示是 1 位数值比较器的逻辑图，它有两个输入端，分别为输入数值 A 和数值 B。两个数值进行比较时有 $A < B$、$A = B$ 以及 $A > B$ 3 种结果。所以它有 3 个输出端，分别用 $F_{A<B}$、$F_{A=B}$、$F_{A>B}$ 表示。

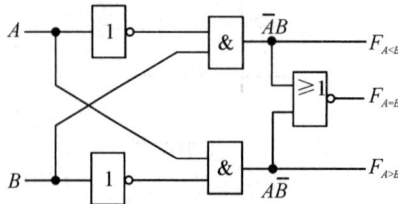

图 10 - 26　1 位数值比较器逻辑图

根据图 10 - 26 可以写出 1 位数值比较器逻辑表达式，即有

$$F_{A<B} = \overline{A}B$$

$$F_{A=B} = \overline{\overline{A}B + A\overline{B}} = \overline{A \oplus B} \qquad (10-3)$$

$$F_{A>B} = A\overline{B}$$

根据式(10-3)列出真值表，如表 10-15 所示。

表 10-15　1 位数值比较器真值表

A	B	$Y_{(A<B)}$	$Y_{(A=B)}$	$Y_{(A>B)}$
0	0	0	1	0
0	1	1	0	0
1	0	0	0	1
1	1	0	1	0

由表 10-15 可以看出，当 $A<B(A=0,\ B=1)$ 时，$F_{A<B}=1$；当 $A=B(A=0,\ B=0$ 和 $A=1,\ B=1)$ 时，$Y_{A=B}=1$；当 $A>B(A=1,\ B=0)$ 时，$Y_{A>B}=1$。由此可知，1 位数值比较器可以根据输出端的逻辑状态，判断出输入的两个 1 位二进制数 A、B 的大小或者是否相等。

2. 多位数值比较器

由于在实际应用中往往需要比较两个多位二进制数，因此就需要把上面的 1 位数值比较器合理地连接起来使用，组成多位数值比较器。这里以集成数值比较器 74LS85 为例介绍多位数值比较器，它是 4 位二进制数比较器，其逻辑符号图和引脚图如图 10-27 所示。

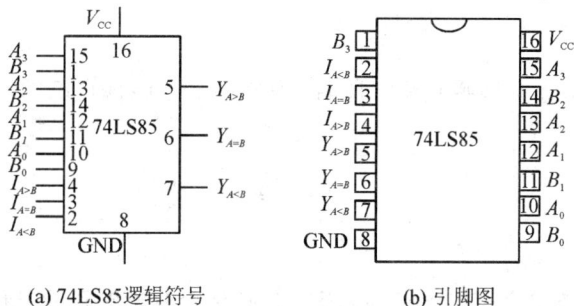

图 10-27　74LS85 逻辑符号图及引脚图

设 A、B 分别为两个 4 位二进制数。74LS85 的 $A_3 \sim A_0$、$B_3 \sim B_0$ 为数据输入端；$I_{A<B}$、$I_{A>B}$、$I_{A=B}$ 为 3 个级联输入端，表示低四位比较的结果输入；$Y_{A<B}$、$Y_{A>B}$、$Y_{A=B}$ 为 3 个级联输出端，表示末级比较结果的输出。比较过程如下：先比较二进制数 A、B 的最高位，若 $A_3 > B_3$，则 $A>B$，若 $A_3 = B_3$，则再比较次高位 A_2、B_2，依次类推直到最低位，若各位均相等，则 $A=B$，若 $A_3 < B_3$，则 $A<B$。

集成数值比较器的主要应用是通过级联扩大数值比较范围。例如，1 片 74LS85 只能完成 4 位二进制数的比较，若需要比较 8 位二进制数就需要 2 片 74LS85 级联。

74LS85 数值比较器的级联输入端 $I_{A<B}$、$I_{A>B}$、$I_{A=B}$ 就是为了扩大比较范围设置的。当不需要扩大比较位数时，$I_{A<B}$、$I_{A>B}$ 接低电平，$I_{A=B}$ 接高电平；若需要扩大比较器的位数时，只要将低位的 $Y_{A<B}$、$Y_{A>B}$、$Y_{A=B}$，分别串接到高位的输入端 $I_{A<B}$、$I_{A>B}$、$I_{A=B}$ 即可。

任务实施

二路抢答器

工具材料： 二输入与非门、电阻、单刀双掷开关、LED 灯、发光二极管。

目的： 掌握组合逻辑电路的简单应用。

思考问题：

（1）与非门电路如何实现开门和封门功能？

（2）门电路多于输入端如何处理？

参考电路： 如任务实施图 10 所示。

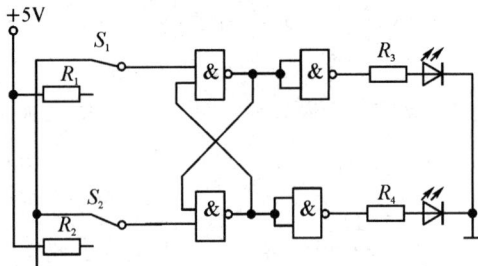

任务实施图 10

心得体会

通过本章的学习，你有哪些收获？请用简短的话语，将你自己的心得体会写出来吧。

本 章 小 结

本章内容主要涉及组合逻辑电路的内容，包括组合逻辑电路的分析、设计及集成器件。

（1）组合逻辑电路的特点是：电路任一时刻的输出状态只决定于该时刻各输入状态的组合，而与电路的原状态无关；组合逻辑电路由门电路组合而成，电路中没有记忆单元，没有反馈通路。

（2）组合逻辑电路的分析步骤为：逐级写出各输出端的逻辑表达式→化简和变换逻辑表达式→列出真值表→确定逻辑功能。

（3）组合逻辑电路的设计步骤为：进行逻辑抽象，并根据设计要求列出真值表→写出逻辑表达式(或填写卡诺图)→逻辑表达式化简和变换→画出逻辑图。

（4）常用的集成逻辑器件包括编码器、译码器、加法器等。

（5）上述常用集成逻辑器件除了具有其基本功能及扩展功能外，还可用来设计组合逻辑电路，主要是指使用数据选择器、二进制译码器设计逻辑函数。

思考题与习题

10-1 分析题图 10-1 所示电路图的逻辑功能。

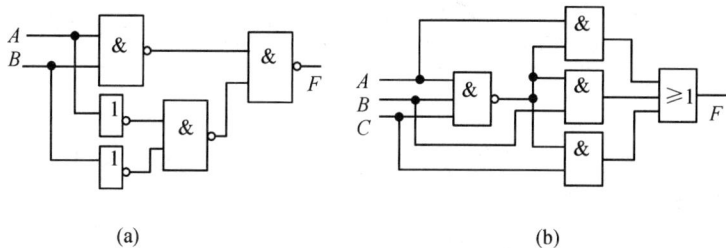

(a)   (b)

题图 10-1

10-2 用与非门设计一个 3 人表决电路。对于某个提案,若同意则按下自己前面的按钮,不同意则不按。若有两个或两个以上的人同意时,则提案通过,否则提案否决。

10-3 设计一个 3 位判奇电路,已知 A、B、C 为 3 个变量,当 A、B、C 中有奇数个 1 时,$F=1$,当 A、B、C 中有偶数个 1 时,$F=0$。

10-4 某控制系统中有 4 个按钮,4 个按钮都能控制系统的动作。当第 1 个按钮按下时,无论其他按钮是否按下,系统开始动作。当第 1 个按钮没有按下而第 2 个按钮按下时,无论第 3、第 4 个按钮是否按下,系统开始动作。当第 1、第 2 个按钮没有按下而第 3 个按钮按下时,无论第 4 个按钮是否按下,系统开始动作。只有当第 1、第 2、第 3 个按钮都没有按下时,按下第 4 个按钮则系统开始动作。试分别用门电路和 74LS148 设计完成此功能的控制电路,并对两种设计方法进行比较。

10-5 试用 3 线-8 线译码器 74LS138 实现多输出函数。

$$\begin{cases} F_1 = AB \\ F_2 = \overline{A}B\overline{C} + A\overline{B}C + BC \\ F_3 = A\overline{C} + \overline{A}\,\overline{B}C \end{cases}$$

第 11 章

触　发　器

近年来，很多国产品牌飞速发展。以华为为例，它创立于 1987 年，是全球领先的 ICT 基础设施和智能终端提供商。20.7 万员工遍及 170 多个国家和地区，为全球 30 多亿人口提供服务。华为致力于把数字世界带入每个人、每个家庭、每个组织，以构建万物互联的智能世界。我们就是未来的中国科研工作者，我们要重视基础理论研究，认识到身上担负的科技报国的使命与责任，因此我们只有学好理论知识才能更好地去创新创业、奋斗拼搏，才能为国家建设再攀高峰。

本章介绍构成数字电路系统的另一种基本逻辑单元——触发器。

首先介绍触发器的特点与分类；接着介绍触发器各种电路结构，以及由于电路结构不同、触发方式不同而带来的不同动作特点；然后重点介绍基本 RS 触发器、同步 RS 触发器、边沿触发器；最后重点讨论常见集成触发器 74LS74、74LS112 等芯片的功能及其应用。

11.1　触发器概述

RS 触发器

在复杂的数字电路中，不仅需要对二值信号进行算术运算和逻辑运算，还经常需要将这些信号和运算的结果保存起来，供人们直接读取或应用。为此，需要使用具有记忆功能的基本逻辑单元。通常将能够存储 1 位二值信号的基本单元电路统称为触发器(Flip-Flop)。

触发器是时序逻辑电路中最基本的电路器件，它是由门电路合理连接而成的(其中总有交叉耦合而成的反馈环路)，它与组合逻辑电路不同之处是具有"记忆"功能。

1. 触发器的特点

(1)触发器具有两个稳定存在的状态，用来表示逻辑状态的 0 和 1，或二进制数 0 和 1。触发器有两个输出端，分别用 Q 和 $\bar{Q}$ 表示。正常情况下 Q 和 $\bar{Q}$ 总是互补的。约定 Q 端的状态为触发器的状态，如果 Q 为 1，$\bar{Q}$ 为 0，表示为 $Q=1$，$\bar{Q}=0$，则称触发器为 1 状态；如果 Q 为 0，$\bar{Q}$ 为 1，表示为 $Q=0$，$\bar{Q}=1$，则称触发器为 0 状态。因此可以用触发器 Q 端的状态表示逻辑变量的两种取值或 1 位二进制数。

(2)在触发信号的作用下，根据不同的输入信号可以把触发器的输出(Q)置成 1 或 0状态，即在一定的条件下输出状态是可以变化的。

(3)输入信号消失后，触发器能够把输入信号对它的影响保留下来，即具有"记忆"功能。

2. 触发器的分类

由于不同触发器采用的电路结构形式不同，因此触发信号的触发方式也不一样。在不同的触发方式下，当触发信号到达时，触发器的状态转换过程具有不同的特点。

如果按照电路的结构进行分类，触发器可以分为 RS 锁存器、同步触发器(也称为时钟控制触发器，简称钟控触发器)、主从触发器、维持阻塞触发器、边沿触发器等。

如果按照触发方式进行分类，触发器可以分为电平触发器、脉冲触发器和边沿触发器3 种。

如果按照逻辑功能进行分类，可以分为 RS 触发器、JK 触发器、D 触发器、T 触发器和T′触发器 5 种。

各类触发器可以由 TTL 电路组成和 CMOS 电路组成。

11.2 基本 RS 触发器

基本 RS 触发器由两个门电路交叉耦合而成，是各类触发器组成的一部分，是分析其他触发器的基础。

由于基本 RS 触发器的置 0 或置 1 操作是由输入的置 0 或置 1 信号直接完成的，不需要触发信号的触发，所以没有把它归入同步 RS 触发器当中去，以示区别。

基本 RS 触发器可以用两个与非门组成，也可以用两个或非门组成。由于集成触发器中多采用前者，所以这里我们以与非门组成的触发器为例进行介绍。

1. 基本 RS 触发器的电路组成

用与非门组成的基本 RS 触发器的逻辑图及其逻辑符号如图 11-1 所示，其中图 11-1(a)所示为基本 RS 触发器的逻辑图，图 11-1(b)所示为逻辑符号。

由图 11-1(a)可以看出，基本 RS 触发器有两个输入端，分别用 $\overline{R_D}$、$\overline{S_D}$ 表示，非号表示低电平有效(即低电平为有效输入信号)，或者说输入信号为低电平时，触发器的状态发生变化(输入高电平时会保持原状态不变)，在逻辑图上用两个小圈表示。两个输出端分别

用 Q、$\overline{Q}$ 表示，正常情况下，两个输出端总是互补的。

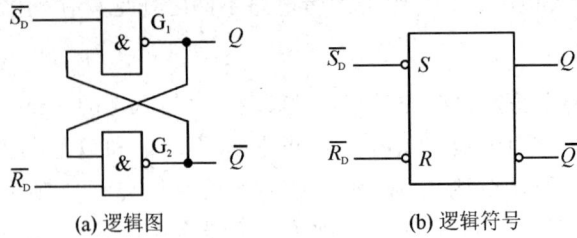

(a) 逻辑图　　　　　　　　(b) 逻辑符号

图 11-1　基本 RS 触发器逻辑图及其逻辑符号

2. 逻辑功能分析

由于触发器输出端的状态会随着加入输入信号的变化而变化，因此为了区分加入信号之前触发器的状态和加入输入信号之后触发器的状态，我们规定加入输入信号之前触发器输出端的状态称为初态（或称原状态、现态），用 Q^n、$\overline{Q^n}$ 表示，加入输入信号之后触发器输出端的状态称为次态（或称新状态、下一个状态），用 Q^{n+1}、$\overline{Q^{n+1}}$ 表示。

由于基本 RS 触发器有两个输入端，而且每一个输入端有两种取值，因此其逻辑功能的分析分为以下 4 种情况进行讨论。

(1) $\overline{S_D}=0$、$\overline{R_D}=1$。

此时基本 RS 触发器的逻辑功能为置 1，表示为 $Q^{n+1}=1$，$\overline{Q^{n+1}}=0$。

根据与非门的逻辑功能"有 0 出 1，全 1 出 0"进行分析，在图 11-1(a) 中，$\overline{S_D}=0$ 使 $Q^{n+1}=1$，反馈到 G_2 的输入端，使 G_2 的输入全为 1，所以 G_2 输出 $\overline{Q^{n+1}}=0$，$\overline{Q^{n+1}}=0$ 再反馈到 G_1 的输入端，使 G_1 输出 Q^{n+1} 保持 1 状态不变，即使此时 $\overline{S_D}=0$ 的负脉冲消失，由于有 $\overline{Q^{n+1}}=0$ 的作用，G_1 的输出也不会改变，一直保持到有新的输入信号的到来。

在分析过程中，虽我们没有区分基本 RS 触发器的原状态是 0 状态还是 1 状态，但都有相同的结果。所以有如下结论：无论基本 RS 触发器的原状态如何，只要输入 $\overline{S_D}=0$、$\overline{R_D}=1$，基本 RS 触发器都被置 1。正是 $\overline{S_D}$ 的低电平使得触发器置 1，所以 $\overline{S_D}$ 输入端称为直接置 1 输入端，或称为直接置位端。

(2) $\overline{S_D}=1$、$\overline{R_D}=0$。

此时基本 RS 触发器的逻辑功能为置 0，表示为 $Q^{n+1}=0$，$\overline{Q^{n+1}}=1$。

通过同样的分析方法可以得到如下结论：无论基本 RS 触发器的原状态如何，只要输入 $\overline{S_D}=1$、$\overline{R_D}=0$，触发器都被置 0。正是 $\overline{R_D}$ 的低电平使得触发器置 0，所以 $\overline{R_D}$ 输入端称为直接置 0 输入端，或称为复位端。

(3) $\overline{S_D}=1$、$\overline{R_D}=1$。

此时基本 RS 触发器没有有效的输入信号，触发器保持原状态不变，表示为 $Q^{n+1}=Q^n$，$\overline{Q^{n+1}}=\overline{Q^n}$。

(4) $\overline{S_D}=0$、$\overline{R_D}=0$。

此时基本 RS 触发器的状态不确定，Q^{n+1} 和 $\overline{Q^{n+1}}$ 的值可以用"×"表示。

注意：在 $\overline{S_D}=\overline{R_D}=0$ 的情况下，$\overline{S_D}=0$ 使 $Q^{n+1}=1$，$\overline{R_D}=0$ 使 $\overline{Q^{n+1}}=1$，此时两个输

出端 Q 和 $\overline{Q}$ 不再互补，即不是定义的 0 状态，也不是定义的 1 状态，属于非正常的工作情况，这是不允许的。

当 $\overline{S_{\mathrm{D}}}$、$\overline{R_{\mathrm{D}}}$ 同时由 0 回到 1 时，无法确定基本 RS 触发器将回到 0 状态还是回到 1 状态。我们把这种不允许 $\overline{S_{\mathrm{D}}}$、$\overline{R_{\mathrm{D}}}$ 同时输入低电平信号称为约束条件，可以表示为 $\overline{S_{\mathrm{D}}}+\overline{R_{\mathrm{D}}}=1$，即正常工作时输入信号应该满足 $\overline{S_{\mathrm{D}}}+\overline{R_{\mathrm{D}}}=1$ 的约束条件。

3. 状态真值表

将逻辑功能分析的结果进行归纳，把基本 RS 触发器的输入信号、初态以及次态列成表格即为基本 RS 触发器的状态真值表，如表 11-1 所示。

表 11-1 基本 RS 触发器的状态真值表

输 入		初 态	次 态	逻辑功能
$\overline{R_{\mathrm{D}}}$	$\overline{S_{\mathrm{D}}}$	Q^{n}	Q^{n+1}	
1	0	0	1	置1
1	0	1	1	
0	1	0	0	置0
0	1	1	0	
1	1	0	0	保持
1	1	1	1	
0	0	0	$\times$	不确定
0	0	1	$\times$	

【例 11-1】 在图 11-1 所示基本 RS 触发器的输入端，输入信号 $\overline{S_{\mathrm{D}}}$、$\overline{R_{\mathrm{D}}}$ 的电压波形如图 11-2 所示。试画出触发器输出端 Q 和 $\overline{Q}$ 的电压波形。

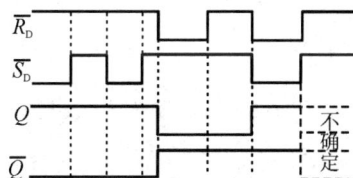

图 11-2 例 11-1 的波形图

注意：电压波形图的横轴为时间 t，纵轴为电平（电压），以后不再说明。

解 首先将输入信号分成若干小段（即找出每一个输入信号的每一个变化时刻），然后逐小段按照逻辑功能进行分析，最后画出输出波形（不确定状态用虚线画出），如图 11-2 所示。

需要特别注意的是：在 $\overline{R_{\mathrm{D}}}=0$，$\overline{S_{\mathrm{D}}}=0$ 期间，$Q=1$，$\overline{Q}=1$；当 $\overline{R_{\mathrm{D}}}$、$\overline{S_{\mathrm{D}}}$ 的"0"状态同时消失后，Q^{n+1} 状态就不确定了。

基本 RS 触发器的优点有：结构简单，具有记忆功能，可以保存数据（又称作 RS 锁存器），可作为数码寄存器使用。

基本 RS 触发器的缺点有：输入应满足约束条件；没有统一的控制（触发）信号。

11.3 // 同步 RS 触发器

11.3.1 同步 RS 触发器的电路结构

基本 RS 触发器的工作特点是"置 1"和"置 0"的负脉冲一出现，Q 端的状态立即发生变化，这种工作方式称为直接置位-复位。

在实际的数字电路系统中，一个电路有多个触发器，且往往要求整个电路一起动作，即在同一个指挥信号的统一指挥下，统一更新状态。这样就要求在电路中的各个触发器的输入端增加一个控制端，使各个触发器加上输入信号以后并不立刻输出新的状态，而是在控制信号到来以后，再根据输入信号统一更新状态。这个控制信号是一系列的矩形脉冲信号，称为时钟脉冲(Clock Pulse)，也称为同步信号，简称时钟，用 CP 表示。

有时钟控制端的触发器称为同步触发器，或称为时钟控制触发器。

同步 RS 触发器的逻辑图如图 11-3(a)所示，它的逻辑符号如图 11-3(b)所示。

在图 11-3(a)中，在基本 RS 触发器的两个输入端各增加了一个与非门(G_3、G_4)，并增加了一个控制端 CP，两个输入信号分别为 R 和 S，与基本 RS 触发器不同的是高电平为有效输入信号。

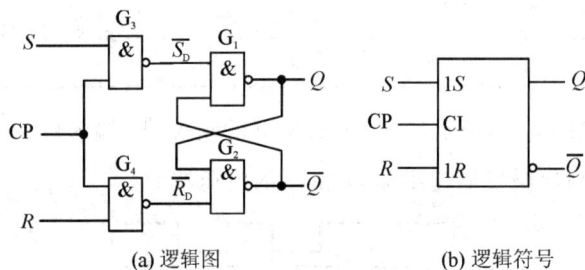

(a) 逻辑图　　　　　　　(b) 逻辑符号

图 11-3　同步 RS 触发器逻辑图及其逻辑符号

11.3.2 同步 RS 触发器的逻辑功能分析

(1) 当 CP=0 时(低电平)，G_3、G_4 输出高电平，无论输入信号怎样变化都不能影响基本 RS 触发器的输入，称为 G_3、G_4 被 CP=0 的信号封锁。此时，相当于基本 RS 触发器的 $\overline{S_D}=1$、$\overline{R_D}=1$，所以触发器保持原状态不变。

(2) 当 CP=1 时，G_3、G_4 的输入完全取决于输入信号 R、S，称为 G_3、G_4 被 CP=1 的信号打开。这时触发器接收 R、S 的信号，并根据 R、S 的状态更新其状态。下面分 4 种情况进行讨论(与基本 RS 触发器的分析方法一致)。

(1) $R=0$，$S=1$，触发器置 1 。

(2) $R=1$，$S=0$，触发器置 0 。

（3）$R=0$，$S=0$，触发器状态保持。

（4）$R=1$，$S=1$，触发器状态不确定。

由以上分析可以看出，同步 RS 触发器的输入仍有约束条件，即 R、S 不能同时为 1，可以表示为 $RS=0$。总结以上 4 种情况，可以得到同步 RS 触发器的状态真值表，如表 11-2 所示。

表 11-2 同步 RS 触发器的状态真值表

输 入			输 出 Q^{n+1}		逻辑功能
R	S	Q^n	CP=0	CP=1	
0	0	0		0	保持（Q^n）
0	0	1		1	
0	1	0		1	置 1
0	1	1	保持	1	
1	0	0	（Q^n）	0	置 0
1	0	1		0	
1	1	0		×	不确定
1	1	1		×	

11.3.3 电平触发方式的动作特点

同步 RS 触发器是一种由电平触发的触发器。电平触发方式的动作特点为：

（1）只有 CP 变为有效电平时，触发器才能接受输入信号，并按照输入信号的变化将触发器的输出置成相应的状态。

（2）在 CP=1 的全部时间段里，R 和 S 状态的变化都可能引起输出状态的改变。在 CP 回到 0 以后，触发器保存的是 CP 回到 0 以前瞬间的状态。

根据上述的动作特点可知，如果在 CP=1 期间 R、S 的状态多次发生变化，那么触发器输出的状态也将发生多次翻转（称为"空翻"），这样就降低了触发器的抗干扰能力。

【例 11-2】 已知同步 RS 触发器的输入波形如图 11-4 所示，设触发器的初始状态 $Q^n=0$，画出此触发器输出端的波形。

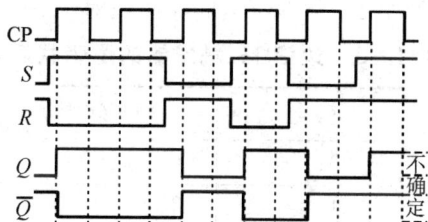

图 11-4 例 11-2 的波形图

解　因为只有 CP＝1 时，同步 RS 触发器的状态才会发生变化，所以只要找出 CP＝1 的各段，然后在每一段按照触发器状态真值表就可画出输出端波形。输出波形如图 11－4 所示。特别要注意的是：在 CP＝1 期间，若 $R=1$，$S=1$，则 $Q=1$，$\bar{Q}=1$；当 CP 回到低电平后，Q 的状态不确定用虚线表示。

11.4 边沿触发器

边沿 JK 触发器

边沿触发器是指利用电路内部的传输延迟时间实现边沿触发，克服空翻现象的一种触发器。它采用边沿触发（上升沿或下降沿），触发器的输出状态是根据 CP 脉冲触发沿到来时刻输入信号的状态来决定的。

边沿触发器最大的特点就是仅在触发信号变化的边沿那一瞬间外界翻转激励才有效，因此稳定性好，激励电平只需要保证在触发信号边沿一小段时间内稳定即可，受外界干扰较小。本节重点介绍边沿 JK 触发器。

1. 边沿 JK 触发器逻辑符号

边沿 JK 触发器逻辑符号如图 11－5 所示，图中方框里 CP 端处的箭头符号"∧"表示电路是边沿触发器，方框外 CP 端处小圆圈"。"表示触发器的工作受 CP 下降沿控制，即下降沿触发有效，反之，若没有小圆圈"。"；则表示是上升沿触发有效。

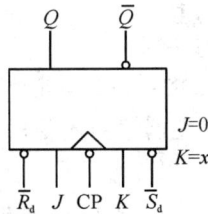

图 11－5　边沿 JK 触发器逻辑符号

2. 边沿 JK 触发器逻辑功能

边沿 JK 触发器是一种具有保持、翻转、置 1、置 0 功能的触发器，它克服了 RS 触发器的禁用状态，是一种使用灵活、功能强、性能好的触发器。边沿 JK 触发器的逻辑状态表如表 11－3 所示，状态转换图如图 11－6 所示，时序图如图 11－7 所示。

表 11－3　边沿 JK 触发器的逻辑状态表

J	K	Q	逻辑功能
0	0	原状态	保持
0	1	0	置 0
1	0	1	置 1
1	1	$\bar{Q}$	翻转

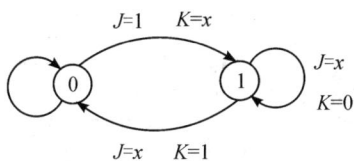

图 11-6 边沿 JK 触发器的状态转换图

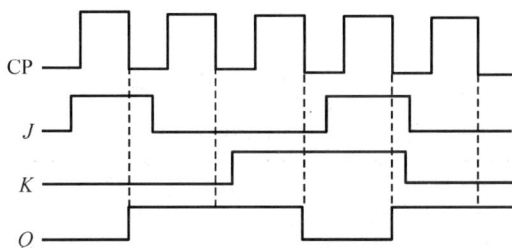

图 11-7 边沿 JK 触发器的时序图

将 JK 触发器的状态转换成真值表填入卡诺图进行化简，可得到其逻辑表达式为

$$Q^{n+1}=J\overline{Q^n}+\overline{K}Q^{\,n}$$

【例 11-3】 给定边沿 JK 触发器 CP 和 J、K 的波形，如图 11-8 所示，设触发器的初始状态为 1，下降沿触发，画出输出端波形。

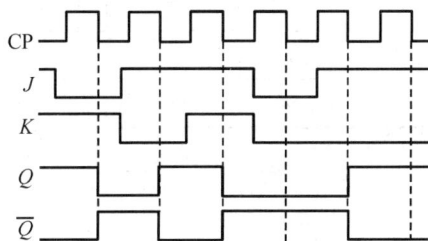

图 11-8 例 11-3 的波形图

解 由于本题所给的边沿 JK 触发器的输入波形在 CP＝1 期间都没有发生变化，所以需要先找出 CP 脉冲的下降沿，然后根据 CP 脉冲的下降沿到来之前输入信号的情况，画出输出波形，如图 11-8 所示。

11.5 // 常见集成触发器

11.5.1 集成 JK 触发器

74LS112 为集成双下降沿 JK 触发器(它带有直接置位端 $\overline{PR}$ 和直接清零端 $\overline{CLR}$，均为低电平有效)，其引脚排列图如图 11-9(a)所示，时序图如图 11-9(b)所示(设各触发器的初态均为 0 态)，功能表如表 11-4 所示。

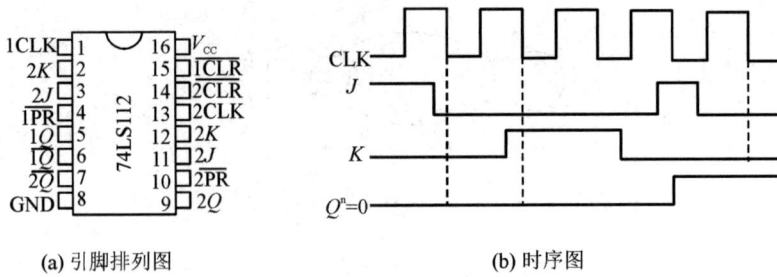

(a) 引脚排列图　　　　　　　　(b) 时序图

图 11 - 9　74LS112 集成 JK 触发器

表 11 - 4　74LS112 功能表

| 时钟 | 输　入 | | | | 输　出 | 功　能　说　明 |
CLK	$\overline{PR}$	$\overline{CLR}$	J	K	Q^{n+1}	
×	0	1	×	×	1	置位端置 1
×	1	0	×	×	0	清零端置 0
×	0	0	×	×	1 *	$\overline{PR}$、$\overline{CLR}$ 不能同时为 0
↓	1	1	0	0	Q^n	保持
↓	1	1	0	1	0	置 0
↓	1	1	1	0	1	置 1
↓	1	1	1	1	$\overline{Q^n}$	翻转
1	1	1	×	×	Q^n	保持(无有效的时钟脉冲)

11.5.2　集成 D 触发器

74LS74 为双上升沿 D 触发器，其引脚排列图如图 11 - 10 所示。其引脚功能为：CP 为时钟输入端；D 为数据输入端；Q、$\overline{Q}$ 为互补输出端；$\overline{CLR}$ 为直接复位端，低电平有效；$\overline{PR}$ 为直接置位端，低电平有效；$\overline{CLR}$ 和 $\overline{PR}$ 用来设置 74LS74 初始状态。74LS74 功能表如表 11 - 5 所示。

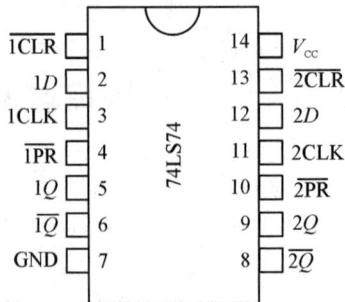

图 11 - 10　74LS74 引脚排列图

表 11-5 74LS74 功能表

时钟	输入			输出	功能说明
CLK	$\overline{PR}$	$\overline{CLR}$	D	Q^{n+1}	
×	0	1	×	1	置位端置1
×	1	0	×	0	清零端置0
×	0	0	×	1*	$\overline{PR}$、$\overline{CLR}$ 不能同时为0
↑	1	1	1	1	置1
↑	1	1	0	0	置0
0	1	1	×	Q^n	保持(无有效的时钟脉冲)

任务实施

用单按键开关控制灯亮灯灭

工具材料：按键开关、集成 D 触发器，电阻，LED。

目的：掌握 D 触发器转换成 T 触发器的方法。

思考问题：

D 触发器的复位端和置位端应如何处置？

参考电路：如任务实施图 11 所示。

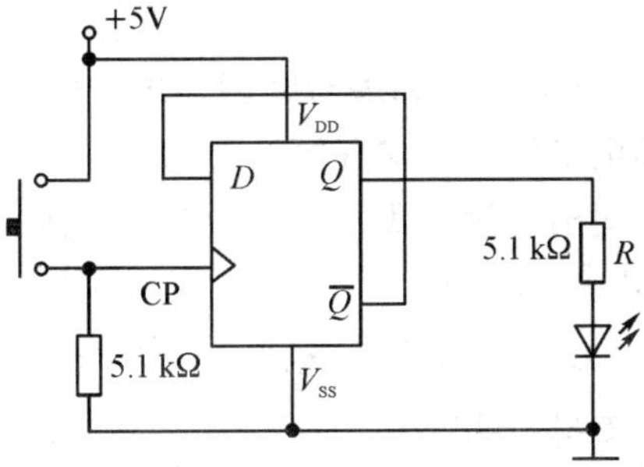

任务实施图 11

心得体会

通过本章的学习，你有哪些收获？请用简短的话语，将你自己的心得体会写出来吧。

本章小结

（1）触发器和门电路一样，也是构成各种复杂数字电路系统的一种基本逻辑单元。

（2）触发器逻辑功能的基本特点是可以保存1位二值信息。因此，又将触发器称为半导体存储单元或记忆单元。

（3）由于输入方式以及触发器状态随输入方式变化规律不同，各种触发器在具体的逻辑功能上又有所差异。根据这些差异，将触发器分成了 RS、JK、D、T 等触发器。这些触发器的逻辑功能可以用状态真值表、逻辑表达式或状态转换图描述。

（4）由于触发器电路的结构形式不同，触发器的触发方式也不一样，有电平触发、脉冲触发和边沿触发之分。不同触发方式的触发器在状态的翻转过程中具有不同的动作特点。因此，在选择触发器电路时不仅需要知道它的逻辑功能类型，还必须了解它的触发方式，这样才能掌握它的动作特点，做出正确的设计。

（5）特别需要指出，触发器的电路结构形式和逻辑功能之间不存在固定的对应关系。同一种逻辑功能的触发器可以用不同的电路结构实现；同一种电路结构的触发器可以实现不同的逻辑功能。

（6）触发器的电路结构和触发方式之间的关系是固定的。例如，只要触发器是同步 RS 结构，无论逻辑功能如何，就一定是电平触发方式；只要触发器是主从结构，无论逻辑功能如何，一定是脉冲触发方式；只要触发器是维持阻塞结构，无论逻辑功能如何，一定是边沿触发方式，等等。因此，只要知道了触发器的电路结构类型，也就知道了触发器的触发方式。

（7）集成触发器的种类很多，本书重点介绍了部分常见集成触发器的引脚图、功能表。

思考题与习题

11-1　基本 RS 触发器的输入信号需要遵守的约束条件是什么？

11-2　脉冲触发方式和电平触发方式有何不同？

11-3　脉冲触发方式与边沿触发方式在动作特点上有何区别？

11-4　JK 触发器有几种逻辑功能？

11-5　将 JK 触发器用作 T 触发器和 T' 触发器，应如何连接？

11-6　D 触发器有几种逻辑功能？

11-7　将 D 触发器用作 T 触发器和 T' 触发器，应如何连接？

11-8　T 触发器和 T' 触发器逻辑功能有何不同？

11-9　已知基本 RS 触发器的输入信号波形如题图 11-1 所示，设初始状态为 0，试画出输出端 Q 和 $\overline{Q}$ 的波形图。

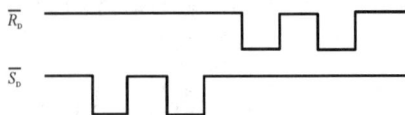

题图 11-1

11-10　已知同步 RS 触发器输入信号 S、R 及时钟 CP 的波形如题图 11-2 所示，设初始状态为 0，试画出输出端 Q 和 $\overline{Q}$ 的波形图。

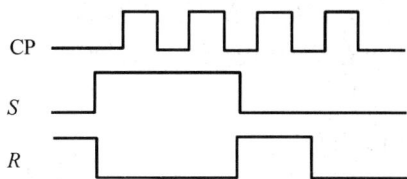

题图 11-2

11-11 已知主从 JK 触发器输入信号 J、K 及时钟 CP 的波形如题图 11-3 所示,设初始状态为 0,CP 脉冲下降沿触发,试画出输出端 Q 和 $\overline{Q}$ 的波形图。

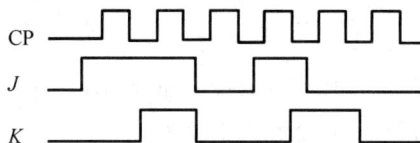

题图 11-3

11-12 已知输入信号 D 及时钟 CP 的波形如题图 11-4 所示,设触发器为下降沿有效的 D 触发器,设初始状态为 0,试画出输出端 Q 和 $\overline{Q}$ 的波形图。

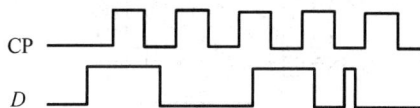

题图 11-4

11-13 各 TTL 型 JK 触发器电路如题图 11-5 所示,写出各电路触发器的状态方程;设各触发器初始状态为 0,画出在 CP 脉冲的作用下各触发器输出端的波形。

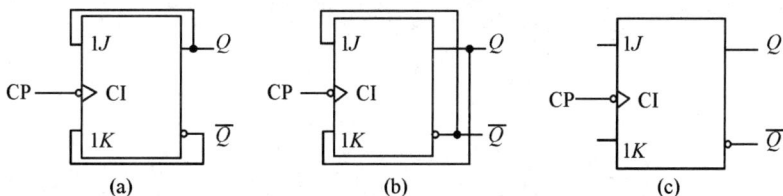

题图 11-5

11-14 各 TTL 型 D 触发器电路如题图 11-6 所示,写出各电路触发器的状态方程;设各触发器初始状态为 0,画出在 CP 脉冲的作用下各触发器输出端的波形。

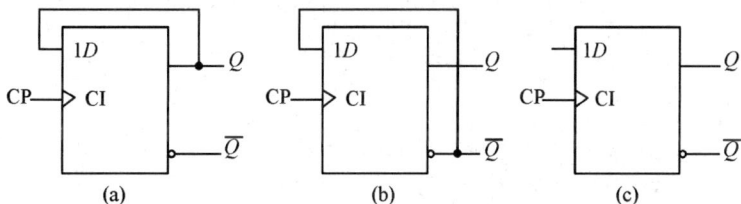

题图 11-6

11-15 某同学用题图 11-7(a)所示芯片组成电路，并从示波器上观察到该电路波形如题图 11-7(b)所示，试问该电路是如何连接的？请画出电路连线图。

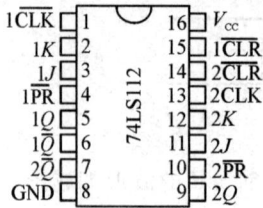

(a) 74LS112引脚排列

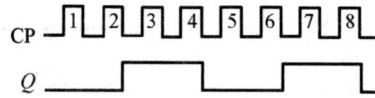

(b) 波形图

题图 11-7

11-16 集成双 D 触发器 74LS74 引脚排列如题图 11-8 所示，简述其各引脚的功能。若用它构成一个四分频器，请画出实验电路连线图。

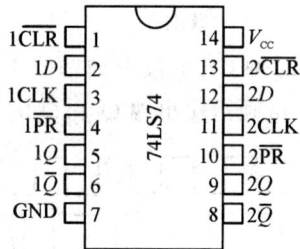

题图 11-8

第 12 章

时序逻辑电路

知识重点

- 时序逻辑电路的特点。
- 时序逻辑电路的分析方法。
- 时序逻辑电路的典型应用。

知识难点

- 时序逻辑电路的分析。
- 计数器的典型电路分析。
- 寄存器的逻辑功能分析。

素质提升

在搭建时序电路的过程中，不仅可以锻炼动手能力，还可以培养团结协作意识以及创新能力。理论分析和实验测得的数据总是有一定误差，实验结束后的实验数据分析更为重要，需要我们认真分析实验误差产生的原因。实验和理论犹如现实和理想，总有差距，想让现实和理想更接近，只有付出足够的努力才能拥有相应的收获。

本章主要讲述了时序逻辑电路的基本结构、工作原理、分析方法和典型应用。首先概要地讲述了时序逻辑电路在逻辑功能和电路结构上的特点，并详细介绍了分析时序逻辑电路的具体步骤和方法。然后分别介绍了计数器、寄存器等各类常用时序逻辑电路的工作原理和使用方法。

12.1 // 时序逻辑电路的基本知识

时序逻辑电路的
分析方法

12.1.1 时序逻辑电路的特点及一般结构

常见的数字电路一般可分为组合逻辑电路和时序逻辑电路两大类。对于前面我们讨论过的组合逻辑电路来说，任一时刻的输出信号仅取决于当时的输入信号，而与该电路前一时刻的电路状态无关，这是组合逻辑电路在逻辑功能上的基本特点。而本章将要介绍另一种类型的逻辑电路，即时序逻辑电路，它有着和组合逻辑电路全然不同的特点。在时序逻辑电路中，任一时刻的输出信号不仅取决于当时的输入信号，而且还取决于电路原来的状态，也就是说，以前的电路状态和当前的输入信号共同决定了当前的输出结果。具备这种逻辑功能特点的电路称为时序逻辑电路，简称时序电路。

要想保留下逻辑电路原来的状态，就需要用到触发器的记忆功能。将触发器和组合逻辑电路相结合就构成了时序逻辑电路。时序逻辑电路的框图如图 12-1 所示。

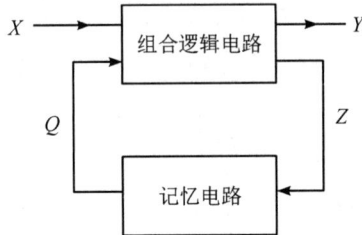

图 12-1 时序逻辑电路框图

从图 12-1 可以看出，时序逻辑电路和组合逻辑电路的区别是具有记忆电路（存储电路）。图中的 X 为时序逻辑电路的输入信号；Y 为时序逻辑电路的输出信号；Z 为记忆电路的输入信号；Q 为记忆电路的输出信号。根据时序逻辑电路框图可以写出时序逻辑电路的相关逻辑关系式。

（1）输出方程：

$$Y = f(X^n, Q^n)$$

输出方程表示的是时序逻辑电路的输出信号与输入信号和记忆电路原状态之间的关系。

（2）驱动方程：

$$Z = g(X^n, Q^n)$$

驱动方程表示的是记忆电路的输入信号与组合电路输入变量和记忆电路原状态之间的关系。

（3）状态方程：

$$Q^{n+1} = h(Z^n, Q^n)$$

状态方程表示的是记忆电路的新状态与记忆电路原状态和记忆输入信号之间的关系。

时序逻辑电路按照逻辑功能进行分类，可分为计数器、寄存器等；按照时序逻辑电路中时钟脉冲的个数分类，可分为同步时序逻辑电路、异步时序逻辑电路。如果时序逻辑电路中所有的触发器都受同一个时钟脉冲的控制，则称此时序逻辑电路为同步时序逻辑电路；如果时序逻辑电路中所有的触发器不是都受同一个时钟脉冲的控制，则称此时序逻辑电路为异步时序逻辑电路。

12.1.2 时序逻辑电路的逻辑功能描述方法和分析方法

1. 时序逻辑电路逻辑功能的描述方法

对于同一个时序逻辑电路，往往可以用多种方法来描述其逻辑功能，常用的描述方法有以下几种。

(1) 逻辑方程式:把电路的状态和输出信号在输入变量及时钟信号作用下的变化规律用方程式的形式表示出来,它包含输出方程、驱动方程、状态方程。根据这三个方程,就能够求得在任何给定输入变量和电路状态下电路的输出与次态。

(2) 状态转换表:将时序逻辑电路的输入信号(X)及初态(Q^n)与电路的输出信号(Y)、次态(Q^{n+1})之间的对应关系用表格的形式表示出来。

(3) 状态转换图:将电路的各种状态以及相应的转换条件用图形的形式表示出来。

(4) 时序图:又称为工作波形图,是指电路在时钟脉冲(CP)序列作用下,电路状态(Q)、输出信号(Y)随时间(t)变化的波形图。

2. 同步时序逻辑电路的分析方法

同步时序逻辑电路分析的目的与组合逻辑电路分析相同,即找出给定的时序逻辑电路的逻辑功能。分析的步骤为:

(1) 写出各类方程。包括电路输出方程、触发器驱动方程、触发器状态方程。其中电路输出方程在时序逻辑电路的输出端直接写出;触发器驱动方程在各触发器的输入端直接写出;触发器状态方程必须将驱动方程代入所用触发器的输出方程中得到。

(2) 列出状态转换表。根据状态方程,将各触发器的初态代入状态方程,通过计算可以得到各触发器的次态,并填写到状态转换表相对应的位置上。

(3) 画出状态转换图、时序图。根据状态转换表,画出状态转换图、时序图。

(4) 分析得出电路的逻辑功能。根据状态转换图、状态转换表或时序图可以得出给定时序逻辑电路的逻辑功能。

【**例 12 - 1**】 试分析图 12 - 2 所示同步时序逻辑电路的逻辑功能。

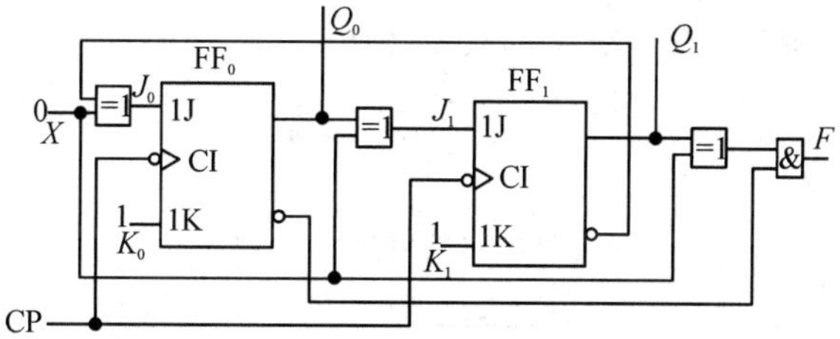

图 12 - 2 例 12 - 1 同步时序逻辑电路

解 根据同步时序逻辑电路的分析方法:

(1) 写出各类方程。

电路输出方程为

$$F = (X \oplus Q_1^n) \overline{Q_0^n} = \overline{Q_1^n} \cdot \overline{Q_0^n}$$

FF_0 触发器驱动方程为

$$J_0 = X \oplus \overline{Q_1^n} = \overline{Q_1^n}, \quad K_0 = 1$$

FF_1 触发器驱动方程为

$$J_1 = X \oplus Q_0^n = Q_0^n, \quad K_1 = 1$$

将各驱动方程代入 JK 触发器的输出方程,得到各触发器的次态方程,即有:

FF_0 触发器次态方程为

$$Q_0^{n+1} = J_0\overline{Q_0^n} + \overline{K_0}Q_0^n = (X \oplus \overline{Q_1^n})\overline{Q_0^n} = \overline{Q_1^n}\,\overline{Q_0^n}$$

FF_1 触发器次态方程为

$$Q_1^{n+1} = J_1\overline{Q_1^n} + \overline{K_1}Q_1^n = (X \oplus Q_0^n)\overline{Q_1^n} = Q_0^n\overline{Q_1^n}$$

（2）列出状态转换表。

将任何一组输入变量及电路的初态的取值代入状态方程和输出方程，即可算出电路的次态和初值下的输出值，再以得到的次态作为新的初态，和这时的输入变量取值一起再代入状态方程和输出方程进行计算，又得到一组新的次态和输出值。如此继续下去，把全部的计算结果列成真值表的形式，即得到状态转换表。

根据定义可得例 12-1 的状态转换表如表 12-1 所示。从表中可以看出，当电路初态变为 10 状态时，若继续计算则电路次态又变回 00 状态，且此时输出为 1。

表 12-1　例 12-1 状态转换表

输　入		初　态	次　态	输出
CP　X		$Q_1^n\ Q_0^n$	$Q_1^{n+1}\ Q_0^{n+1}$	F
1　0		0　0	0　1	0
2　0		0　1	1　0	0
3　0		1　0	0　0	1

（3）画出状态转换图、时序图。

状态转换图可以根据状态转换表得到，也就是把电路的状态转换以图形表示出来。在状态转换图中以圆圈表示电路的各个状态，以箭头表示状态转换的方向，同时在箭头旁注明状态转换前的输入变量取值和输出值。通常将输入变量取值写在斜线以上，将输出值写在斜线以下。图 12-3 所示为例 12-1 的状态转换图。

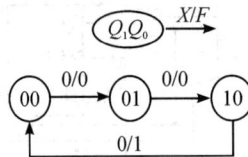

图 12-3　例 12-1 状态转换图

时序图（图中横轴方向是时间 t，纵轴方向是电平，为使图形简单而省略了这两轴）可以根据状态转换表得到，如图 12-4 所示。要注意的是，根据图12-2 可知，此同步时序逻辑

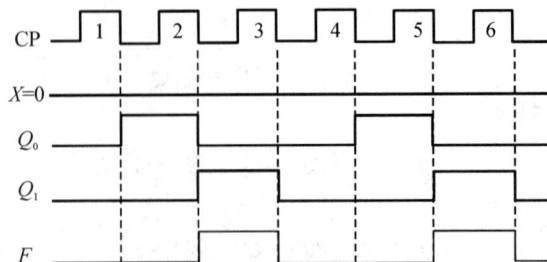

图 12-4　例 12-1 时序图

电路中触发器为 JK 触发器，CP 脉冲为下降沿触发。

（4）分析得出电路的逻辑功能。

从状态转换表或转换图可以看出，此同步时序逻辑电路按照脉冲加 1 规律来完成 $00 \rightarrow 01 \rightarrow 10 \rightarrow 00$ 的循环变化，并且每当转换为 10 状态（最大数）时，进位信号输出 $F=1$。因此，该电路是一个三进制的同步计数器，即电路只有 3 个状态，且这 3 个状态依次变化，也就是电路完成一次循环刚好可以看成计了 3 个数。

3. 异步时序逻辑电路的分析方法

因为异步时序逻辑电路的时钟脉冲（CP）不止一个，只有当某个触发器得到有效的时钟脉冲时才会更新状态，否则保持原状态不变，所以在分析异步时序逻辑电路时，除了写出同步时序逻辑电路分析时所需的方程以外，还应该写出时钟方程。另外，列状态转换表时，除了依据状态方程以外，还要依据时钟方程。

【例 12 - 2】 试分析图 12 - 5 所示异步时序电路的逻辑功能。

解　（1）写出各类方程。

时钟方程为

　　$CP_0 = CP$（时钟脉冲源的下降沿触发）

　　$CP_1 = Q_0$（当 FF_0 的 Q_0 由 $1 \rightarrow 0$ 时，CP_1 有效，FF_1 才能被触发）

电路输出方程为

$$F = Q_1^n Q_0^n$$

触发器驱动方程为

$$D_0 = \overline{Q_0^n}, \quad D_1 = \overline{Q_1^n}$$

触发器状态方程为

$$Q_0^{n+1} = D_0 = \overline{Q_0^n} \quad (CP \text{ 下降沿有效，即 } CP_0 \text{ 由 } 1 \rightarrow 0 \text{ 时此式有效})$$
$$Q_1^{n+1} = D_1 = \overline{Q_1^n} \quad (Q_0 \text{ 下降沿有效，即 } CP_1 \text{ 由 } 1 \rightarrow 0 \text{ 时此式有效})$$

（2）列出状态转换表。

列出异步时序逻辑电路状态转换表的方法和同步时序逻辑电路相同，不过需要特别注意方程在何时有效。状态转换表如表 12 - 2 所示。

图 12 - 5　例 12 - 2 时序逻辑电路图

表 12 - 2　例 12 - 2 状态转换表

输　入		初　态		次　态		输出
CP_1	CP_0	Q_1^n	Q_0^n	Q_1^{n+1}	Q_0^{n+1}	F
1	↓	0	0	0	1	0
↓	↓	0	1	1	0	0
1	↓	1	0	1	1	0
↓	↓	1	1	0	0	1

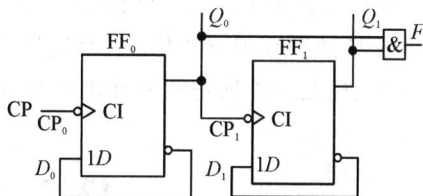

（3）根据状态转换表画出状态转换图、时序图。

根据状态转换表画出的状态转换图、时序图分别如图 12-6 和图 12-7 所示。

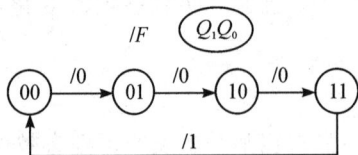

图 12-6　例 12-2 状态转换图　　　　图 12-7　例 12-2 时序图

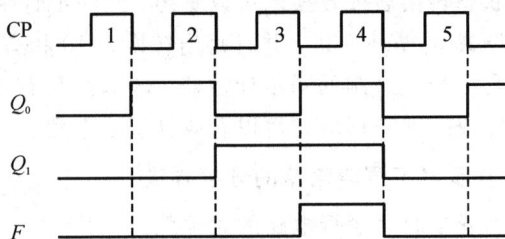

（4）逻辑功能分析。

从状态转换表或状态转换图可看出，异步时序逻辑电路按照加 1 规律完成 00→01→10→11→00 的循环规律变化，并且当转换为 11 状态（最大数）时，输出 $F=1$ 为进位信号。因此，该电路是一个四进制的异步计数器。

12.2　计数器

计数器是一种常见的时序逻辑电路。计数器能够累计 CP 脉冲（又称为计数脉冲）个数。计数器由没有空翻的触发器组成，可以用于计数、分频、定时以及产生序列脉冲。计数器如果按照时钟（称为计数）脉冲的引入方式分类，有同步计数器和异步计数器。所有的触发器受同一个 CP 脉冲控制的计数器称为同步计数器（如例 12-1）；所有的触发器不是受同一个 CP 脉冲的控制的计数器称为异步计数器（如例 12-2）。

计数器按照计数长度分类有二进制计数器、二-十进制计数器和任意进制计数器。按照二进制的规律计数的计数器称为二进制计数器；按照二-十进制编码（如 8421BCD 码）的规律计数的计数器称为二-十进制计数器；能够完成任意计数长度的计数器称为任意进制计数器（如六进制、十二进制、六十进制计数器等）。按照计数器的状态的变化规律分类，分为加法计数器、减法计数器和可逆计数器。如果计数器的状态随着 CP 脉冲个数的增加而增加，称为加法计数器；如果计数器的状态随着 CP 脉冲个数的增加而减少，称为减法计数器；在控制信号的作用下，既可以加法计数又可以减法计数的计数器称为可逆计数器。

12.2.1　二进制计数器

1. 同步二进制计数器

由图 12-8 所示的同步二进制计数器电路可知，JK 触发器构成了同步二进制加法计数电路。所谓加法计数器，就是进行递增计数。从图 12-8 可以看出，各个触发器时钟脉冲都是同一个脉冲源，也就是所说的同步。

图 12-8 中每一级触发器都接成了 T 触发器，$T=1$ 时触发器翻转，$T=0$ 时触发器不翻转。按照时序逻辑电路的分析方法，首先写出各类方程，即有

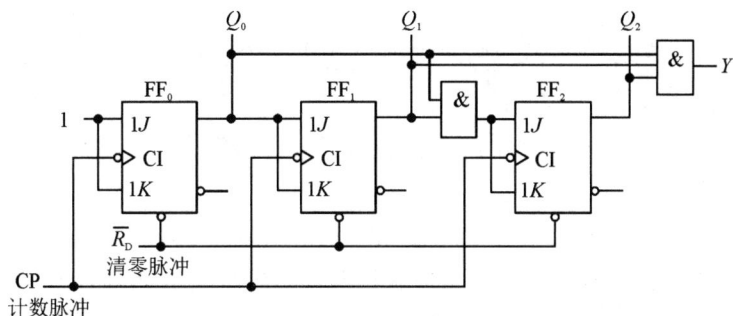

图 12-8 同步二进制加法计数器电路

驱动方程 FF_0 为

$$T_0 = 1$$

FF_1 驱动方程为

$$T_1 = Q_0^n$$

FF_2 驱动方程为

$$T_2 = Q_0^n Q_1^n$$

把驱动方程代入 T 触发器输出方程 $Q^{n+1} = T\overline{Q^n} + \overline{T}Q^n$，可得到各个触发器状态方程，即有：

FF_0 状态方程为

$$Q_0^{n+1} = \overline{Q_0^n}$$

FF_1 状态方程为

$$Q_1^{n+1} = Q_0^n \overline{Q_1^n} + \overline{Q_0^n} Q_1^n$$

FF_2 状态方程为

$$Q_2^{n+1} = Q_0^n Q_1^n \overline{Q_2^n} + \overline{Q_0^n Q_1^n} Q_2^n$$

同步二进制加法计数器的输出（进位）方程为

$$Y = Q_0^n Q_1^n Q_2^n$$

根据状态方程和输出方程列出状态转换表，如表 12-3 所示。表 12-3 为状态转换表的另一种表示形式，即相邻两行之间，上面一行为初态，下面一行为次态。

表 12-3 同步二进制加法计数器状态转换表

CP 个数	Q_2 Q_1 Q_0	Y	CP 个数	Q_2 Q_1 Q_0	Y
0	0 0 0	0	4	1 0 0	0
1	0 0 1	0	5	1 0 1	0
2	0 1 0	0	6	1 1 0	0
3	0 1 1	0	7	1 1 1	1

由状态转换表画出状态转换图，如图 12-9 所示。

由状态转换图可以得出同步二进制加法计数器的计数过程为：000 开始计数，当计数到第 8 个脉冲（111）时，计数器被清零，同时由 Y 端向高一级计数器输出进位信号，完成一轮循环计数。因此 3 位二进制计数器又称为 8 进制计数器，即此同步二进制加法计数器计

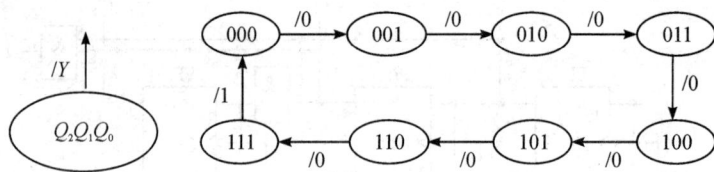

图 12 - 9　同步二进制加法计数器状态转换图

数到第几个 CP 脉冲被清零,就称为几进制计数器。同步二进制加法计数器时序图如图 12 - 10 所示。

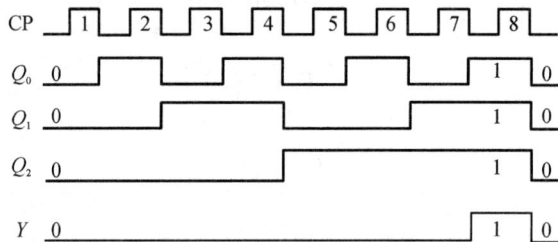

图 12 - 10　同步二进制加法计数器时序图

二进制计数器除了用于计数,还可以用于分频、定时等。计数、分频、定时的规律如下:

(1)计数规律:1 级触发器可以计数 $2^1 = 2$ 个 CP 脉冲,2 级触发器可以计数 $2^2 = 4$ 个 CP 脉冲,N 级触发器可以计数 2^N 个 CP 脉冲。

(2)分频规律:由图 12 - 10 可以看出,CP 脉冲经过 1 级触发器后(从 Q_0 端输出),输出脉冲的频率降低一半,称为 $2(2^1)$ 分频;CP 经过两级触发器(Q_1)后,输出脉冲的频率降为四分之一,称为 $4(2^2)$ 分频;……;CP 经过 N 级触发器后,称为 2^N 分频。利用计数器可以获得更低频率的脉冲。

(3)定时规律:在图 12 - 10 中,设 CP 脉冲的周期为 1 s,经过 1 级触发器以后(从 Q_0 端输出)为 $2(2^1)$ s,经过两级触发器(Q_1)以后为 $4(2^2)$ s,经过 N 级触发器以后为 2^N s。利用计数器可以获得更长时间的定时。

2. 异步二进制计数器

由图 12 - 11 所示异步二进制加法计数器电路可知,JK 触发器构成了异步二进制加法计数器,实际它由 T' 触发器构成。异步计数器的时钟脉冲源 CP 不止一个,各个触发器采

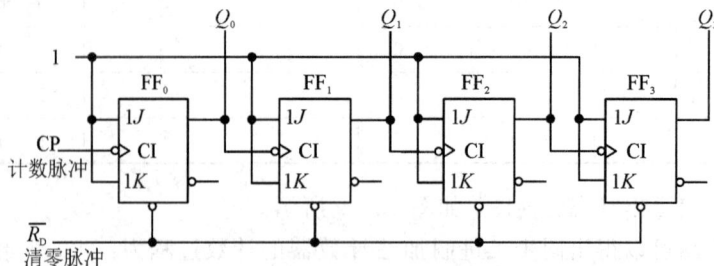

图 12 - 11　异步二进制加法计数器电路

用不同的时钟控制。

因为人们习惯于计数器从零开始，所以需要将各级触发器的 $\overline{R}_D$ 端（清零端）引出，计数之前在 $\overline{R}_D$ 端送入一个低电平，使所有的触发器都置 0，称为清零。计数脉冲从 CP 端输入，Q_3、Q_2、Q_1、Q_0 为计数器的状态输出，且 T' 触发器只有翻转的功能。分析电路，写出状态方程并找出各级触发器的翻转条件，即有

FF_0：$Q_0^{n+1} = \overline{Q_0^n}$，$CP_0 = CP$，即每来一个 CP 脉冲的下降沿，$Q_0$ 翻转一次。

FF_1：$Q_1^{n+1} = \overline{Q_1^n}$，$CP_1 = Q_0$，即 Q_0 每有一个下降沿，Q_1 翻转一次。

FF_2：$Q_2^{n+1} = \overline{Q_2^n}$，$CP_2 = Q_1$，即 Q_1 每有一个下降沿，Q_2 翻转一次。

FF_3：$Q_3^{n+1} = \overline{Q_3^n}$，$CP_3 = Q_2$，即 Q_2 每有一个下降沿，Q_3 翻转一次。

根据分析出的翻转规律，直接画出时序图，如图 12-12 所示。由时序图可以得出电路的逻辑功能为 4 位异步二进制加法计数器。

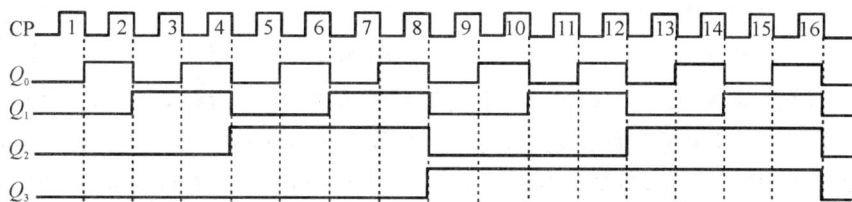

图 12-12　4 位异步二进制加法计数器时序图

如果将低位触发器的 $\overline{Q}$ 端接到相邻高位触发器的 CP 端，就可以构成异步二进制减法计数器。

3. 集成二进制计数器

集成计数器产品有很多，如可预置 4 位二进制同步加法计数器 74LS161（直接清零）、十六进制（4 位二进制）可逆计数器 74LS191、可预置二进制可逆计数器 74LS169、双 4 位二进制同步加法计数器 CC4520 等。

下面重点介绍可预置 4 位二进制同步加法计数器 74LS161 和可预置二进制同步可逆计数器 74LS169。

（1）可预置 4 位二进制同步加法计数器 74LS161。74LS161 的引脚图如图 12-13 所示，功能表如表 12-4 所示。

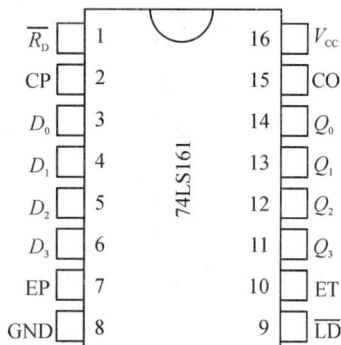

集成计数器　　　　图 12-13　74LS161 引脚图

表 12 - 4　4 位二进制同步加法计数器 74LS161 功能表

输　入									输　出				工作状态
清零	预置	状态控制		时钟	并行数据				输　出				
$\overline{R_D}$	$\overline{LD}$	EP	ET	CP	D_3	D_2	D_1	D_0	Q_3	Q_2	Q_1	Q_0	
0	×	×	×	×	×	×	×	×	0	0	0	0	异步清零
1	0	×	×	↑	D_3	D_2	D_1	D_0	D_3	D_2	D_1	D_0	同步置数
1	0	×	×	↑	0	0	0	0	0	0	0	0	
1	1	1	1	↑	×	×	×	×	计数				加法计数
1	1	0	1	×	×	×	×	×	保持				数据保存
1	1	×	0	×	×	×	×	×	保持				保持(CO=0)

在图 12 - 13 中，D_0、D_1、D_2、D_3 为并行数据输入端，Q_0、Q_1、Q_2、Q_3 为输出端，$\overline{LD}$ 为同步并行置数控制端(低电平有效)，CP 为时钟输入端(上升沿有效)，$\overline{R_D}$ 为异步清零端(低电平有效)，EP、ET 为计数控制端(高电平有效)，CO 为进位输出端。当计数器处于计数状态，即 EP=ET=1，触发器全为 1 时，进位输出(CO)为 1，否则为 0。

从表 12 - 4 可以看出，集成芯片 74LS161 为可预置 4 位二进制同步计数器，清零端是异步的，当清零端 $\overline{R_D}$ 为低电平时，不管时钟端 CP 状态如何，即可完成清零功能。预置端是同步的，当预置端 $\overline{LD}$(Load)为低电平时，在 CP 上升沿作用下，把并行数据输入端的数据 D 置入到输出端 Q_3、Q_2、Q_1、Q_0，即输出端 Q_3、Q_2、Q_1、Q_0 与数据输入端 D_3、D_2、D_1、D_0 数值相同。其计数也是同步的，通过 CP 同时加在 4 个触发器上而实现的。当 EP、ET 均为高电平时，在 CP 上升沿作用下 Q_3、Q_2、Q_1、Q_0 同时变化，从而消除了异步计数器中出现的计数尖峰。当计数溢出时，进位输出端(CO)输出一个高电平脉冲，其宽度为 Q_0 的高电平部分。4 位二进制同步加法计数器 74LS161 在不外加门电路的情况下，可级联成 N 位同步计数器。

（2）可预置的二进制同步可逆计数器 74LS169。74LS169 的引脚图如图 12 - 14 所示，功能表如表 12 - 5 所示。

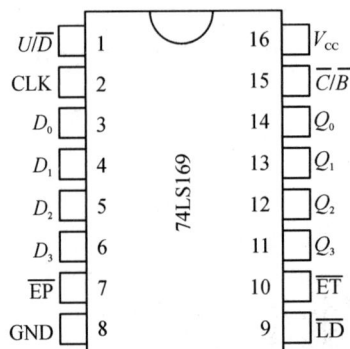

图 12 - 14　74LS169 引脚排列图

表 12 - 5 可预置的 4 位二进制同步可逆计数器 74LS169 功能表

输 入									输 出				工作状态
预置	状态控制		方式	时钟	并行数据				输 出				
$\overline{LD}$	$\overline{EP}$	$\overline{ET}$	$U/\overline{D}$	CP	D_3	D_2	D_1	D_0	Q_3 Q_2 Q_1 Q_0				
0	×	×	×	↑	D_3	D_2	D_1	D_0	D_3 D_2 D_1 D_0				同步置数
0	×	×	×	↑	0	0	0	0	0 $\quad$ 0 $\quad$ 0 $\quad$ 0				同步置数
1	0	0	1	↑	×	×	×	×	计数				加计数
1	0	0	0	↑	×	×	×	×	计数				减计数
1	1	×	×	×	×	×	×	×	保持				数值保持不变
1	×	1	×	×	×	×	×	×	保持				数值保持不变

$\overline{EP}$、$\overline{ET}$ 为计数控制输入端(低电平有效);$U/\overline{D}$ 为加/减计数控制端,$U/\overline{D}=1$ 时计数器进行加法计数,$U/\overline{D}=0$ 时计数器减法计数;D_3、D_2、D_1、D_0 为并行数据输入端,Q_3、Q_2、Q_1、Q_0 为输出端,CP 为时钟输入端(上升沿有效),$\overline{LD}$ 是同步置数控制端(低电平有效),即 $\overline{LD}=0$ 时,送入 CP 后计数器 $Q_3Q_2Q_1Q_0=D_3D_2D_1D_0$,再送 CP 脉冲,计数器从 $D_3D_2D_1D_0$ 开始计数。

$\overline{C}/\overline{B}$(进位/借位)为动态进位输出端(低电平有效),有超前进位功能。当计数溢出时,进位端输出一个低电平脉冲,其宽度为:加计数时为 Q_0 的高电平部分;减计数时为 Q_0 的低电平部分。利用 $\overline{EP}$、$\overline{ET}$、$\overline{C}/\overline{B}$ 端,在不外加门电路的情况下,可级联成 N 位(任意计数长度)同步计数器。

12.2.2 二-十进制计数器

1. 二-十进制加法计数器

利用计数器要计数 10 个 CP 脉冲需要 4 级触发器,但是 4 级触发器有 16 个状态,要按照二-十进制编码方式计数,计数器就必须能够自动跳过 6 个(1010~1111)无效状态。同步二-十进制计数器的逻辑图如图 12 - 15 所示。下面按照同步时序逻辑电路分析的步骤对同步二-十进制计数器进行分析。

根据图 12 - 15 写出各类方程(JK 触发器的输出方程为 $Q^{n+1}=J\overline{Q^n}+\overline{K}Q^n$)如下:
FF_0 驱动方程为

$$J_0=K_0=1$$

FF_1 驱动方程为

$$J_1=K_1=Q_0^n\overline{Q_3^n}$$

FF_2 驱动方程为

$$J_2=K_2=Q_0^nQ_1^n$$

FF_3 驱动方程为

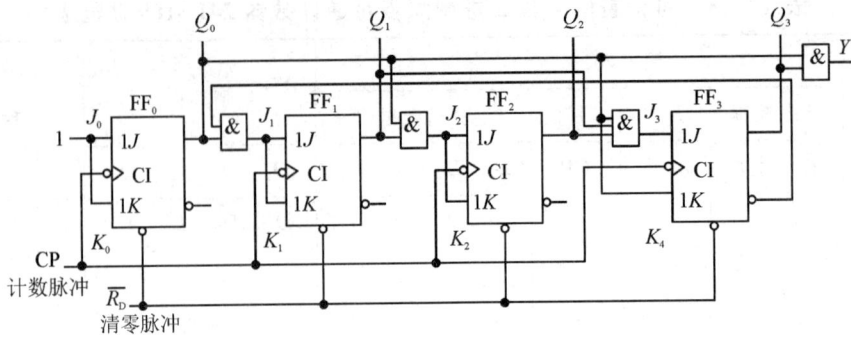

图 12 - 15　同步二-十进制加法计数器逻辑图

$$J_3 = Q_0^n Q_1^n Q_2^n, \quad K_3 = Q_0^n$$

FF$_0$ 状态方程为

$$Q_0^{n+1} = \overline{Q_0^n}$$

FF$_1$ 状态方程为

$$Q_1^{n+1} = Q_0^n \overline{Q_3^n Q_1^n} + \overline{Q_0^n \overline{Q_3^n}} Q_1^n$$

FF$_2$ 状态方程为

$$Q_2^{n+1} = Q_0^n Q_1^n \overline{Q_2^n} + \overline{Q_0^n Q_1^n} Q_2^n$$

FF$_3$ 状态方程为

$$Q_3^{n+1} = Q_0^n Q_1^n Q_2^n \overline{Q_3^n} + \overline{Q_0^n} Q_3^n$$

输出方程为

$$Y = Q_0^n Q_3^n$$

根据状态方程和输出方程列出状态转换表，如表 12 - 6 所示。

表 12 - 6　同步二-十进制加法计数器状态转换表

CP 个数	Q_3	Q_2	Q_1	Q_0	Y	CP 个数	Q_3	Q_2	Q_1	Q_0	Y
0	0	0	0	0	0	10	0	0	0	0	0
1	0	0	0	1	0	0	1	0	1	0	0
2	0	0	1	0	0	1	1	0	1	1	1
3	0	0	1	1	0	2	0	1	1	0	0
4	0	1	0	0	0	0	1	1	0	0	0
5	0	1	0	1	0	1	1	1	0	1	1
6	0	1	1	0	0	2	0	1	0	0	0
7	0	1	1	1	0	0	1	1	1	0	0
8	1	0	0	0	0	1	1	1	1	1	1
9	1	0	0	1	1	2	0	0	1	0	0

根据表 12 - 6 画出状态转换图，如图 12 - 16 所示。

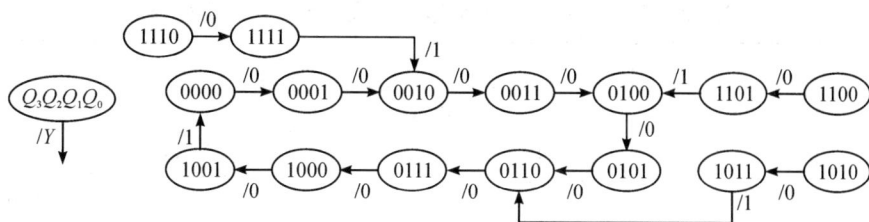

图 12-16　同步二-十进制加法计数器状态转换图

由状态转换图可知电路的逻辑功能为同步二-十进制加法计数器，且能够自启动。二-十进制计数器除了有同步计数器外还有异步计数器，以及除了加法计数器以外还有减法计数器，这二者的组合可以实现可逆(加/减)计数。

2. 集成二-十进制计数器

目前集成二-十进制计数器产品较多，常见的如同步十进制加法计数器 74LS160(同步置数、直接清零)、同步十进制加法计数器 74LS162(同步清零)、可预置十进制可逆计数器 74LS168、二-五-十进制异步计数器 74LS290 等。

同步十进制加法计数器 74LS160 与二-五-十进制异步计数器 74LS290 引脚图如图 12-17 所示。

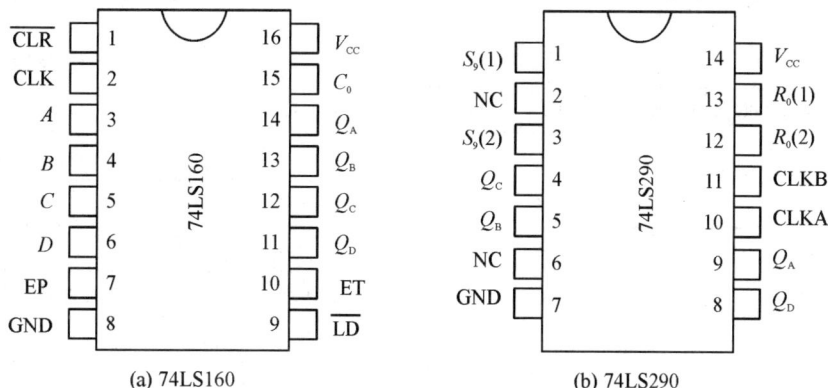

(a) 74LS160　　　　　(b) 74LS290

图 12-17　集成计数器 74LS160、74LS290 引脚图

74LS160 引脚功能：CLK 为计数脉冲输入端，上升沿计数；$\overline{CLR}$ 为清零端，低电平有效，可直接清零(即清零不受 CLK 的控制)；$\overline{LD}$ 置数控制端，低电平有效，即 $\overline{LD}=0$，CP 上升沿到来时，使 $Q_3Q_2Q_1Q_0=D_3D_2D_1D_0$，从而计数器可以从任何数值($D_3D_2D_1D_0$)开始计数；EP、ET 为计数控制端，高电平有效，即 EP=ET=1 时计数器正常计数，否则不计数；C 为计数器的输出端，用于向高位计数器输出进位脉冲。74LS160 功能表如表 12-7 所示。

74LS290 功能表如表 12-8 所示。从表 12-8 可以看出，74LS290 有多种用途：当从 CP_1 输入计数脉冲，则从 Q_0 输出为 1 位二进制计数，此时为二进制计数器；当从 CP_2 输入计数脉冲，从 $Q_3Q_2Q_1$ 输出为五进制计数，此时为五进制计数器；当从 CP_1 输入计数脉冲，并将 Q_0 与 CP_2 相连，则从 $Q_3Q_2Q_1Q_0$ 输出为十进制数，此时为异步(不止一个 CP)十进制计数器。

表 12 - 7　同步十进制加法计数器 74LS160 功能表

输　入									输　出				工作状态
清零	预置	状态控制		时钟	并行数据								
$\overline{\text{CLR}}$	$\overline{\text{LD}}$	EP	ET	CP	D_3	D_2	D_1	D_0	Q_3	Q_2	Q_1	Q_0	
0	×	×	×	×	×	×	×	×	0	0	0	0	异步清零
1	0	×	×	↑	D_3	D_2	D_1	D_0	D_3	D_2	D_1	D_0	同步置数
1	0	×	×	↑	0	0	0	0	0	0	0	0	
1	1	1	1	↑	×	×	×	×	计数				计数
1	1	0	×	×	×	×	×	×	保持				数值保持不变
1	1	×	0	×	×	×	×	×	保持				

另外 74LS290 还有一些置数输入端：$R_0(1)$、$R_0(2)$ 为"置 0"输入端，高电平有效，当 $R_0(1) = R_0(2) = 1$ 时，计数器 $Q_3Q_2Q_1Q_0 = 0000$，正常计数时二者至少有一端接低电平；$S_9(1)$、$S_9(2)$ 为"置 9"输入端，高电平有效，当 $S_9(1) = S_9(2) = 1$ 时，计数器 $Q_3Q_2Q_1Q_0 = 1001$，正常计数时二者至少有一端接低电平，否则计数器将不能正常工作。

表 12 - 8　异步二-五-十进制加法计数器 74LS290 功能表

输　入						输　出				工作状态
清零		预置		时钟						
$S_9(1)$	$S_9(2)$	$R_0(1)$	$R_0(2)$	CP_1	CP_2	Q_3	Q_2	Q_1	Q_0	
1	1	×	×	×	×	1	0	0	1	置 9(优先级最高)
0	×	1	1	×	×	0	0	0	0	置 0
×	0	1	1	×	×	0	0	0	0	
×	0	×	0	↓	×				Q_0	二进制计数(二分频)
0	×	0	×	×	↓	Q_3	Q_2	Q_1		五进制计数(五分频)
0	×	×	0	↓	Q_0	Q_3	Q_2	Q_1	Q_0	十进制计数(8421 码)
×	0	0	×	Q_3	↓	Q_0	Q_3	Q_2	Q_1	十进制计数(5421 码)

12.2.3　任意进制计数器

在人们日常生活中，除了要进行二进制、十进制计数以外，还要进行十二进制、二十四进制、六十进制等计数。广义地讲，除了二进制、十进制以外的计数器统称为任意进制计数器。从集成电路产品的成本考虑，没有现成的任意进制计数器产品。要实现任意进制计数器，可以用现有的集成计数器加以改造而得到。下面讨论两种常用的实现任意进制计数器的方法，即反馈法和级联法。

1. 反馈法

反馈法实现任意进制计数器又分为以下两种方法。

(1) 利用"置 0"端实现任意进制计数。对于具有"置 0"端的集成计数器，利用"置 0"端，让计数器跳过不需要(无效)的状态,实现任意进制计数。

【例 12 - 3】 用同步十进制计数器 74LS160 和附加的门电路实现六进制计数器。

解 由于 74LS160 是十进制计数器,可直接清零,因此要将 74LS160 接成六进制计数器,需要让计数器跳过 0110~1001 这 4 个无效状态,即当计数器输出一旦出现 0110 时,需要让计数器产生一个清零信号"0",并送到 $\overline{CLR}$ 端,使计数器自动清零,跳过 4 个无效状态。由于 74LS160 是直接清零的,因此 0110 不会稳定存在,从而实现六进制计数。连接示意图如图 12 - 18 所示,状态转换图如图 12 - 19 所示。

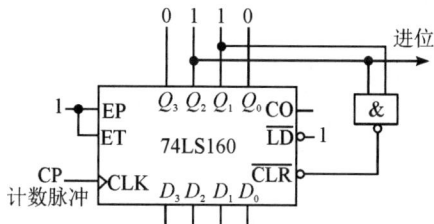

图 12 - 18 例 12 - 3 连接示意图

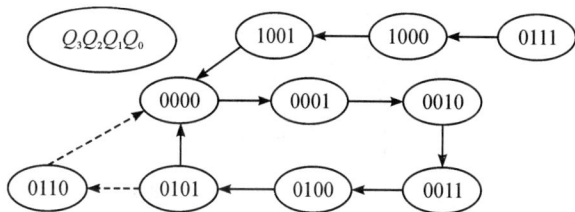

图 12 - 19 例 12 - 3 状态转换图

通过例 12 - 3 可以得出这样的规律:将计数器 74LS160 的输出端 Q_3、Q_2、Q_1、Q_0 中恰为 1 的输出端接到与非门的输入端,与非门的输出端接到清零端,可以实现任意(小于集成块计数)长度的计算器。

(2) 利用"置数"端实现任意进制计数。对于具有"置数"功能的计数器,可以利用"置数"端,合理置入数据,跳过无效状态,实现任意进制计数。

【例 12 - 4】 利用"置数"端,用 74LS160 和附加的门电路实现六进制计数器。

解 因为 74LS160 为同步置数,即 $\overline{LD}=0$ 时输入 CP 脉冲后,计数器才有 $Q_3Q_2Q_1Q_0=D_3D_2D_1D_0$,所以译码输入应该为 6 的前一个状态,即 $Q_3Q_2Q_1Q_0=0101$ 时产生置数脉冲 $\overline{LD}=0$,当下一个 CP 脉冲到来时,置入 0000 态,跳过 4 个无效状态,实现六进制计数,连接示意图如图 12 - 20 所示。利用计数器的状态转换图(如图 12 - 21 所示)中的任意 6 个状态都可以实现六进制计数。

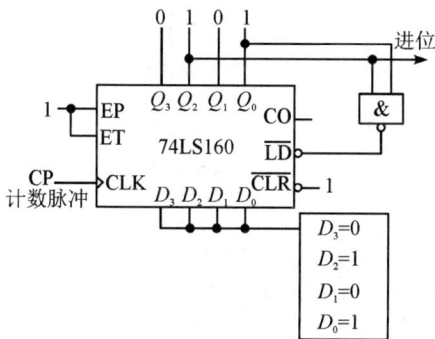

图 12 - 20 例 12 - 4 连接示意图

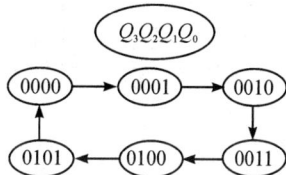

图 12 - 21 例 12 - 4 状态转换图

2. 级联法

如果计数时需要的计数长度比较长(如六十进制),显然采用反馈法是不行的,我们可以将多级计数器合理连接起来实现计数长度大于单片计数器计数长度的任意进制计数器。

【例 12-5】 用两片 74LS160 和附加的门电路实现六十进制计数器。

解 将第 1 片 74LS160 作为个位（十进制计数），将第 2 片 74LS160 接成六进制计数器作为十位，个位的进位输出接到十位的 CLK 端。计数脉冲从个位 CLK 端送入，每送入 10 个 CP 脉冲，个位清零同时向十位进 1，当计到第 60 个脉冲后，整个计数器清零，完成一轮循环计数。由十位的 CO 向更高位输出进位信号。连接示意图如图 12-22 所示。

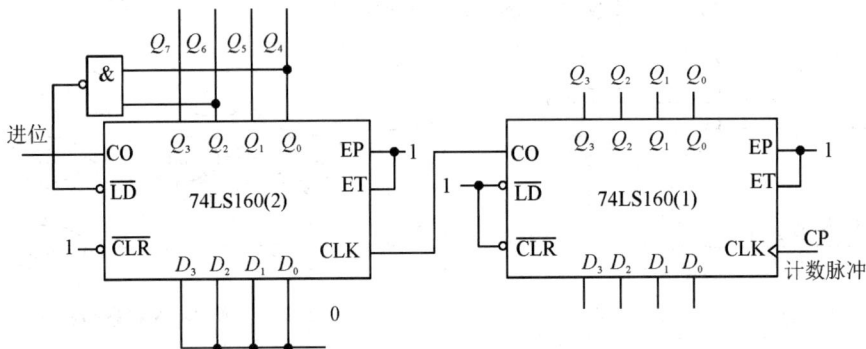

图 12-22　例 12-5 连接示意图

【例 12-6】 用两片 74LS290 和附加的门电路（74LS00）实现二十四进制计数器。

解 将第 1 片 74LS290 作为个位（十进制计数），将第 2 片 74LS290 接成二进制计数器作为十位，个位的输出（Q_3Q_0）接到十位的 CP_1 端。计数脉冲从个位 CP_1 端送入，每送入 10 个 CP 脉冲，个位清零向十位进 1，当计到第 24 个脉冲后，十位输出 $Q_3Q_2Q_1Q_0 = 0010$，个位输出 $Q_3Q_2Q_1Q_0 = 0100$，此时整个计数器十位、个位异步同时清零，完成一轮循环计数。连接示意图如图 12-23 所示。因计数器输出状态从 0～23，故此计数器为二十四进制计数器。

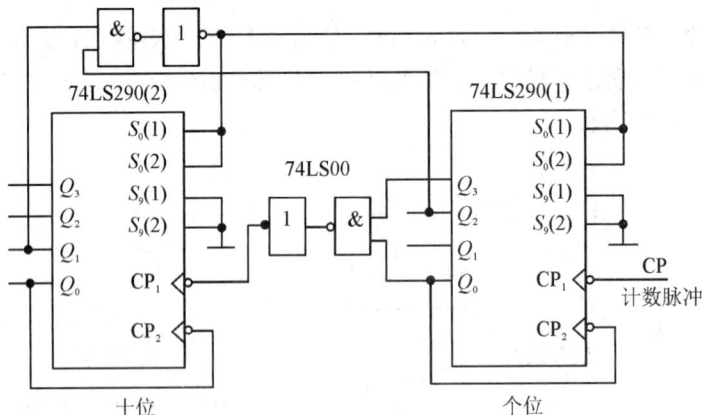

图 12-23　例 12-6 连接示意图

12.3　寄存器

计算机需要把数据、运算的中间结果、指令等所有二进制代码暂时存放起来，而完成这项功能需要依靠一个重要的部件——寄存器。具有存放数码(一组二值代码)功能的逻辑电路称为寄存器(Register)。寄存器由触发器组成,每一级触发器存放 1 位二进制代码,N 级触发器能够存放 N 位二进制代码。

寄存器分为数码寄存器和移位寄存器两种。其中数码寄存器也称为基本寄存器,只能用于存放二进制代码,而移位寄存器不仅能够存放代码还可以进行数据的串、并变换。

12.3.1 数码寄存器

数码寄存器的逻辑功能是接收数码、保存数码、输出数码。由 4 位 D 触发器组成的数码寄存器逻辑图如图 12-24 所示。

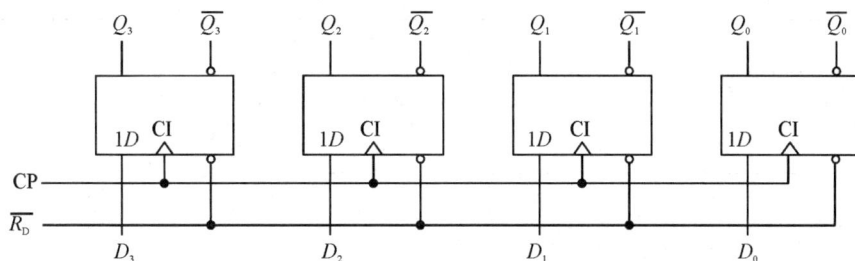

图 12-24 数码寄存器逻辑图

由图 12-24 可以看出:$\overline{R}_D$ 为清零端,用于清除触发器原有的数据;D_3、D_2、D_1、D_0 为数据输入端,Q_3、Q_2、Q_1、Q_0 为数据输出端。CP 的上升沿到来后 $Q_3Q_2Q_1Q_0 = D_3D_2D_1D_0$,将数据 $D_3D_2D_1D_0$ 保存在触发器的输出端,一直到需要保存新的数据为止。

由图 12-24 还可以看出,数据在同一个 CP 的控制下存入寄存器,输出也是同时产生的,所以称此寄存器为并行输入,并行输出。

集成寄存器 74LS175、CC4076 的引脚图如图 12-25 所示。图(a)为 TTL 数码寄存器 74LS175 引脚图,功能表如表 12-9 所示。图(b)为 CMOS 数码寄存器 CC4076 的引脚图,功能表如表 12-10 所示。

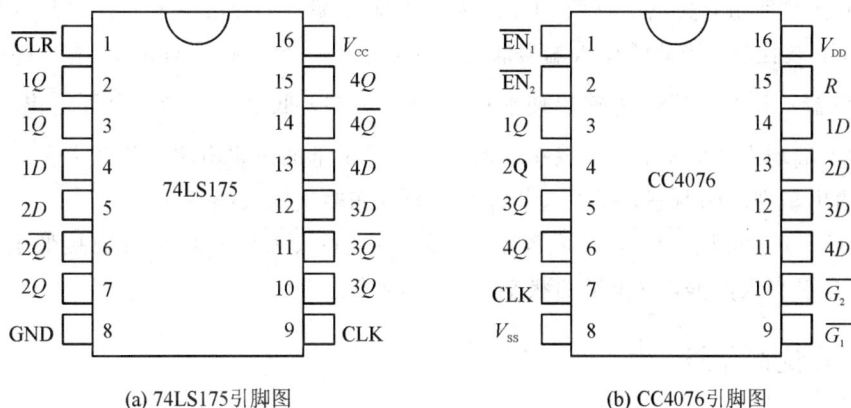

(a) 74LS175引脚图　　　　　　(b) CC4076引脚图

图 12-25 集成寄存器引脚图

表 12 – 9　74LS175 功能表

输　入		输　出
$\overline{\text{CLR}}$　CLK	D	Q^{n+1}
0　　×	×	0
1　　↑	1	1
1　　↑	0	0
1　　0	×	Q^n

表 12 – 10　CC4076 功能表

输　入							输　出
R	CLK	$\overline{G}_1$	$\overline{G}_2$	$\overline{\text{EN}}_1$	$\overline{\text{EN}}_2$	D	Q^{n+1}
1	×	×	×	0	×	×	0
0	↑	0	0	0	0	1	1
0	↑	0	0	0	0	0	0
×	×	×	×	1	×	×	高阻
×	×	×	×	×	1	×	

在图 12 – 25(a)中，4D、3D、2D、1D 为数码输入端；4Q、3Q、2Q、1Q 和 4 个 $\overline{Q}$ 端为数码输出端，数码可以从 Q 端输出，也可以从 4 个 $\overline{Q}$（反相）输出；$\overline{\text{CLR}}$ 为异步清零端，低电平有效；CLK 为时钟输入端，上升沿有效。

由表 12 – 9 可以看出，寄存器在 CLK 的上升沿存入数据，且输出端的状态与 D 端的状态一致。

在图 12 – 25(b)中，4D、3D、2D、1D 为数码输入端；4Q、3Q、2Q、1Q 为数码输出端；R 为异步清零端，高电平有效；CLK 为时钟输入端，上升沿有效；触发器对数码的接收由 $\overline{G}_1$、$\overline{G}_2$ 端控制，当此两输入端为低电平时，在下一个时钟上升沿 D 输入端的数据分别输入触发器；$\overline{\text{EN}}_1$、$\overline{\text{EN}}_2$ 为输出使能（三态）控制端，低电平有效，允许输出，即 $\overline{\text{EN}}_1$、$\overline{\text{EN}}_2$ 两输入端均为低电平时，负载在输出端可获得正常的逻辑电平，若其中有一个为高电平时，则输出呈现高阻状态，所以这种寄存器为三态输出的数码寄存器。

由表 12 – 10 可以看出，要存入数据时，R、$\overline{G}_1$、$\overline{G}_2$、$\overline{\text{EN}}_1$、$\overline{\text{EN}}_2$ 都要接低电平，且在 CLK 的上升沿存入数据，输出端的状态与 D 端的状态一致。

12.3.2　移位寄存器

移位寄存器除了具有存放数码的功能以外，还具有移位的功能，即寄存器里的数码可以在移位脉冲(CP)的作用下依次移动。移位寄存器分为单向移位寄存器和双向移位寄存器两种，其输入与输出方式有串行输入、并行输入、串行输出、并行输出 4 种。

移位寄存器的逻辑功能为存放数码和进行二进制数的串/并、并/串变换等。

1. 单向移位寄存器

单向移位寄存器又可以分为左向移位寄存器、右向移位寄存器两种。图 12-26 所示是由 4 位维持阻塞 D 触发器构成的左向移位寄存器的逻辑图。

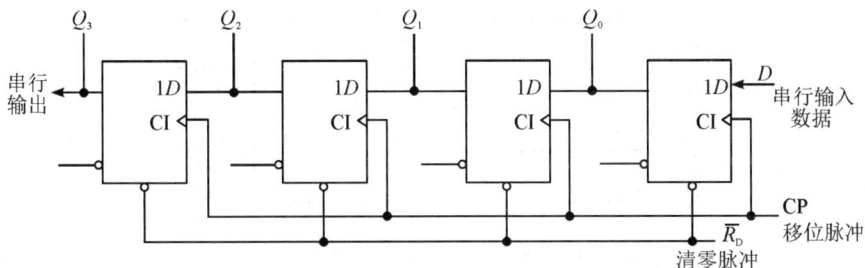

图 12-26 由 D 触发器构成的 4 位左向移位寄存器

图 12-26 中 Q_3 为最高位，Q_0 为最低位，低位触发器的输出端接到相邻高位的输入端，被移动的数据从最低位触发器的 D 端输入依次前移。这种依次输入的方式称为串行输入。

下面以输入数据 $D_3D_2D_1D_0 = 1011$ 为例，说明数据移入寄存器的过程。输入 CP 脉冲之前，在 $\overline{R}_D$ 端加"0"，使 $Q_3Q_2Q_1Q_0 = 0000$。第 1 个 CP 脉冲的上升沿到来之前，$D_0 = 1$，$D_1 = D_2 = D_3 = 0$，第 1 个 CP 脉冲的上升沿到来后，$Q_3Q_2Q_1Q_0 = 0001$；第 2 个 CP 脉冲的上升沿到来之前，$D_0 = 0$，$D_1 = 1$，$D_2 = D_3 = 0$，第 2 个 CP 脉冲的上升沿到来后，$Q_3Q_2Q_1Q_0 = 0010$；第 3 个 CP 脉冲的上升沿到来之前，$D_0 = 1$，$D_1 = 0$，$D_2 = 1$，$D_3 = 0$，第 3 个 CP 脉冲的上升沿到来后，$Q_3Q_2Q_1Q_0 = 0101$；第 4 个 CP 脉冲的上升沿到来之前，$D_0 = 1$，$D_1 = 1$，$D_2 = 0$，$D_3 = 1$，第 4 个 CP 脉冲的上升沿到来后，$Q_3Q_2Q_1Q_0 = 1011$；4 个 CP 过后，数据被移入寄存器中。

数码在寄存器中移动的情况见表 12-11。

表 12-11 移位寄存器数据移动表

CP 个数	寄存器状态				输入数据 D
	Q_3	Q_2	Q_1	Q_0	$D_3D_2D_1D_0 = 1011$
0	0	0	0	0	1（左移）
1	0	0	0	1	0（左移）
2	0	0	1	0	1（左移）
3	0	1	0	1	1（左移）
4	1	0	1	1	存入数据

在寄存器 CP 端还可以再输入 4 个 CP 脉冲，从 Q_3 端按照 Q_3、Q_2、Q_1、Q_0 的顺序依次输出，称为串行输出；如果数据从 Q_3、Q_2、Q_1、Q_0 同时输出则称为并行输出。所以移位寄存器除了存放数据以外还可以实现数据的串/并转换。移位寄存器（左移）的时序图如图

12 - 27 所示。

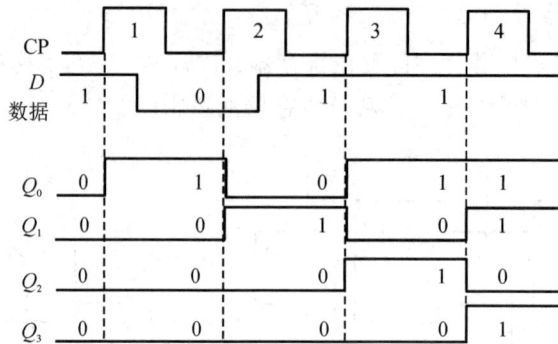

图 12 - 27　左移寄存器时序图

若把整个移位寄存器所存的信息看作是一个二进制数，则左移一位时的功能是将此二进制数乘以 2，再在最低位加上串行输入值 D。

右向移位寄存器与左向移位寄存器所不同的是，其高位的输出接到低位的输入，数据从最高位的输入端依次输入(先送 D_0)，串行输出取自最低位触发器的输出端。

2. 双向移位寄存器

将左向移位寄存器和右向移位寄存器组合起来，并增加一些控制端，就可以构成既可以左移又可以右移的双向移位寄存器。4 位通用集成移位寄存器 74LS194 的引脚图如图 12 - 28 所示。功能表如表 12 - 12 所示。在其引脚中，CLK 为时钟输入端，$\overline{\text{CLR}}$ 为清除端(低电平有效)，$D_0 \sim D_3$ 为并行数据输入端，DSL 为左移串行数据输入端，$Q_0 \sim Q_3$ 为输出端，DSR 为右移串行数据输入端，S_0、S_1 为工作方式控制端。

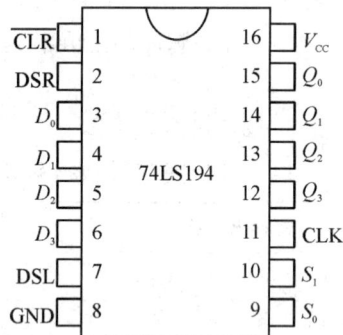

图 12 - 28　通用移位寄存器 74LS194 引脚图

由表 12 - 12 可知，当清除端($\overline{\text{CLR}}$)为低电平时，输出端($Q_0 \sim Q_3$)均为低电平。

当工作方式控制端 S_1 和 S_0 均为低电平时，CLK 被禁止，输出端状态不变，即保持。当 S_1 为低电平，S_0 为高电平时，在 CLK 上升沿作用下进行右移操作，数据由 DSR 输入。当 S_1 为高电平，S_0 为低电平时，在 CLK 上升沿作用下进行左操作，数据由 DSL 输入。当 S_1、S_0 均为高电平时，在时钟 CLK 上升沿作用下，并行数据($D_0 D_1 D_2 D_3$)被输入相应的输出端(Q_0、Q_1、Q_2、Q_3)，此时串行数据(DSR、DSL)被禁止。

表 12 - 12 四位通用移位寄存器 74LS194 功能表

输入									输出			
清零	方式		时钟	串行		并行				Q_0^{n+1}	Q_1^{n+1}	Q_2^{n+1}	Q_3^{n+1}
$\overline{CLR}$	S_1	S_0	CLK	DSL	DSR	D_0	D_1	D_2	D_3				
L	×	×	×	×	×	×	×	×	×	L	L	L	L
H	×	×	L	×	×	×	×	×	×	Q_0^n	Q_1^n	Q_2^n	Q_3^n
H	L	L	×	×	×	×	×	×	×	Q_0^n	Q_1^n	Q_2^n	Q_3^n
H	L	H	↑	×	H	×	×	×	×	H	Q_0^n	Q_1^n	Q_2^n
H	L	H	↑	×	L	×	×	×	×	L	Q_0^n	Q_1^n	Q_2^n
H	H	L	↑	H	×	×	×	×	×	Q_1^n	Q_2^n	Q_3^n	H
H	H	L	↑	L	×	×	×	×	×	Q_1^n	Q_2^n	Q_3^n	L
H	H	H	↑	×	×	D_0	D_1	D_2	D_3	D_0	D_1	D_2	D_3

注意：本表采用 L 表示低电平，H 表示高电平。

【例 12 - 7】 用两片 74LS194 实现 8 位双向移位寄存器。

解 将第 1 片 74LS194 的 DSL 接第 2 片 74LS194 的 Q_0 端，第 2 片 74LS194 的 DSR 接第 1 片 74LS194 的 Q_3 端，同时将两片 74LS194 的 S_0、S_1、CLK、$\overline{CLR}$ 分别并联，连接电路如图 12 - 29 所示。

当 $S_1 S_0 = 00$ 时输出端状态保持；$S_1 S_0 = 01$ 时数据右移；$S_1 S_0 = 10$ 时数据左移；$S_1 S_0 = 11$ 时数据（$D_0 D_1 D_2 D_3$）并行输入，并行输出（$Q_0 Q_1 Q_2 Q_3$）。

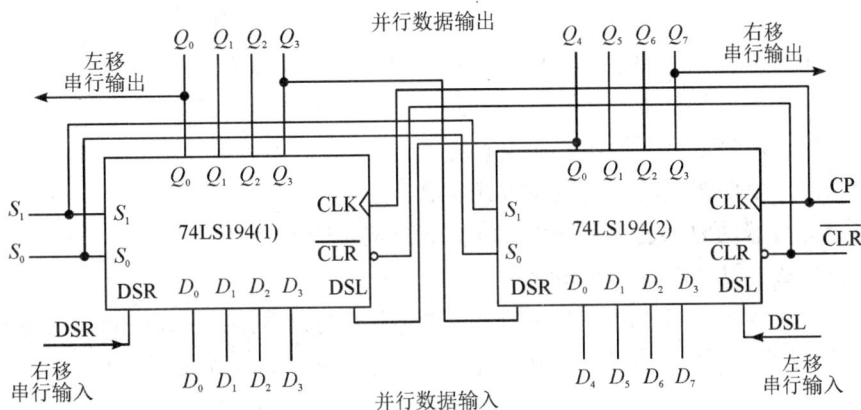

图 12 - 29 用两片 74LS194 实现 8 位双向移位寄存器连接电路

心得体会

通过本章的学习，你有哪些收获？请用简短的话语，将你自己的心得体会写出来吧。

本 章 小 结

（1）在时序逻辑电路中，任一时刻的输出信号不仅和当时的输入信号有关，而且还与电路原来的状态有关，这就是时序电路在逻辑功能上的特点。因此，任意时刻下时序电路的状态与输出均可以表示为输入变量和电路原来状态的逻辑函数。

（2）通常用于描述时序电路逻辑功能的方法有方程组（由状态方程、驱动方程和输出方程组成）、状态转换表、状态转换图和时序图等。它们各有特色，在不同场合各有应用。其中方程组是和具体逻辑电路结构直接对应的一种表示方式。在分析时序电路时，一般首先是根据电路图写出方程组；然后在设计逻辑电路时，根据方程组画出逻辑图。状态转换表和状态转换图的特点是给出了逻辑电路工作的全部过程，能使逻辑电路的逻辑功能一目了然。这也正是在得到了方程组以后往往还要画出状态转换图或列出状态转换表的原因。由于时序图表示方法便于进行波形观察，因而在实验室调试逻辑电路时经常使用。

（3）本章重点介绍了几种常见的集成计数器、寄存器芯片引脚图和功能表，目的是让读者学会集成电路的读图，以及会读功能表。只有能够正确地读图、读表，才能正确、灵活地使用集成电路，从而开发出新的产品。

（4）计数器是时序逻辑电路之一，可以用于计数、分频、定时和产生顺序脉冲等；寄存器是能够暂时存放数据的时序逻辑电路。

思考题与习题

12-1　组合逻辑电路和时序逻辑电路在逻辑功能与电路结构上有何区别？

12-2　时序电路是否必须包含组合电路？是否必须包含存储电路？

12-3　同步时序电路和异步时序电路有何不同？

12-4　时序电路逻辑功能的描述方式有哪几种？

12-5　计数器的同步置零和异步置零方式有何不同？

12-6　二进制计数器有哪些用途？

12-7　分析题图中同步时序电路的逻辑功能，并写出电路的驱动方程、状态方程和输出方程，设触发器的初始状态为 0，画出电路的时序图和状态转换图。

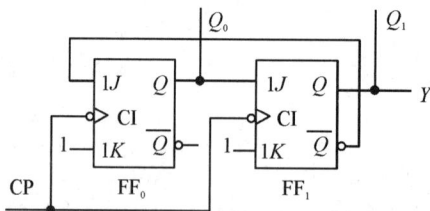

题图 12-1

12-8 分析题图 12-2 所示异步时序电路的逻辑功能，并写出电路的时钟方程、驱动方程、状态方程和输出方程，以及画出电路的时序图和状态转换图。

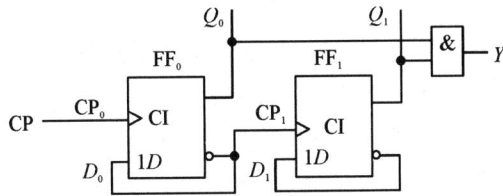

题图 12-2

12-9 电路如题图 12-3 所示，简述 EP、ET、CO、$\overline{LD}$ 和 $\overline{R_D}$ 端的功能，并分析电路的逻辑功能，以及画出状态转换图。

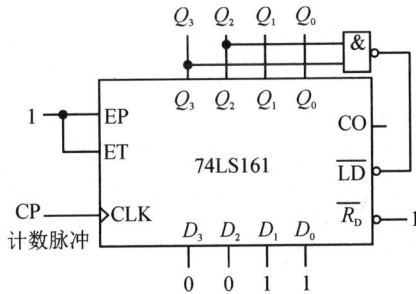

题图 12-3

12-10 电路如题图 12-4 所示，试分析电路的逻辑功能。

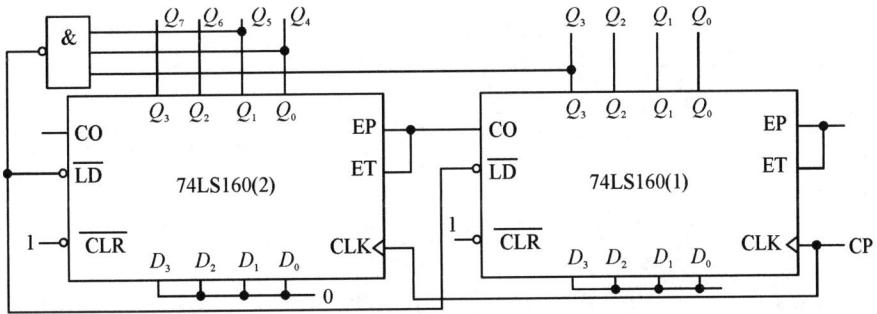

题图 12-4

12-11 试用十进制集成计数器 74LS160 芯片接成八进制计数器，可附加必要的门电路，并画出逻辑电路图和状态转换图。

参 考 文 献

［1］　常晓玲. 电工技术［M］. 2 版. 北京：机械工业出版社，2010.

［2］　张桂芬. 电子技术基础［M］. 北京：人民邮电出版社，2005.

［3］　李莉. 电路与电子技术设计教程［M］. 北京：人民邮电出版社，2011.

［4］　赵月恩. 电路与电子技术［M］. 北京：人民邮电出版社，2009.

［5］　陈菊红. 电工基础［M］. 5 版. 北京：机械工业出版社，2020.

［6］　郭根芳. 电路与模拟电子技术［M］. 北京：北京邮电大学出版社，2013.

［7］　邢丽冬，潘双来. 电路理论基础［M］. 4 版. 北京：清华大学出版社，2023.

［8］　邱关源. 电路［M］. 5 版. 北京：高等教育出版社，2010.

［9］　国兵. 模拟电子技术［M］. 天津：天津大学出版社，2008.

［10］　廖惜春. 模拟电子技术基础［M］. 武汉：华中科技大学出版社，2011.

［11］　童诗白，华成英. 模拟电子技术基础［M］. 5 版. 北京：高等教育出版社，2015.

［12］　阎石. 数字电子技术基础［M］. 6 版. 北京：高等教育出版社，2016.

［13］　刘淑英. 数字电子技术及应用［M］. 2 版. 北京：机械工业出版社，2018.